系统数组块学

Systemic Numblocology

吴国强 著

Author: Guoqiang Wu

出版于
2017 年 10 月

目录

第1章 世界三：评判新学科的高框架

第二章 初步介绍数组块学(Numblocology)

第三章 介绍数组块学(Numblocology)公理体系和举例

第4章 群内的另一种分类法

第5章 文王八卦小议

第6章 64阶数组块的对称研究与伴谈六十四卦序

第7章 Numblocology 定理选

第8章 排序唯一性的追求

第9章 圈性代数函数的开发和加密技术

第10章 Numblocology 终极问题

第11章 Numblocology 对称和对称性破缺

第12章 四大结局

附录A（appendix I, appendix II）

附录B 2016年要项后记

术语和新词索引

后记（后记作者：吴国珍）

Preface of Systemic Numblocology 序：

中国的科技人物和数学人物对世界科学和数学的贡献，在于中国理念和数学的原型里带了一种**生命**！

这种生命力让其显著地区别于算和抽象，而能按数的*群体学*和超越"群论"的视点给**对称**披上数的绶带，让其显出别样的舞姿来。本书介绍的是一个惊人的数学分支，也是西方人的盲点。他们能研究对称、研究组合变化之数转而用于概率，但是不知道一大群数集体如何行动。而形数相伴的研究方法，会让初学者对这门按"数的变化会带来图形的变化"的好规矩，生出好感来。

进而用初中生的基础，就能理解学科中的美丽，而美则有一个奥妙：按杨振宁、李政道的说法，**美就是物理法则**。

一个民族的兴旺发达主要靠科研和创新，以及以它们为后盾的文化和军事等。而这本书是介绍了一门全新的数学，同时留下线索，让人熏陶在创造力的氛围中。同时和科学前沿对接，接触的有算法远超乔布斯徒子徒孙办法的自动计算美学、理论物理、弦论、密码学、拓扑和布尔巴基数学结构和数学哲学。还有量子新探、对称研究、对称性破缺和创造学本身。

然而，为了让广泛的读者受益，作者适应性地采用了很多美丽的图，也只用到中学生的基本数学和逻辑，书中所说不抽象且内容通俗易探讨。普通科普爱好者喜欢这本书，前沿高级研究人员也会受益于这本书。肯定地说普通民众中的数学爱好者、国学以及古代算学爱好者会喜好此书。本书也可以作为中学生和大学生的参考读物。是创造学教师教练的年度最佳读物，也是组合学、密码学、群论、群表示论、安全领域等学科的研究生的选用书。

最后，本书是世界上第一部出版了的"**案例型创造学训练教材**"书。它说明了全新学科的本身，还附赠了如何形成此学科的记录！

序的作者：吴国强（硕士）
学者
数学史人物
国学专家
诗人

系统数组块学 Systemic Numblocology

吴国强(By Guoqiang Wu) 著

第 1 章 世界三：：评判新学科的高框架

评判一个真有创造力提升出来的学科，需要的评定工具，现有的基本足够了。但是为了开阔起见，在平常说的世界一（物质）和世界二（纯精神）当中叠加渗透一个世界三也未尚不可。这"三"是伴随人的，却产生出来后就是**客观**了。研讨范围内的事可以逐个而谈 。远古人的智力活动，汉代司马迁的考据推理，牛顿解释太阳系的运作法则，超对称学者利用卡拉比 - 丘流形（Calabi - Yau manifold）等应该被无区别地对待，这样人类才可以既显得伟大也度过了时光。否则，超万年的智慧人类历史中，人在做什么就被其子孙偏估了。

1. 人文学

"人文学"（humenities）这个名称，容易引人望文生义，以为是用的跟天文学、水文学一样的命名方法，是研究人的学问。实际上人文学研究的不光是人，它是基础研究中科学之外的多个学科，跟科学不同的地方主要是方法。人文学在古代（直到四百多年前现代自然科学兴起为止）发展程度高于科学，是现代科学的来源之一。

人文学可以分为三类。第一类是考据（如文献学和史料学），考证单个现象的具体属性。考据早就有过一些很高的成就。例如西汉史学家司马迁的《史记》"殷本纪"中的殷商君主世系表。他没有见过殷商的甲骨文献（作为新发现文物的甲骨文是近百年才被学者研究的），只是利用当时的其他文献资料和访诸野老，排出了那个世系表。清末王国维等人通过对出土的殷商甲骨文献的考证研究，发现司马迁的殷商世系表错误很少。由此可知，考据的目的是搞清楚单个现象本身的具体属性。考据主要利用文献资料，也有人兼做田野调查。

人文学的第二类是纯思辨概括（如哲学和文学批评），对现象进行纯思辨的概括。例如古代史学家在对社会变化的追记里，往往表现了对其原因的探讨。再如春秋时代的孔子，认为当时的社会弊病，原因是人们不再遵守周礼。由此可知，纯思辨概括的目的，是发现制约现象之间关系的规则或倾向性。概括出的规则是充分必要条件式，例如：当且仅当有现象 A （或 ABC……），就有现象 X（或 XYZ……）。概括出的倾向性如：如果有现象 A（或 ABC……），倾向于有现象 X（或 XYZ……）。纯思辨概括主要依靠假设-演绎、归纳、类比、顿悟等思辨方法。概括的结果就是所谓理论。**理论**听上去是个吓人的大字眼，其实不过就是概括。日常生活中，人人都要做概括，所以人人都是理论家。：）有效理论概括的现象越多，覆盖的面越大，其价值就越高。人文学理论容易过度概括，即概括的现象过多。所概括的现象，有些是无法重复的历史现象，有些是难以观察的心理现象，有些掺杂了见仁见智的价值判断（如利害、善恶、美丑），因而观察现象及之间关系的过程时常难以重复，验证理论失效的可能性（这被奥地利哲学家波普尔称作可证伪性）时常难以找到。

人文学的第三类是综合研究（如历史学），兼作考据和纯思辨概括。

2. 科学

科学是什么呢？有两类不同的看法：一类是民俗看法，另一类是专家看法。在多数人看来，科学就是正确的、可靠的、有用的、好的以及拥有其它正面属性的知识。这种看法由来已久。在伽利略以来的四百多年时间里，自然科学事业获得了此前智力探索者从未梦想到的巨大成功，简直是创造了令人难以置信的奇迹。自然科学知识的可靠性令人信服，部分自然科学知识的实用性更令人惊讶。自然科学的进展引发了工业革命和新技术革命，开发出了似乎无穷无尽的财富，已经而且继续惠及大多数人，并且影响到每一个人生活的各个方面。多数人没有考察或从事过科学研究，看到的只是它辉煌的结果，看不到它跟其它智力活动有同有异的具体过程。在他们看来，科学家就是某个领域的权威，掌握着某个领域的正确知识（也就是科学）。这种对于科学家和科学形象的大众主观塑造，是众神和神谕形象在这个时代的翻版。这种科学的神谕隐喻，导致了"科学"和"科学的"这两个词的泛滥成灾

人文学是学术之祖，分化出科学。科学中采集数据和对数据概括出倾向性或规则是一般程序，但人文学因为剩下的对象太大太复杂，还是延续考据学（如搜集考证的史料学）和哲学（如思辨猜测历史倾向性或规则的历史哲学）的分裂，现代人在一段时间的里的倾向是会变动的，或研究时尚的钟摆在两端之间摆动。

中国人文学的现状是考据学为主，但新一代学者的要超考据学声音越来越大，钟摆正在从考据学那一端向哲学那一端摆动。就是思考历史哲学的人多了，也是发现或猜测其中规律的学者开始发表看法了。稍细地看猜测倾向的内容，可见模式、自发秩序，通过博弈来自发演变，这种演化论的模式跟达尔文的进化论有一定的相似之处，而且它可

以抽离具体学科，也就是说，它不一定要用在经济学，或者是社会学或者是历史的具体项目有关，实际上他可以跨学科用到很多不同的项目上。而如果说这种东西要有一个思想根源的话，那么（产生休谟、亚当·斯密甚至后期的瓦特和麦克斯韦，他是物理统一努力的先驱）苏格兰启蒙运动就是他们共同的思想根源。 某些道理比较"硬"，比如简单条件下无遮拦的物体（苹果）会掉下来，向地心跑。规则和倾向性是哲学类人文和科学研究都追求的结果。很硬的规则几乎没例外，通常的规则是例外很少的，倾向性是例外较多的。哲学类人文研究的是变量很多的对象，探索所得之结果以倾向性为主。科学研究的是变量较少的对象，得来的结果以规则为主。

规则和倾向性存在于何处，有两种说法。第一种是实在论，说规则和倾向性是客观实体，存在于先验世界（柏拉图主义）或神那儿（神意或天意）。在历史哲学中，实在论就是历史决定论了，历史是被先验世界或神的规则和倾向性预先决定的，人力无法改变。众贤之一的马克思主义的经济发展决定社会发展的历史客观规律也是一种历史决定论。

第二种是概念论，说规则和倾向性是心理上的，是人们对对象的认识。历史哲学猜测制约现象的倾向性和规则（不是先验世界的、神的或客观的），据此作出预测。目前在科学上讲究波普尔的可证伪性，是针对象狭义相对论那样的难以验证的理论而设。这种理论要获得科学身份，必须提供验证的可能性，必须有判决性的实验或证据来检验它是对是错。

数学和逻辑学等公理系统，是不可验证的。公理系统只是从假设的公理开始没有内部矛盾地推导出一个系统，并不要求每一步结果都能接受经验证据的验证。欧氏几何学从包含"平行线永不相交"的五条公理推导出来，可满足一般需要。两种非欧几何学（黎曼几何学和罗巴切夫斯基几何学），一种将上述平行线公理改为"平行线最终相交"，另一种将其改为"平行线之间的距离逐渐增大"。后来发现，前者可用于描述大圆球面（如地球表面，其三角和大于180度），后者可用于描述马鞍性的天体。

人文学中的哲学、文学批评等学科，一般也是不可验证的。哲学的对象都是已有研究条件下无法进行经验研究、只能进行思辨研究的。

狭义自然科学和人文学纯思辨概括要对现象做出概括，需要先观察现象，获得数据（资

料）。在观察现象的方式上，狭义自然科学与人文学纯思辨概括差异巨大，却相对接近于人
文学考据。人文学纯思辨概括学者观察现象，不限定范围，不需要观察较多事例（数据）。

人文学考据学者专注于单个现象本身，观察现象限定了范围，需要观察较多事例。观察方式有如前文所说的研读文献资料和田野调查等。狭义自然科学学者观察现象也限定了范围，也需要观察较多事例。观察方式最典型的是实验，以一个现象为主要观察对象。对于可能相关的多个现象，控制住它们的变化，只让其中一个现象（如温度）发生变化，看看是否引起主要观察对象的变化。如果受控变化现象引起主要观察对象的变化，那么就观察变化相关性。其他观察方式那么逐一其它现象的变化是否和怎样引起主要对象的变化。

科学研究的对象，是明确限定的范围之中的现象之间的关系。一项科学研究，以一个现象为主要对象，逐一考察其它现象的变化是否和怎样引起主要对象的变化。科学研究的对象
明确限定，这同考证的人文学的对象明确限定是相同的，同纯思辨概括的人文学的对象不明
确限定是不同的。

科学研究当然需要思辨，但不限于思辨，还要通过实验、调查等实证方式探究现象之间的关系。这样思辨和实证结合的概括研究，是可以让别人重复的；而得到的规则或倾向性，
是可以验证的。科学研究的思辨和实证方式，综合了纯思辨概括的人文学的思辨方式和考证
的人文学的实证方式。

3 社会科学

社会科学往往同人文学混为一谈，同自然科学相比，社会科学给人的感觉是不够硬。这有多方面的原因。首先，社会科学的积累和发展时间（两百多年）比现代自然科学（四百多
年）短得多。其次，一个社会现象背后的因素太多，一般只能概括出倾向性，如同背后因素
太多的自然现象（如气象）。再次，对多数社会现象的探究不能用自然科学中最有效的实验
方法（控制住某个因素之外的其它因素，让它们保持不变，只让一个因素变化，看它的变化
是否和怎样引起主要对象的变化）。还有，有些社会现象（如心理现象），处于黑箱之中，
只能根据输出来构拟其内部变化。因为社会科学其实也谈不出一个所以然，因此下面我们开始世界三（ world three, World III)的探讨。

4.世界三（ world three, World III)

世界三只有在两个前提被知识界了解的情况下，才显得有意义。否则谈世界三和将被群

氓攻击是一回事。

世界三的两个前提所提到的是关于意义的解达方面的：举例来说，如果说发现了养畜可改变人和人接触的关系，发现蒸汽机可改变人和人之间的关系，大建铁路可以改变人和人接触的关系，互联网可以改变人和人连结的机制，等等，那么其实是在让互联网的革命性的意义得到某种意义上的解达。

同样，世界三也是为了得到某种解达，而且世界三对一切思辨和实证的研究都有超乎寻常的意义。

世界三的两前提之一是：基础研究和实用性研究早就脱节，比如黎曼几何创立 50 年后才在广义相对论中找到应用，而象黎曼几何那样开初阶段毫无实际应用的东西，如果人都不去研究，其实人就不会有大的成就，那将是人类的悲剧。

人类号称智慧之子，所以这个脱节性前提是知识界公认的必需。就是基础研究就是不依赖是否实用为特征的。

世界三的两前提之二，则更简单却更深刻。世界一就是客观世界，不管其是自然对象还是人类社会之客观部分，还是人文学的对象，它们属于客观的方面。所以世界一也叫不做作的客观世界。于此可短暂分割的对立面就是世界二，是有主观特征和精神依赖的。所以世界二也可简单粗略称为纯精神世界。于此相反，没有世界一和世界二那样简明特征的世界就是大世界三。在这个大世界三里分出一部分就是我们要的**世界三**，因为世界三的确不好轻易被简单定义。而本书的主题是 Numblocology，绕过一些过分学究的事可得简明之利。

所以本书暂时用例子代替：牛顿著作《自然哲学的数学原理》提出的万有引力公式的思想属于世界三，莱布尼兹的微积分运算符号（客观但毕竟也是人发明的）也属于世界三，中国古书《周易》画的卦图也是属于世界三的，群论的思想最后写成了群论的书，这也是人为造的，也是属于世界三。甚至一切有客观道理的数学都是属于世界三，虽然这些数学中的一小部分可以用来做成物理学定律，而这些定律描述了世界一，同时它也是思想故也归入世界二。但综合而言，数学有自己的规律，却未必和客观世界对得上号，所以应当归入世界三。

世界三有其高贵性，因为不是疯子脑子里的无根据。本书的对称研究和产品确实有客观性但是不强调其属于世界一，而强调其属于世界三。总之数组块学（**Numblocology**）的规律性内容属于世界三。有其独立性。

前面提到对无任何应用的科学或学问，如果人都不去研究，则害了人类的潜力。另一方面，从人类数万年的历史长河看，象牛顿发现的体系那样很明快地有个应用的反而是十分罕见的，这里为节省篇幅，我们只提三件事，第一是三万年前的早期人类洞穴壁画，第二是牛顿的物理学体系，第三就是更象数学而不象物理学的弦论（string theory）。

第一，法国拉斯科（Lascaux）洞窟，洞窟绝大多数的岩画作品绘于约公元前 15000 年。（注：类似的其他地点的洞穴也有三万年前绘制的画）洞窟壁画的马中，最令人瞩目的是所谓的"中国马"，其因形体颇似中国的蒙古马种而得名。画中的马正处于怀孕期，这与祈求增殖的观念有关；马的造型轮廓分明，线条流畅，比例恰当；制画时巧妙地利用岩石的高低变化而与雕画结合，尽管是采用单色平涂，却取得了立体效果，有一定的体积感；在色彩的处理方面也有其独到之处，大面积的马身着明亮的黄色，马鬃涂黑色，形成明快的对比。就艺术上的成就而论，把该画列为杰作应是没有异议的。就是一个现代的平常人要拿起画笔来画也达不到这个水平，因为平常人未接受画画技能训练，这倒过来证明了远古人的聪明和这些古艺术人的素质。可以说和现代人在一个档次。

第二，很年轻的剑桥教授牛顿在被问到那些行星是按什么轨迹运行时，马上回答是椭圆形，当来访者追问为什么时，牛顿却找不到起先的手稿了，来者要求其再解释，这样牛顿就写出了《自然哲学的数学原理》Philosophiæ Naturalis Principia Mathematica ("Mathematical Principles of Natural Philosophy")，初版 1687 年。牛顿就这样锋利地用带数学的物理定律描述了物理世界，包括身边的和天上的行星。而这在人类历史上其实是一个罕见的实例。大部时候，物理学家，原始拉斯科洞穴的艺术家，还有弦论，大统一论理论家和大部分数学家。他们的产品都是暂时藏在世界三（World III）。

第三， 弦论：这是研究物理的，因为没被最后证实，而更象数学。弦理论是理论物理的一个分支学科，弦论的一个基本观点是，自然界的基本单元不是电子、光子、中微子和夸克之类的点状粒子，而是很小很小的线状的"弦"（包括有端点的"开弦"和圈状的"闭弦"或闭合弦）。弦的不同振动和运动就产生出各种不同的基本粒子，能量与物质是可以转化的，故弦理论并非证明物质不存在。弦论中的弦尺度非常小，操控它们性质的基本原理预言，

存
在着几种尺度较大的薄膜状物体，后者被简称为"膜"。直观的说，我们所处的宇宙空间可
能是 9+1 维时空中的 D3 膜。弦论是现在最有希望将自然界的基本粒子和四种相互作用力
统一起来的理论。

弦理论是一门理论物理学上的学说。理论里的物理模型认为组成所有物质的最基本单位
是一小段"能量弦线"，大至星际银河，小至电子，质子，夸克一类的基本粒子都是由这占
有二维时空的"能量线"所组成。

虽然弦理论最开始是要解出强相互作用力的作用模式，但是后来的研究则发现了所有的
最基本粒子，包含正反夸克，正反电子，正反中微子等等，以及四种基本作用力"粒子"（强、
弱作用力粒子，电磁力粒子，以及重力粒子），都是由一小段的不停抖动的能量弦线所构成，
而各种粒子彼此之间的差异只是这弦线抖动的方式和形状的不同而已。

超弦理论（Superstring Theory），属于弦理论的一种,有五個不同的超弦理論，也指狭义
的弦理論。是一種引進了超對稱的弦論。

若納入對偶性以及超重力，則可統一出（万能的）M 理論的框架，常見的對偶有 T 對
偶、S 對偶、U 對偶。

弦理论是我们知道的唯一能融合广义相对论和量子力学的方式，但只有超对称的弦理论
才能避免快子问题，才能包括费米子振动模式从而才能说明组成我们世界的物质粒子。为了
实现引力的量子力学，也为了一切力和物质的大统一，超对称性与弦理论手拉手地走来了。
假如弦理论是对的，物理学家希望超对称性也是对的。

SA 记者采访物理学家 B. Greene 的记录：
弦论的一个弱点是所谓的背景依赖（background-dependent）。我们必须假定一个弦赖
以运动的时空。也许人们希望从真正的量子引力论的基本方程中能导出这样一个时空。他们
（环量子引力研究者）的理论中的确有一种"背景独立"的数学结构，从中可以自然地推导
出时空的存在。从另一方面讲，我们（弦论研究者）可以在大尺度的结构上，直接和爱因斯
坦广义相对论连接起来。我们可以从方程式看到这一点，而他们要和普通的引力相连接就很
困难。这样很自然地，我们希望把两边的长处结合起来。
-采访转到研究进展方面-
SA：在这方面有什么进展吗？

格林：很缓慢。很少有人同时精通两边的理论。两个体系都太庞大，就算你单在你的理论上花一辈子时间，竭尽你的每一分每一秒，也仍然无法知道这个体系的所有进展。但是现在已经有不少人在沿着这个方向走，思考着这方面的问题，相互间的讨论也已经开始。

SA：如果真的存在这种"背景依赖"，那么要如何才能真正深刻地理解时间和空间呢？

格林：嗯，我们可以逐步解决这个难题。比如说，虽然我们还不能脱离背景依赖，我们还是发现了镜像对称性这样的性质，也说是说两种时空可以有相同的一套物理定律。我们还发现了时空的拓扑变化：空间以传统上不可置信的方式演化。我们还发现微观世界中起决定作用的可能是非对易几何，在那里坐标不再是实数，坐标之间的乘积取决于乘操作的顺序。这就是说，我们可以获得许多关于空间的暗示。你会隐约在这时看见一点，那里又看见一点，还有它们底下到底是怎么一回事。但是我认为，如果没有"背景独立"的数学结构，将很难把这些点点滴滴凑成一个整体。

SA：镜像对称性真是太深奥了，它居然把时空几何学和物理定律隔离开来，可过去我们一直认为这二者的联系就是爱因斯坦说的那样。

格林：你说的没错。但是我们并没有把二者完全分割开来。镜像对称只是告诉你遗漏了事情的另一半。几何学和物理定律是紧密相连的，但它就像是一副对折开的地图。我们不应该使用物理定律和几何学这个说法。真正的应该是物理-几何与几何-几何，至于你愿意使用哪一种几何是你自己的事情。有时候使用某一种几何能让你看到更多深入的东西。这里我们又一次看到，可以用不同的方式来看同一个物理系统：两套几何学对应同一套物理定律。对于某些物理和几何系统来说，人们已经发现只使用一种几何学无法回答很多数学上的问题。在引入镜像对称之后，我们突然发现，那些深奥无比的问题一下子变得很简单了。

理论上可以导出许多不同的宇宙，其中我们的宇宙似乎是唯一适合我们生存的。虽然历史上，弦理论是物理学的分支之一，但仍有一些人主张，弦理论目前不可实验的情况，意味着弦理论基本不归物理（注：归物理的就是世界一）。

或者，弦理论应该（严格地说）被更多地归为一个数学框架而非科学。一个有效的理论，必须通过实验与观察，并被经验地证明。不少物理学家们主张要通过一些实验途径去证实弦理论。一些科学家希望借助欧洲核子研究组织（CERN，Conseil European Pour Recherches Nucleaires）的大型强子对撞机，以获得相应的实验数据——尽管许多人相信，任何关于量子引力的理论都需要更高数量级的能量来直接探查。此外，弦理论虽然被普遍认同，但它拥有非常多的等可能性的解决方案。因此，一些科学家主张弦理论或许不是可证伪的，并且没有预言的力量。

由于任何弦理论所作出的那些与其他理论都不同的预测都未经实验证实的，该理论的正确与否尚待验证。为了看清微粒中弦的本性所需要的能量级，要比目前实验可达到的高出许多。弦理论具有很多数学兴趣的特性（features of mathematical interest）并自然地包含了标准模型的大多数特性，比如非阿贝尔群与手性费米子（chiral fermions）。因为弦理论在可预知的未来可能难以被实验证明，一些科学家问，弦理论甚至是否应该被叫做一个科学理论。它现在还不能在波普尔的意识（the sense of Karl Popper）中被证伪。

总之在人类数万年的历史中，世界三扮演文明传递的核心角色，也是现代科学腾飞的基础。而本书的重要内容需要通过世界三才能说得清其本有的价值。世界三的两前提之二显然就是指上述三件事例其实是平等的，而牛顿的那种明快是可遇不可硬要的，一万多年来人们都做什么去了，而象牛顿那样级别的事情才占到短短几十年而已。所以，世界三的打造本身就有功绩，这是我们需要的价值观。这一切的一切就在于读者能弄懂"世界三"这个思想的深刻。其实根据新的熵理念加密评估理论，Numblocology(数组块学) 在加密和解密对抗中有**直接实用价值**，而且可以工业化或军事化。

第 2 章 初步介绍数组块学(Numblocology)

1962 年物理学家盖尔曼（Murray Gell-mann）和尼曼（Yuval Ne'eman）应用群论（group theory）这个对称性研究武器做出预言，存在一种被称为 Ω(-)的负粒子的新粒子。两年后这个预言在实验室里被证实。这充分显示了理论对实践的指导意义。通常定义，使图形不变形（在欧氏度量空间意义上的）地变到与自身重合的变换称为该图形的**对称变换**（symmetric transformation）。某个图形之全部对称变换，其关于变换的乘法构成群，这个群（group）称为这个图形的**对称变换群**。根据**数组块学**（Numblocology,后面会有定义）的观点，此学科是数形穿梭的，和笛卡尔让代数方程表示为几何图的观点类似，若遇见几何图，都可以在图形的对称上用这个图形的对称变换群和子群来刻画，基本没例外。

同时，如果群论是对"对称"的规整研究的话，那么 Numblocology 就是对"对称"的灵活探索、和创造性刺激。很显然，对称和理论物理联系非常深，本书讲的数组块学也必然与自然界的规则和奥秘、理论物理的研究有着密切联系。因此在本书的写作上，从创造学的观点看，是天然地愿意引进本学科数学之外的东西，这也是本书的必然部分，可以促进读者思考，以期得到新科学发现，比一本单纯专题学术书的价值更大。另外，数组块学还有序结构和拓扑结构，且代数结构还非常丰富。因为是在研究一种"数的集体项目"，这之前
并未单独且系统地被前人研究过。关于序结构和拓扑结构，我们（在不同的地方）都会指出给读者看。读者中有条件的都应该探索一番，以得到更高更深的数学等大效。

我们知道如果一个通过旅游学写诗的夏令营，会产生很多瑰丽的诗篇，那么我们很难断定，到底是沿途风景激发了诗兴，还是夏令营指导老师关于诗本身规律的讲座在起作用。类似一样的体验是，读者有一条线路会沿着 Numblocology 本身的逻辑走，也有一条会沿着应用、文化新视角和物理等邻边学科走。在本书开笔的部分，笔者首次点出，其实本书是世界上第一本按《案例型创造学训练教材》写作的书。1950 以后的新派武侠小说中，一定有一本是最早的新武侠小说；200 多年以来，英国的科幻小说中一定有一本是最早的科幻书，哪怕之前确实有环球旅游和冒险作品。本书作为世界上直接实践"案例型创造学"的先驱，其实有以下三个优势。不是任何学科当素材都能这样作的：数学家陈省身，在几何学发展了很多高深理论，但作为作者的他本人是不会写"案例型创造学"类型的东西的，其观点只能来自科学史、数学家传记、私人通讯和轶闻等，而本书作者是自己发现一组普遍规律并创立一个数学领域并横跨数学很多子领域的新学科，也有兴致写"案例型创造学"类型的书。同样，陈省身发表的东西很多人即使花时间也不懂，最明显的例子是根据杨振宁自己的说法，1970 年代被介绍那数学领域里时看了一本书却也不知所云。而本书恰恰相反，这是普通人、中学生都能读懂的材料。虽然，其中的"序结构和群的罕见深关系"这样的内容，也是需要哲学家级别的数学家才懂得的。因此特别适合用于构建"案例型创造学"类型的书之学科样本。再最后，学科的广博性和对数学核心、自然深奥法则的譬喻都是上选。其学科建构过程，直接显示了创造性本身的真谛和个体联想，基础视野扩展以及头脑风暴（Brain Storm)等创造学里出现的常见对象。以上三个特点就决定非让作者把它往《案

例型创造学训练教材》推动不可。如果写成一本教科书式样的东西,则未来人将抢天呼地"那真是暴殄天物"!

一般来说水平高的人,其茫然和内心出现非逻辑框架的可能性会减少,哪怕是面对一门新学科。但是即使那样,还是会出现一种感叹,虽然数学从林不曾会面,但是布尔巴基现代数学观点在上如通观,而下面是具体的 Numblocology,读者(如果也思考了的话)读者,其结果直接为连连惊叹:这个"布尔巴基"有,下面这个也有,怎么又有呢?当然,本书是介绍性质。读者群就是那些对科普和创新力学习有关的人。学科万丈高楼平地起,本章是不需要太多高中数学的,甚至大学数学根本就可忽略,然而,读者却必须有逻辑能力和对"对称性(symmetry)"的了解。

2.1 小节:简论 Numblocology:

数组块学以后专门用英文 **Numblocology** 称之而不加翻译,从它研究的对象讲,它主要研究"**对称**",所以也就有形象的几何图形,同时也和同样研究对称的数学分支:群论相互交义,**群论**在最难的理论物理部分有不可代替的作用。从数组块学研究凭借的手段来讲是包括二进制和十进制内的整数的,所以也会也和数学里的数论,代数几何,计算数学,抽象代数,群表示论,李群和理论物理,组合学,密码学和拓扑学关联。因为需要凭借计算机和程序,又因为是一种天然的难破译的密码,所以它和计算机软件技术,加密技术,量子计算机等密切相连。但是 Numblocology 因为以前从来没有,现在却涉及较广博,所以,这个全新的学问已经有成为独立小学科的价值。而本书就是目前出版的第一本有版权的资料。它的创始人暂时把 Numblocology **定义**为,以对称为研究目标,凭借二进制和十进制的整数排成的数组块来反映几何对称的性质,并根据按一种自扩张编码和特殊序结构来读取数组块成员的方式去发展相关数学规律,得到机械性可获得的图形,这也可叫作"用算法而出图形"。在此基础上开发有关算法并对算法的结果(即目标几何图形)透过价值函数来评估其众多结果,以加深对称方面的新认识,而造福人类的一门基础数学学科。当然它也横跨代数结构、序结构和拓扑结构的众多领域,目前唯一弱点是其一套定理群还较弱,也为新人的进入提供了广阔的开拓空间。

2.2 小节 Numblocology 公理基础模块的 01 自扩张编码和其读取数组块成员的方式介绍:

2016 年初世界上市值最大几个的公司里所含精神实质就是一个想字:比起苹果公司的"非同凡想(Think different)",投资者们对谷歌公司的"想象无法想象的事情(Imagine the unimaginable)"评价更高。 我们现在已经有了已"想"好了的数组块学(Numblocology)的逻辑,现在只要把它描述出来就可以了。

Numblocology 的公理分基础模块部分和特质部分,因特质部分不同而可将其公理系统分为:左移一系公理、中系公理、和右移一系公理。这三个系的公理都用一样的基础模块。这个基础模块的内容第一就是 01 自扩张编码和其读取数组块成员的方式。因此需要首先介绍。

我们把整数的 x,y,z 三个方向的某套整数取值,比如(3,18,4)当成一个点,能容纳这些点的全齐场地就是空间,所以不是很精确地我们就得到了(三维)整空间的定义。我们设整数(大 M)可以作为 最大数为 m(小 m)减 1(即 $m-1$)个整数的的全体集合的一种指代，当然也可将**数组块**本身定义为从 0，1 开始 逐个不漏添加到 m(或 M)-1 个数的集合并且不带序（无排列先后），简单记为 nblock(M)。这个集合的特点是，可以是 1、2、3．．．．甚至很大自然数，并且包括 0 且可以按顺序排也可无序，在比如，当 m－1 是 4 或 1 5 时，这两个集合 nblock(4)和 nblock(15)就是 0，1，2，3，4 这 5 个元素，和 0、1、2、3、4、5、6、7、8、9、1 0、1 1、1 2、1 3、1 4、1 5 这 1 6 个元素。

任何数组块的成员都包含二进制数和其对应的十进制数，就十进制数而言，每个数组块都有最大值 m－1 和最小值 0 且包含小于其集合中最大值的所有正整数。其最大值加一就是 m，称 m 为集合元素的个数（ｔｏｔａｌ　ｎｕｍｂｅｒ　ｏｆ　ｅｌｅｍｅｎｔｓ），也可称为**阶**（ｏｒｄｅｒ）。阶数为 m 的数字块(也称数组块)以 M 来标记它，也可写为 M（m）、或 nblock(M)，m 可以是奇数也可以是偶数。都可以定义补数 Complement Number(C number)定义：M 集合里某数为 x，补数的大小通过将在 M 中的 x 数做如下运算得到：

C number =m-1-x（补数的定义）。

补数是有相互对立面的：比如在 M（5）里，1 的补数数 3，同样 3 的补数是 1。又比如，在 M（16）数组块（或集合）里，0 的补数是 15（就是 16-1-0=15)，类似 1 和 14，2 和 13，3 和 12，4 和 11 等都是数组块 M（16）的补数对，而凡是对 m 为偶数的数组块都有 m/2 个对子存在，每对中其取一个数，剩下的就是其补数。但是如果加上限制条件：m 必须是 2 的 n 次方，例如 16 是 2 的 4 次方。则补数就是 antibit 数。也就是说在集合 M(m)取某数的二进制，如果在 1 处换成 0，或 0 处换成 1，则 3 在 M（16）块里的补数是 12，其二进制 3=0011 的镜像=其 antibit=1100=12，因（8+4+0=12），故补数也是 12，就是镜像 antibit 数和补数是一致的。当然 M（5）或 M（14）不符合上述限制条件，故也得不出一致的结论。在 M 为偶数的定义完成后。我们在形式上定义一下数块的阶为奇数的补数：比如 M（5）数块的成员是 m-1=4,而 0 和 4 为补数，1 和 3 为补数，如果按数来计算 4-2=2，自然地 2 的补数是 2。但是接下来这种"重名"就可作两种处理：一种是 2 在的那条边有一条引线画有出发标志，在出发后，线开始拐angle，然后折回射向 2。另外一个就是在整空间上添加第四维方向而设 2j(就小写 J 字前有 2 字）点，如此在整空间里就没有环形图，而是从实轴（当然还是限制取整数）的 2 出发画箭头到 j 轴的 2j 点。如此就完成了对 M（奇数）数字块的补数的形式定义。

在介绍这么多基本概念后，我们认为在一个 m 个元素的数组块 M（m）中其补数之间都可引出连线，当然奇数阶的只能按画环线处理或画第一维到第四维的直线做处理。这些连线是可以呈现的几何性质的东西并借于反映几何对称性质。如此研究对象：一个几何元素（补数间的连线）可以回归到研究整空间来的某两个整数的补数关系（函数和泛函是一种把握方法，但是我们在本书里暂时固守图形和数表作业方式）。如果研究一个数组块内的很多对的补数们的协合规律，那么就相当于在研究几何图的对称性。就 01 自扩张码的根本内核而言，这码的结构会是如此模样，且如此如此出现确实有三个显然的理由，也称三大前导支撑。

前导支撑 1：因为必须研究 2 个元素的，4 个元素的，8 个元素的，16 个元素…乃至无穷个元素的数组块，然后假定逻辑都一样。那么必然要求一个"构造"或结构既能应付 2 元素的也能应付 4 元素的，也能应付 8，16，32，乃至无穷的。所以在逻辑上这样的构造只有最自然的结构就是自扩展"构造"才能应对。
前导支撑2：另外一方面，从宇宙信息传递高效性来说，也需要用自扩张码类似做根基而以帮助其数组内组合的方式符合某些标准，让数组块（nblock）可携带足够多丰富的信息。
前导支撑3：**圈代数**（关于圈代数还有段插入文字，因为有背景帮助作用，也附在后面，但可跳而不读），人说线性代数和矩阵是研究很多数的集体性质的，而研究笛卡尔坐标（x,y,z）就是其展示地。而另一种从线性变圈的代数叫特殊圈代数其展示地就是像极坐标一样的。这种圈代数只研究某组整数的集体性质故名特殊圈代数，也可称为**圈性代数**而对应线性代数。
有人以为这个自扩展结构（01**自扩张码**）是某种选择或人为权衡，其实不然，基本可以认为这是天然且无可避免的且唯一的选择。唯有通过01自扩码的设置，才能不漏掉任何反映对称性之变化的机会。

有关前导支撑3的插入语（用斜体字排版的）如下：*2016年1月11日，中国科学院院士、中国科学院大学副校长、中国科学院卡弗里理论物理研究所所长吴岳良院士在《物理评论D》上发表了一篇论文，该论文的主题是关于"引力的量子场论"。*

这篇文章仿佛是寒夜中的一股暖流温暖了整个冻僵的学术圈，在学界与新闻界引起一阵狂热的骚动。不仅仅是因为吴岳良在中国理论物理学界地位特殊，同时因为"引力的量子场论"被学界公认为是一个终极性难题，因为解决了这个问题就可以让我们知道早期宇宙为何开启大爆炸之旅。这就是所谓"第一推动"问题，没有人可以拒绝它的神秘魅力。那么，这篇论文所探讨的"引力的量子场论"到底是什么？物理实质到底是什么？带着一系列问题，蝌蚪君（张轩中）独家专访了吴岳良。
论及新的引力规范理论（http://news.kedo.gov.cn/feature/idea/830308.shtml）
（http://120.52.73.76/arxiv.org/pdf/1506.01807v4.pdf）
吴岳良认为，20世纪物理学的发展，以杨振宁为代表的物理学家建立的规范对称决定相互作用的思想是主流的物理思想。比如电磁力对应于$U(1)$对称，弱力差不多对应于$SU(2)$对称，而强力对应于群 $SU(3)$对称。按照这一套来自规范场论的思路，吴岳良把引力也对应于一个场空间的对称性群，这个群同构与洛仑兹群$SO(1,3)$（蝌蚪君注：洛伦兹群本身体现了狭义相对论的思想精髓），但因为洛仑兹群是时空的对称性群，所以吴岳良以$SP(1,3)$来描述这个引力场空间对称性群……
蝌蚪君："那您的理论中，引力场也具有这种$SP(1,3)$的场空间内禀对称性？"

吴岳良："是的。在我的这个理论中，实际上是把Dirac方程中的场进行了推广，Dirac方程一开始被解释为电子与正电子，自旋，实际上这体现了场空间的$SP(1,3)$对称性。但$SP(1,3)$对称性的内涵还可以更多，事实上，电磁力、弱力、强力以及引力都是其对称性群表示空间的矢量。
之前还有段说明：开始"超越爱因斯坦提供的技术路线"。
蝌蚪君："从弯曲时空间到平坦时空是一个思想转变，但据我所知，所有在平坦时空上的引力量子理论都面临重整化的困难，您最近的文章如何解决这个问题？"
吴岳良："重整化的问题不一定是发散问题，有时候有限（非无穷）的物理量也需要重整化。若出现无穷发散进行重整化时，首先我们做做正规化，使得无穷发散积分很好地定义并具有物理意义。这些年我发展了一套自己的正规化方案，称作为圈正规化方法，这区别于量子场论中的维数正规化等方案。用我的这套正规化方法，可克服无穷发散问题，考虑标度不变引力量子场论存在基本质量标度，可用来解决引力量子化时的重整化问题。"
我们的引用到此结束，且不深入讨论超对称理论的各种妙用。而只借用"圈正规化方法"

的这个圈字并且让这个圈字也改作另外一个意义。却说在微分几何和高斯，黎曼路线里德文字 k 被定义为曲率，而半径 R 的倒数(1/R)就是 k。但显然这是个简单关系。比如它和 R 没有更多更错综的关系，也就是说如果 R 是 1 和 R 是 100 或 10000 等都一视同仁。现在如果说是按 R 的大小来引进了更复杂的函数关系，则就相当于是 f(R)让变化脱离了线性代数而变成圈代数了。而这种泛泛而论的"圈代数"如果变成特别的圈性代数并限制它的取值只能是整数，则就是我们在说明　Numblocology　的公理系统的基础模块的内容之一的（01 自扩张码的）三个前导支撑之一。

现在话归正文：01 自扩张码型的对"数组块内成员"的读取是按如下规则进行的：

前面介绍得几乎有小混乱，但是其内容毕竟没难度，看也就懂了。下面是实质性的内容，虽然比中学教科书还容易，却在表达上还是不能按论文格式也不能按教科书格式走。因为，用简单的语言解释复杂的问题的能力是其关键。经常在网络社区看到一些专业人士解释专业的或者技术性的问题，他们会很热心地花很多时间讲问题背后的原理，列出各种外行人很难看懂的公式、推导过程和专业术语，自己解答得很辛苦，读者大多没看懂，双方都不开心。那么尝试用图呢？

一般图形比文字受读者欢迎，并有一图胜千言之说。所以下面也用图解法来说明 Numblocology 公理的内容，读者也需要用心，否则后续的内容就无法被轻松理解。在图 1 中我们在左边有个 8 个元素的数组块，在右边有个 16 个元素的集合或 M（16）它由 0，15；1，14；2，13；3，12；4，11；5，10；6，9；7，8 共 8 对数组成。如果谈 4 个元素的数组块（nblock），则其二进制数必然是 00，01，11，10，即十进制的 0132。M（4）自扩张的起点就是提取 0 后马上提取 1，如此读下去。假设有一条纸带（就是图灵自动机里说的那种）其上是一连串的 0 或 1。接看 8 元素的，正如您能猜到的：对 11100010 这个假设的"01 字串"，你也可以读取一个 1 后，去读第 3 个字符。第二个 1 您就不读了，而忽略，就是继续读第三个 1，接着跳开（忽视）第四个字符（0）而读第五个字符 1。读取后的结果是 110 。这个二进制翻译成（=换算）十进制就是（4+2+0=6）。您可看后面的图帮理解。

总结，如此按 01 自扩张码型的对"数组块内成员"的读取规则（这是公理的内容）来办。第一个数就读成 6 了。而不是自扩张规则的普通读法（注：普通就是 11100010 最开始的"111"连读成十进位的 7，因为跳读的变 6 而连读的变 7，此步希望读者看懂。）。另外关于第二个数如何读就不细说，读者不如直接看**图 1 的绿色线标记**部分。按 01 自扩码，读完 6 就第二个数，这读出来就是"100"=十进制的 4（作者再次请读者看图，以防后面不懂）。在图 1 的右边是 16 元素的 M（16），因为 16 比 8 多一倍，所以可能不是用"忽视一个"的办法，而是读完第一个 1 后连续跳走两个数不读，而读第四位置的 1（红色）。总之看完图后就有个直观的理解。我们在后面也会添加更数学化的对 01 自扩张码的描述。

定义**跨**，如果在图 1 的最底下，左方的图圈是跨 2 的而右边的图圈是跨 3 的，则定义跨（striding）为图上几何直线段连接的两点之间中间隔了 s 个几何点（点标了数字），称为跨 s 的均几何图，当不均时也可用跨，比如后文的文王型的跨就是跨 0，1，2，3 等 s。

图 1　（这里实际排版是整个一页大小为一个图）图 1 内的右侧图在本书 2.6 小节有详细说明，邀请读者在看图 1 时只看左边的图（**右边**就是一个复习，做查对用，不过那里的线只画了绿色线，从上方数带子的第二个数开读（相当于输入格式），然后接着把后面该读的放在下方数表第二列（相当于输出格式打在第 2 列），第一列的解说省略了），看完图后请休息片刻再继续阅读，后面会比较轻松：

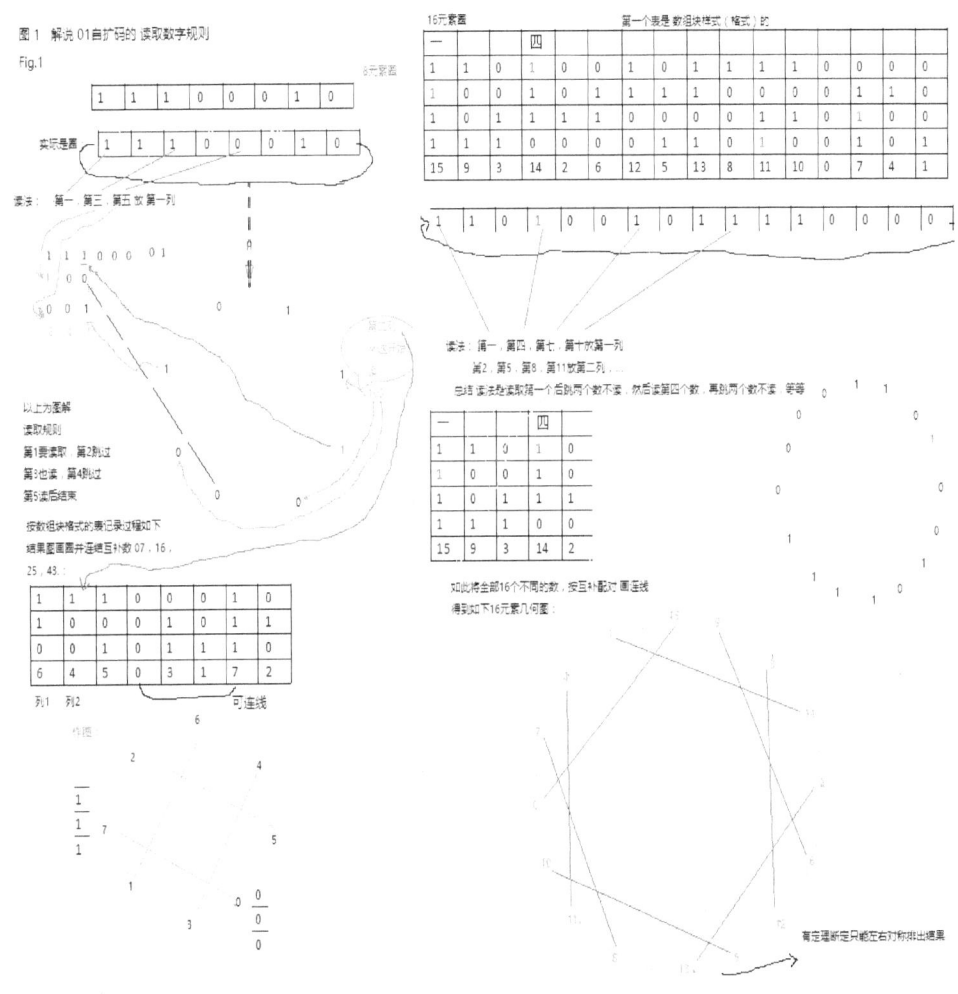

如果理解了这些，通过读图一的图解部分，读者就初步了解如何从 01 核心串（01CS），

按 01 自扩码方式读取数并将得到的数字结果（比如 6,4,...这个输出）画成几何图，接着用图来研究对称性并动用价值函数来评估，下面我们继续介绍一些相关的内容。

Numblocology 公理的基础模块的第一点就是 01 自扩张码，其内容是设立适当的跳读规则。当然对图 1 左边的 8 个元素用隔开 1 来跳读是可以的，其实对图 1 右边的 16 个元素既可以按隔开 2 跳读，也可以也用隔开 1 来跳读，如此右边的读出结果也不一样了（"**隔**"可用英语 Gap 代表，需要指出的是 选 Gap=1 还是 Gap=2 为任选的）。和任选的不同，在配套好的公理系统中，这些隔开的距离或参数则是设定好了的。是不可以任意变动的。

Numblocology 公理的基础**模块的第二点**就是非重复和全枚举要求，设有核心 01 字符串，比如 00011101，如果按自扩码的隔开一来跳读，完成整个依照字符串顺序圈而读，读完后得到的读取内容（输出）可做结果。在这些结果里按公理基础模块的要求，比如在合格的 8 个数集合里是不能包含重复的数的（也就是说输出项是若干数，如果其中有重数，则输出作废），具体说，结果（=输出）里若是 12345670 则可以（说其可以，是因其没重复），而若是 11145670 则不行，因为 111 中有三个 1 是重复的。 同时自动让 2 和 3 失去出现的机会，因为让 1 和 1 给占了，如此就没有能全枚举原先 M（8）里的成员：12345670（实际缺 2 和 3），再附带多说个细枝末节：往后你会问 "字符串顺序圈" 是什么确切意思。为了避免 "没有所指" 或无事先定义就直接用。我们后面会补上解释。必要时也给出定义。当然这样做，逻辑也许会掩盖 "通俗易懂" 性并导致读者反而没有兴致了。这种连图解带精确定义的参合说明模式是目前尚能找到的暂时方案，在不引起混乱的情况下，作者认为这样写作比纯数学的 "强符号演绎" 要好。特请读者明确此处的道理。

简单说数表、数带子和数圈：最主要的一句话，请读者牢记我们的数都是站在圈上的，数表的最后一个数并未终止！这如何讲？

因为数表的方正平直性，所以如果不加说明（也没图 1 那样的连线），让一个简单的表格来呈现实际上是最前数和最后数是首尾相连的**数圈**，还是容易被误解的。所以，本书先约定好，我们研究的对象是数字组成的圈。但采用了这种造表格简化的办法。同时在表里缺省了将最先的那个数和最后的那个数用显然的笔画连结的那一笔。这就是说，我们采用的整体构架是 第一，它们是用 0 或 1 构成的，也称为 01 core string(中文：零幺核心字符串，简称 01 核心串），英语简略为 01CS。 第二，就是用了表格法，就是所谓的数组块格式：一切在表中解决，读取，检测，二进制和十进制都落到表内，表也记录了我们的操作过程。具体也不细说了，因为后文的例子非常丰富。这里的介绍未能达到明晰的效果，就是因为例子不足，而后面因为大量例子故很容易被理解。

2.3 小节 Numblocology 公理基础模块的检测（检验）程序（The Test)的介绍：

Numblocology 的公理的基础模块部分还包括一个检测（=检验）程序。这个检验程序通过读取规则来规定某些配套内容，起排除某些不合格选项的功能。

读取的结果（就是检测完后的输出）可用来检查是否整个数组集合中是否有相同的数，如果通过了检测，则意味着没有重复的数出现。当然，检测是在数组块表上进行操作，其结果也可能有不能全部枚举 M（m）里的所有的数的情况，这时就算其不能通过检测（The Test)了。为了简单明了起见，我们用例子来说明：

如果向外界发信息只能用 0 或 1 表示，那么四个码可以是 0101，这样挺单调的。如果八个码还是 01010101 则更单调，如果这样发信息则没发挥 8 个码量的潜力。所以，可以认为 M（4）的一种 01 核心串(01CS) 为 1100，如果检测按连读办法（间隔为 0 是配套内容），则可能避免单调（=损失了传输潜能）的局面。一切在一个表里显示，表的第 6 行到 10 行是关于 8 个码的，其解说在文章的更后面)：

表 1 在第一行和第七行都是 01 核心串

1	1	0	0					
读					隔 0	读		
1	1	0	0					
1	0	0	1					
3	2	0	1					
	列 2					读法		
0	0	0	0	1	1	1	1	隔 1
0	0	0	1	1	1	0	1	
0	1	1	1	0	1	0	1	
1	1	0	0	0	0	1	1	
1	3	2	7	4	6	0	5	

表 1 的解说，从 1 行到 5 行的解说：第一行不是 0101 那种单调的丑陋串而是 1100，用隔 0 而读（设 Gap=0）的办法来检验。第一列，读第一位子的 1 和第二位子的 1，结果是 11。然后放在第一列。对第二列，读第二位子的 1 和第三位子的 0，结果是 10，然后放第二列。最后翻译成十进制 3201，这也是输出。

解说从 6 行到 10 行的内容，这是 8 个数的 M（8）。不是单调的 01010101，而是 00011101。现在用隔 1 而读的配套办法。则可将第一列读成 001（=1），第二列读成 011。这相当于将图 1 的解说复习一下：在第 7 行（这就是数带子），读第一栏的 0 后，跳开第二栏，续读第三栏的 0，然后跳第四栏而读第五栏的 1，摆在一起读第一列就是（二进制）001=1（十进制）。如此读出 13274605，恰恰各个不相同，检测（test）的结果是能全枚举 M（8）这 12345670 即八个数。如此可称为通过了检测。符合标准。更多的理解也可参考后面的例子。丑陋的 01CS 是通不过检测的。有人说这也构造了一个潜在的序结构，当然第一个简单的序结构是浮移规则。

2.4 小节 Numblocology 公理基础模块的浮移规则（Shift rule）介绍（附子圈定义）：

一个表不能乱排，否则无法找到对称性几何图。表内的各个元素之间顺序需要合符一套规则。浮移规则其实是和**圈性代数**（特殊圈代数）这个支撑相关的一种限制性条件。任何阶数为 m 的数组块 M（m），比如 M（8），有八个数，这八个数彼此平等的关系用 Shift rule 来保障。这种浮移规则的内容是，让 M（m）内，比如 M（16）内的前一个数乘 2 或乘 2 后加 1 得到的结果，就是后一个数的大小。下式 postX 指邻接的后续数，preX 指前数。

postX=2(preX),或 postX=2(preX)+1， 遵循此式，但是也抛弃二进制超过最高位的那一个 0 或 1，整个成为若干个"分段递增的数"的集合。

按如此规则就将整个 16 个数的关系限定好了（放在一个表内）。如果没有这个限制则会出现 2 排 4 前也行且 4 排 2 前也行，就随意混乱了。若要合规则的举例，则 如下排法是好的：

表 2 Shift rule

*	乘 2	乘 2 后加 1	1	0	1	*	升
*	*	1	0	1	*	*	移
*	1	0	1	*	*	*	浮起
1	0	1	*	*	*	?	

这个规则还会重叙一下。但这里就暂且如此。因此同一个圈各个成员的关系是线性的。

然而关于圈 M（4）、圈 M（8）、圈 M（16）、圈 M（32）、圈 M（64）、圈 M（128）等，各层圈之间的关系就比线性复杂，其间的关系是**圈性**的。

按不太严格的定义，数团就是一些数的集合。按现代数学观点 自然数一个比一个大，这是一种序结构（和拓扑结构、代数结构并列），而 shift rule 就相当于某种分段递增的序结构。如果把符合 shift rule 的 M 个数变成规整些的数组块，并让此块的数首尾相连，则在拓扑学上就形成了一个圈，圈在本书里一般翻译为 ｃｙｃｌｅ，但是此句里的圈却和图论里的某种 ｌｏｏｐ（回路）等效。如果有结构和子结构，则相应的数学内容就会丰富：群和子群，环（ｒｉｎｇ）和子环，而在**圈性代数**里，圈是符合 shift rule 的首尾相连的一系列数，或者说让这些数挨个站在一个几何的圈上，可以是圆形（ｃｉｒｃｌｅ）的也可以是变形了的，但是它们的图是拓扑同胚的。将数组块做分解，如果这种分解照顾了镜像对称，就是总可以把某分组当正象（ｘ），而 n block（M）数组块里的对应数（M-1-x）会成对应组（补数组或镜像组），那么往往可以分为 2 n 个数组（M／2 n＝d），如果每个组都是 d 个数，则这个无序结构规定的分组就称为狭义分组。如果某个分组还符合 shift rule ，则称为狭义子圈。简称子圈。如果是比较任意的分组，它也符合 shift rule ，则称为广义子圈。这是子圈的基本定义，在文献和本文其他地方"子圈"需要具体理解。子圈代数（Ｓｕｂｃｙｃｌｅ　Ａｌｇｅｂｒａ）可以独立成一门学科，其中有丰富的代数结构，圈本身抽象后也基本和拓扑学里的ｌｏｏｐ 和平面连接型几何图（圆柱面，莫比乌斯带，环面=轮胎等）等价，还和数论有关，然而，因为本书是基础性的，所以不能多讨论。

继续说浮移规则。在严格符合 Shift rule 后，就让找合符此规范的 01 普通串就变困难。例如：256 个元素的整体用表来呈现某些 01 普通串时，或者其会违反浮移规则，或者其做 Test 检测之结果是好几个数字会重复出现，比如表 3， 其 256 个元素有四个地方不合规则。就是缺四个元素没配合好：

现在变换 58 为 59 同时变 68 为 69，就可以变成符合条件的数组块。这里的双条件符合时，既合浮移规则（Shift rule），也符合检测后能全枚举全部 M（256）就是好的排法。但是 这种变换并不简单 和变魔方类似，需要高技巧。表 3 是有 256 个元素的，但是每个数都符合规则，比如 2 乘 2 为 4，4 乘 2 为 8，而 32 乘 2 并加 1 后是 65。因为 131X2=262，另外 M（256）即是 262-256=6 所以因为表高（二进制展现的行数）有限，象示意图样的表 2 内的星号就被顶掉，这里因为 262 冲出了 256 范围，所以残留 6 留在表里。请读者看表 3 的第一行即可。表 3 的第二行是 01 普通串，凡是大于等于 128 的就记为 1，比如 129 就是 1，而对小于 128 的数就翻译为 0，如此得到第二行的 01 串。

表 3： 256 元素的数组块 M（256）一个排法，但是因重复了 58 和 68 而不完美。

129	2	4	8	16	32	65	131	6	12	24	48	97	194	132	9
1	0	0	0	0	0	0	1	0	0	0	0	0	1	1	0
126	253	251	247	239	223	190	124	249	243	231	207	158	61	123	246
-					x										
18	36	72	145	34	68	136	17	35	70	141	26	53	107	214	173
0	0	0	1	0	0	1	0	0	0	1	0	0	0	1	1
237	219	183	110	221	187	119	238	220	185	114	229	202	148	41	82
91	182	109	218	181	106	213	170	84	169	83	167	79	159	62	125
0	1	0	1	1	0	1	1	0	1	0	1	0	1	0	0
164	73	146	37	74	149	42	85	171	86	172	88	176	96	193	130
-															
250	245	235	215	174	93	187	118	236	216	177	99	199	143	31	63
1	1	1	1	1	0	1	0	1	1	1	0	1	1	0	0
5	10	20	40	81	162	68	137	19	39	78	156	56	112	224	192
						x									-
128	0	1	3	7	15	30	60	121	242	228	200	144	33	67	135
1	0	0	0	0	0	0	0	0	1	1	1	1	0	0	1
127	255	254	252	248	240	225	195	134	13	27	55	111	222	188	120

		d													
14	29	58	116	233	211	166	77	154	52	105	210	165	75	151	47
0	0	0	0	1	1	1	0	1	0	0	1	1	0	1	0
241	226	197	139	22	44	89	178	101	203	150	45	90	180	104	208
94-	189	122	244	232	209	163	71	142	28	57	115	230	205	155	54
0	1	0	1	1	1	1	0	1	0	0	0	1	1	1	0
161	66	133	11	23	46	92	184	113	227	198	140	25	50	100	201
						d									
108	217	179	102	204	152	49	98	197	138	21	43	87	175	95	191
0	1	1	0	1	0	0	1	1	0	0	0	0	1	0	1
147	38	76	153	51	103	206	157	58	117	234	212	168	80	160	64
						d									

2.5 小节 Numblocology 公理基础模块的附注---- 卷起操作（foldup):

卷起操作（foldup)是一种普遍的在十进制水平进行的操作方法，也可用表格记录。当然它只是公理基础模块的一个附注。因为重要也略介绍。表 4 是上下两部份组成，A 在上，最初的出发序列 A1 为 8 元素， A2 为 16 元素；B 在下，展示排列结果或做完卷起操作后的样子。假设对 8 元素做隔 1 而排，对 16 元素做隔 2 而排。比如 A1 的 12345670 或取 1 排到 B1 的第 2 列，取 3 排到 B1 的第 3 列，取 5 排到 B1 的第 4 列 以此类推，只是总格子数永远是 8 个不能跑出格。当然另外一个方式更典型，就是另式的 B2 排在 2, 4, 6 列，就是 1 排在第 2 列，2 排在 4 列，3 排在第 6 列，因为格子有限，排 5 时已经回头了。这种排法也叫 foldup 程序或卷起操作。对 16 元素的说明就是第一个元素排 B2 的第 2 列，第四个元素排第 3 列等等，就不详细说而读者直接查表 4 就可以了。

表 4　foldup 举例：起始（序列）在 A1 A2 区，而结果在 B1 B2 区。

1	2	3	4	5	6	7	0		A1	区			
		1	3	5	7	?			B1	不	常	见	
?	1		2		3			4	B1	常	见	但 写 一	半
十	六	元	素	注	:				A2	区	为	出 发 序	列

8	0	1	3	6	13	10	4	9	2	5	11	7	15	14	12	A2
结果	8			0	此	不	用	（	省	略	这	行	）			B2
15	8	3	10	2	7	12	1	13	9	11	14	0	6	4	5	

2.6 小节 Numblocology 公理的一个例子（配上公理特质部分了）

先解释什么叫已通过了第一测试或第一检测（The first test）。第一检测也是一个程序（数学上的操作过程）和普通测试（the test)一样的，但是因为它特别要求，凡是达到全枚举（无重复）的结果只具备基本资格，要完全通过第一检测(The first test)就必须再用特定的"不丑陋"01 核心串（01CS），且不限于看 01 而要加看**出发的十进制数**，如果某出发的十进制数序列 比如 3201，等经过检测程序得到结果后，其仍是原来的十进制序列，就是必须在表格式的结果行内还是 3201 且原来的 3 对应现在的同列的 3。相反如果出现 3021 或其他变化则会因不全同而算错，就是没通过。下面举一个例子来说明什么是错的情况，什么是被肯定通过了 the first test 的情况。在十进制意义上操作的输入和输出完全一致就是已经通过了。

表 5 ， 错的例子：第一行是出发的十进制序列（15 开始而 5 结束，其实按前面 Numblocology 约定这个 5 也和 15 邻接而整体是一个圈）。将其翻译（就是换算成 01 核心串，就是 8 或 8 以上的换成 1，小于 8 的换成 0，就是 11010010111000，取这个串的第一数 1 然后每隔那第 2、3 列跳而不读，而读第三行（兼带子和二进制数结果的一部分这双重身份）的**第四列**的红色 1，将此 1 放在第一列的第三行，类似读第七列（第三行）的 1 放第四列的适当行，总的在此第 1 列为 1111，如此最后翻译回十进制就是 15。但是第二个十进制数 8 明显翻译后是 9 见第二列第七行那个十进制数。这就是不能通过第一检测（ the first test）。

表 5， 一个不能通过第一检测的例子（虽然可以说通的过普通 test 程序）：

15	8	3	10	2	7	12	1	13	9	11	14	0	6	4	5
一			四			七									
1	1	0	1	0	0	1	0	1	1	1	0	0	0	0	0
1	0	0	1	0	1	1	1	0	0	0	1	1	0	0	0
1	0	1	1	1	1	0	0	0	1	1	0	1	1	0	0
1	1	1	1	0	0	1	0	0	1	0	0	0	0	0	1
15	9	3	14	2	6	12	5	13	8	1	8	11	10	0	7	4	1

表 6 则是正确可通过第一检测（the first test）的例子：前文我们说"会有大量例子让人明白如何操作，明白什么是数组块学那套程序的细节"。现在正好就着表 6 来详细说明。本书特有的**名词解释：翻译**，就是将十进制**换算**成二进制或只是把十进制换成其对应二进制的最高位，或者把二进制换算为十进制数也可这样叫。对前者，比如对 9 其二进制是 1001，其最高位是 1，所以十进制的 9 在 M（16）里翻译为 1（当然在 M（32）或 M（64）块里翻译为 0）同样对后者，1110 也可换算为 8X1+4X1+2X1+0=14（这是二进换十进的换算公式 dec= Σi2^k, i=0 或 i=1,k 这个最高指数为整数）。这也可说成将二进制 1110 "翻译"回十进制就是 14。

Numblocology　表的操作程序解说：在表 6 的第一行的十进制序列全翻译为第二行的 01 core string (也就是出发带子)后。开始在第三行续读，都按 2 个数且被隔者们被省略的方式（Gap2）　直接读取，读完第一列续读第四列，如此可以排完第一列，结果是 1111，这时顺手翻译回十进制的 15 并放在表的底部。同样数序列的第二位是 9，也翻译为 01CS 的 1，然后续第三行等，结果是 1001，顺手翻译回十进制就是 9，这时你发现　15 在顶行（输入），其对着的底部（输出）那行(第六行)也是 15，第二列的也是上面是 9 最底也是 9，就是出发序列和过 test 操作后所得序列是一模一样。这详细的写在表 6 中。建议读者看表刻对一下以便理解这套操作。

表 6 第二行是被翻译的 01CS 凡是大于等于 8 的就作 1，小于 8 的十进制数作 0；然后按隔 2 规则来读以完成整个操作并记录在表格式里。（Gap=2)注意 15 和 1 是邻接的（所有数都站在圈上！），所以在几何上这 16 个数是圈形状的，表现为表格只是为了方便。

15	9	3	14	2	6	12	5	13	8	11	10	0	7	4	1
1	1	0	1	0	0	1	0	1	1	1	1	0	0	0	0
1	0	0	1	0	1	1	0	1	1	0	0	0	1	1	0
1	0	1	1	1	0	1	0	0	0	1	1	0	1	0	0
1	1	1	0	0	0	0	1	0	1	0	1	0	1	0	1
15	9	3	14	2	6	12	5	13	8	11	10	0	7	4	1

至此我们已知道了第一检测程序的细节，也说了　shift rule　和　foldup 操作的问题。整体如何可以参见前面图 1 的 16 元素几何图。在读者看完图 1 后我们现在举一个 128 元素的例子，以方便读者观察数组块学的整体状况。重点是看 16 元素和 128 元素（M（128））的几何图的漂亮。而且知道这些图的来源不是随意或凑齐的，而是有内在结构或限定这些结构的规律在起作用。至少知道那些对称图是可以通过**计算科学意义上的算法而自动达到**的。

因为数组块学公理的基础模块基本介绍全了，而读者脑子里对其较多内容未必就已有个简单明晰的重现能力。所以例子就是我们需要的关键。为了全面复习一下，我们先选定 128 的隔开 5（gap=5）排法，实际这已经是在引用中系（mid-system）的 Numblocology（数组块学）的 01 自扩张码公理。

重复地说就是：配上公理特质部分了（其内容会在第三章有详细介绍）。有 128 元素数组块的序列多种，现选一种制作几何的大圈并染色为红绿各半的待成图的预备表：
表 7，染色图的预备表，可以用在 128 阶群的群内元素再分类之研究中。其真正的几何图在后文。即　图 8 --- b

64	0	1	3	7	14	28	57	114	100	72	17	34	69	11	22
44	89	50	101	74	20	41	82	36	73	18	37	75	23	47	95
63	127	127	127	127	113	99	70	13	27	55	110	93	58	116	105
83	38	77	26	53	107	86	45	91	54	109	90	52	104	80	32

65	2	4	8	16	33	67	6	12	25	51	103	78	29	59	118
108	88	48	97	66	5	10	21	42	84	40	81	35	71	15	31
62	125	123	119	111	94	60	121	115	102	76	24	49	98	68	9
19	39	79	30	61	122	117	106	85	43	87	46	92	56	112	96

符合中系的128元素的大圈以隔5来排的方法。从第8表可画出图2的几何图：

表8， 为得到图2，先造一种过直径解样式的几何图所需表，用隔5的读取法来排（中间过程图在前几行）：

	64		110		41		0		93		82		1		58
			3		116				7		105				14
					28						57				
	114						100						72		
	63		17				127		34				126		69
			124		11				120		22				113
	44				99		89				70		50		
	13		101				27		74				55		20
	G5		G	A	P	5	=	隔	5						
	图	2	所	需：	A										
	64	10	110		41	49	0	21	93		82	98	1	42	58
81	36	68	3,	84	116		73	9	7	40	105		18	19	14
30	83		37	39	28	35,	38		75	79	57	71	77		23
	114	15	26		47	61	100	31	53,		95	12	72	62	10 7
119	63	117	17	125	86		127	106	34	123	45		126	85	69
46	91		124	43	11 1	11	54		120	87	22	94	10 9	108	113,
97	44	60,	90	88	99	92	89	121	52	48	70	56	50	115	10 4
24	13	112	101	102	80,	66	27	96	74	76	32	5	55		20

表8的下半段可以化为几何图，此图非常对称，连线们全过圆心或连线就是直径本身。这是自动得到的图形（就是按这套算法走就能得到一个数表，这个数表最后就能画成美丽的对称图形：如图2.）

图2: 128隔5排之a（注：下图需要占用一整页来排版）

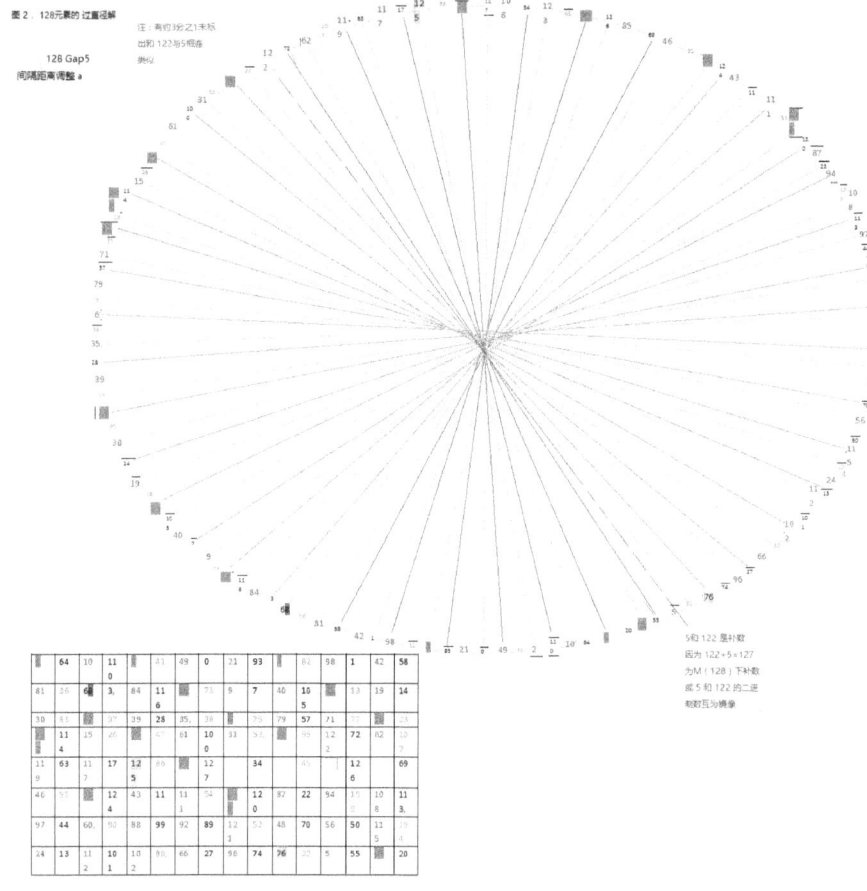

承接表8或图2我们做宽式旋转（不是长或竖立向的而是对表2的每行移动一定位置，让最左某数向右动比如5列，依次类推，变好后就是表9，此表可做图3的基础。

表9-bI 此小表用作简短说明：

	图	3	所	需：	B				81	隔	81	有	5	列	
8	64	10	110	2	41	49	0	21	93	4	82	98	1	42	58
										81	36	68	3,	84	116
81	36	68	3,	84	116	16	73	9	7	40	105	33	18	19	14

表9，（正式表本身）

	图	3	所	需：	B										

	64	10	110		41	49	0	21	93		82	98	1	42	58
	73	9	7	40	105		18	19	14	81	36	68	3,	84	116
71	77		23	30	83	37	39	28	35,	38		75	79	57	
15	26	25	47	61	100	31	53,		95	12	72	62	10		114
106	34	12	45		126	85	69	119		63	17	125		86	127
108	113,	46	91		124	43	11	1	54		120	87	22	94	109
88	99	92	89	12		48	70	56		50		10	97	44	60,	90
76	32	5	55		20	24	13	112	101	102	80,	66	27	96	74

再其次把表 8 的上半部分拿下来，而用新排好的偏红色的颜色填入其中的空里：就成为表 10 。

表 10 ，填入变完成的表

	64	10	110		41	49	0	21	93		82	98	1	42	58
	36	9	3	40	116	73	19	7	81	105	68	18	84	14	
71	83		37	30	28		38	39	75	35,	57		77	79	23
15	114		26	61	47	31	100		53	12	95	62	72		107
106	63	12	17		86	85	127	119		34		45	125	126	69
108	91	46	124		11	43	54	1		120		22	87	109	113
88	44	92	90	12		99	48	89	56		52		70	97	50	60,	104
76	13	5	101		80	24	27	112	74	102		32	66	55	96	20

按表 10 也可做图，其图的一半数，局部有很多呈现如照相机关光快门圈，打开中心部分。类似也都是机械计算而来的，然后照着数字画图就是图 3 （显示画完一半），然后继续画完另外一半就合成而呈现在图 4 里。图 3 图 4 就在下面。

当然这个例子是 128 元素的。如果是 64 元素的大圈 M（64），则会自然呈现一种 64 **卦序**的，比较天然，且数学限制因素明确的数字序列。数学观点看易经的序，有特别的意义，而凭借本书的数学就有可靠机制作这方面的新探讨。

图 3，按表 10 画一半：

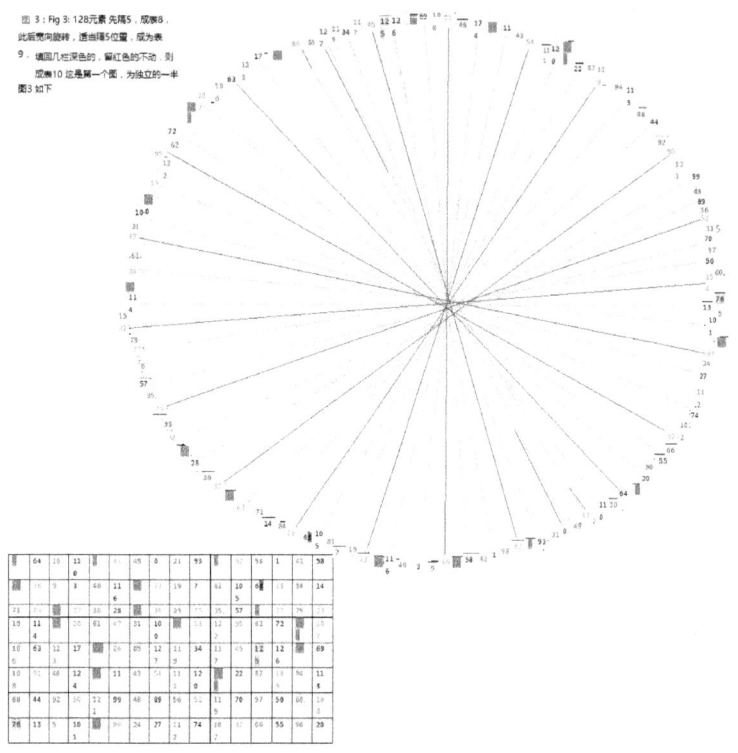

图3：Fig 3: 128元素 先隔5，成蒙8。此后竖向旋转，逐曲隔5位置，成为表9。填圆几柱深色的，留红色的不动；到成蒙10 这是第一个面，为独立的一半图3如下

图4，按表10画全：

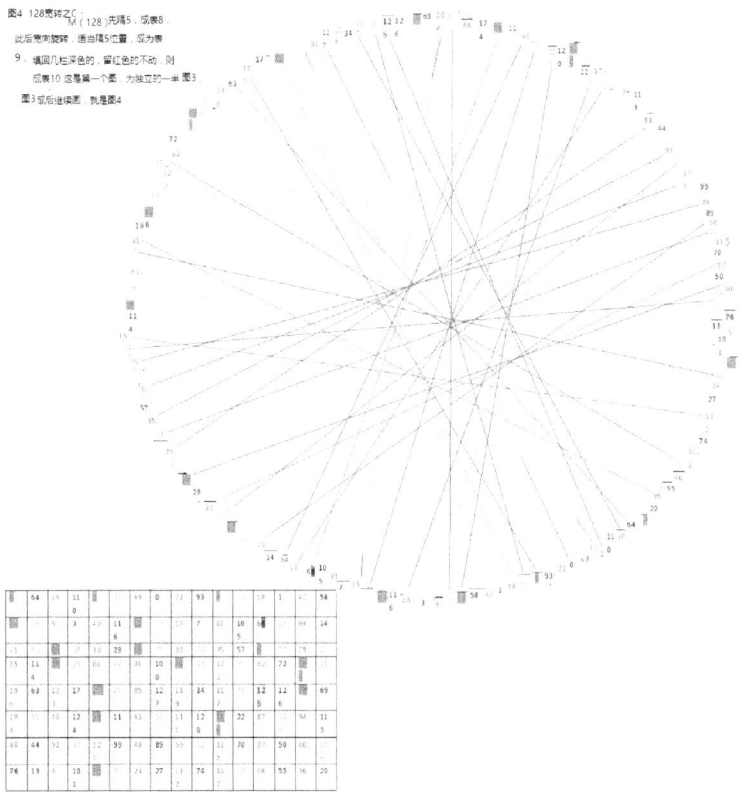

图4 128竞诗乙C
M(128),先隔5,成表8,
此后竞间整辖,适当隔5位置,实为表
9,填回几桔深色的,留红色的不动,则
成表10,这些是一个圈,力独立的一半 图3
图3如后继续画,就是图4

章尾的插诗：第一种途径：重复以得创造

昨夜新月刻小令，寐时得悟唤月记；
百年那得更百年，今日还需爱今日。
本待将心托明月，谁知明月照沟渠。
青春如期复掌中，潇洒九成神明力。

第3章 介绍数组块学(Numblocology)公理体系和举例

3.1 小节：Numblocology 中系公理简介：

商艺、兵艺、纯艺术等多依奇正为节奏。和第二章说概括性的"前导支撑1、2、3"为**正**面理由相反，现在的第三章则按**奇**给理由。为何要本章的三个公理系统。主要是因为可以很方便地设置 numblocology 旋量（rot. value）。我们知道近代和现代物理史上，上世纪中叶和 60 年代所发展的高能物理粒子的标准模型有一个数起了关键作用，那就是 15 这个数。15 和对称、群论这三关键者是那个有巨大成就的物理理论得以萌发的关键。我们现在不是说有一个 numblocological physics（数组块学的物理）了，而是说 15 这个数其实也可以按图 5 来得到，依照最高位充填 1 的方式来画就是如下的四排，共 15 个数，这是小学生也明白的事实。图 5 在创造学里有破除惯性势力的作用，虽然解释环节很难寻得。图 5：

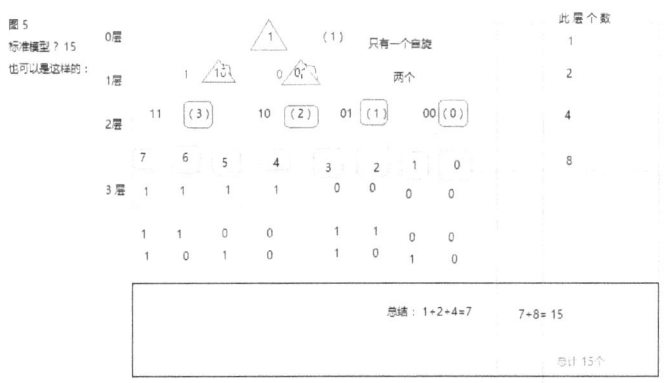

如此潜在的带数组块学味道的高能粒子物理的标准模型也就基本是可直接推测的了。或者说标准模型如果不用群论，也能有解释。在十五个某某粒子中，有一类型的粒子在自旋上是不成对的，它只有一种自旋。自旋、同位旋等属于旋量，这可以在本书的公理框架下得到演绎性的描述，或许不是描述而是临摹。这有点和统计学的情况类似，比如很多散点可以拟合为曲线，这类曲线未必有因果规律在背后支撑，同理读者也可对（现在说的）旋量做类似设想。人们明知道未必有因果联系，但还是要研究拟合曲线就是因为这类做法有合理性。

中系的 Numblocology（数组块学）的 **01 自扩张码公理**：

Numblocological axiom(mid-system) of 01 self expending code:

假设 M（2）代表两个数的集合，M（4）代表不重复的小于 4 的且大于或等于 0 的几个整数，所组成的四个数的集合，这些数可列为表。称为数组块（包含四个整数元素 m=4）。其他 M(m) 就不多列举了。

公理内容如下，在按一般的 01 自扩张码的构造方法和附属操作办法普遍被实施的情况下，所有涉及的读取操作（或，动作、运算）都被公设为合符如下特殊规律：
4 元素的数组块 M（4），读取用间隔 0；同时称其粒度为 1；
8 元素的数组块 M（8），读取用间隔 1；同时称其粒度为 2
16 元素的数组块，读取用间隔 2；
32 元素的数组块，读取用间隔 3；但用**多色图**画连相反数对（11111 对 00000 等）。
64 元素的数组块，读取用间隔 4；其粒度 K=5 且排法几乎唯一。
128 元素的数组块，读取用间隔 5；但用二色图来画连相反数对（1111101 对 0000010 等），二色图定义略；其粒度为 6；
256 元素的数组块，读取用间隔 6；其粒度 K=7（素数）；
……
类似地，到成员数 m 为（2 的 31 次方）大小的数组块，读取间隔 29；粒度 30。
如此直到另外到 M（m），这里 m 可以为很大的自然数，甚至无穷。

在为对应某些层数的 M（m）（比如 512 元素)画图时，可用多色线进行辅助联画以看各色线是否几何对称。（multicolour lines for checking symmetry.）

为方便理解这段文字，我们看 M（16）和 M（32）的例子，画在图 6 里的两部分。图 6 a 里面是 16 和 32 的第一出发序列；而图 6 b 里面是说画 16 元素的圈需要依照 16 的第一出发序列通过 fold up 办法得到。而 32 的则没给出那方面的举例。而是指出 32 的至少两种序可以通过**第一检测（the first test)**,这序去画图得到的图也很对称，且非左右对称型 而是（前后对称，左右也对称）的**四方皆对称的**几何图。另外顺便利用如图 6 a 提到的 32 元素的第一出发序列，在图 6 b 里，采用"平庸的或平凡的邻位联手"格式的排列法，按该作序画了一个图。

图 6 a: 16 和 32 的**第一出发序列：**

图 6 a

（孤悬公共素）的 出发排列

16	0	1	3	6	13	27	23	14	29	26	21	9	22	12	24
17	2	5	10	20	9	19	7	15	31	30	28	25	18	4	8

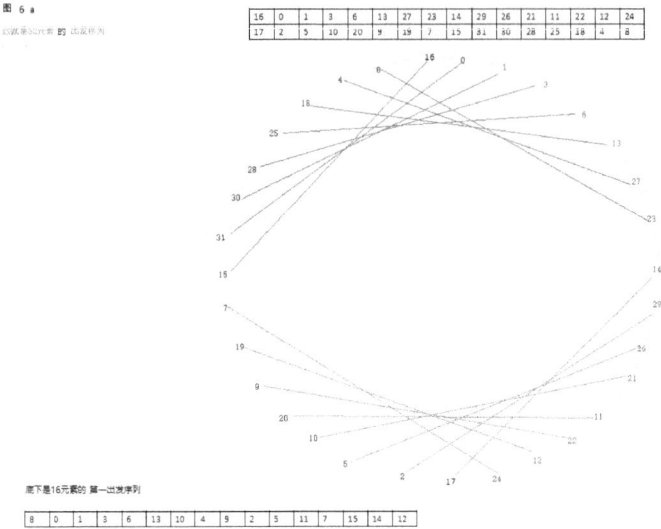

底下是16元素的 第一出发序列

8	0	1	3	6	13	10	4	9	2	5	11	7	15	14	12

可从 图 6 b 看到有明确例子。其中图中的三个几何图里，右下的那个大的是平庸邻位连接方式的。

图 6 b:

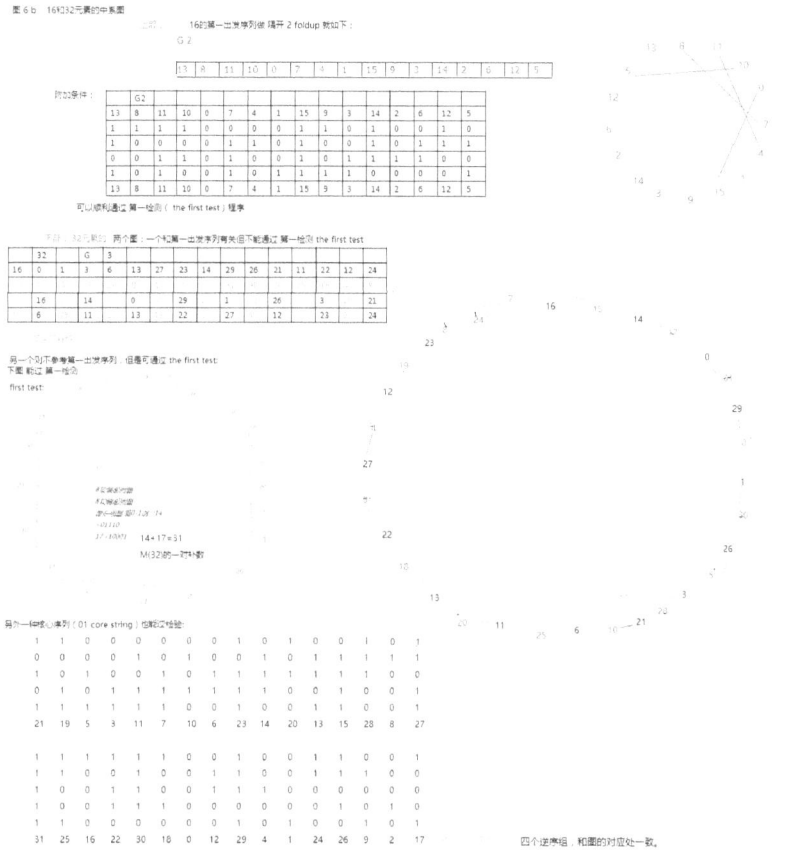

图 6 b 16和32元素的中系图

注意除了中系公理这样的，也有注重 2（2-1），4（4-1），8（8-1），16（16-1），32（32-1），64（64-1）等一套隔奇数的东西的类似系统，改系统分别将（2-1），3，7，15，31，等 Gap 配给（8格之序）、[16格之序、32格之序]、**64格之序**、128格之序、256格之序等，这相当于说古代 8 卦除了先天八卦，后天八卦还可能在考古界"新"发现隔 1 排 8 格文物（目前文物界还不会识别）。和隔 1 的 8 格类似，64 卦还可能有隔 7 排 64 格等的超变之序存在于文物之中。这相当于说数学上"子分解"的二分和八分法和此有关。

3.2 小节：Numblocology 左移一系公理简介：

在中系公理中，将中系之隔数 G 改变，新变数记为 Gnew 让其变为 G-1=Gnew（G 减去一）。比如对 16 为 G=2 现改为 G=1=Gnew。

其他类推，中系的公理内容除 G 外其他一律保留。现在用的间隔数 G 被减少了 1。依照 M（16）按新办法，可操作如下：隔 1 读取则序的结果会如图 7 a 上半所图示。同样 M（32）的原 G=3,改为隔 2 读取。如此一来，原来的旋转次数就多而新的旋转次数就少，似乎是 M（16）原来转 3 次，现在转少了一次。

图 7 a

图 7 a　　上部 16元素的圆表 和图：

8	0	1	3	6	13	10	4	9	2	5	11	7	15	14	12	第一出发序列
	G	1		隔	1	取	或	卷	起							排好的按隔1取的 G1<M(16)>
12	8	9	0	2	1	5	3	11	6	7	13	15	10	4	14	之一

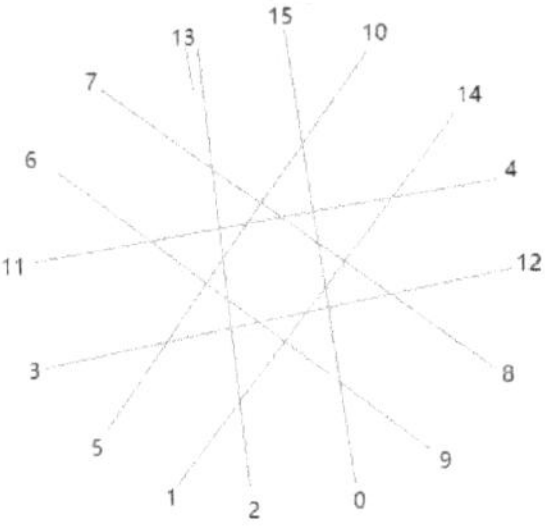

下部　　对 G2<M(32)>中圆 关原始一 的是左右对称的图

16	0	1	3	6	13	10	27	23	14	29	26	21	11	22	24
17	2	5	20	8	19	12	15	30	18	25	28	4			
	G	2		隔	2	取	或	卷	起						
9	16	21	19	0	11	7	1	22	15	3	12	31	6	24	30
13	17	28	27	2	25	23	5	18	14	10	4	29	20	8	26

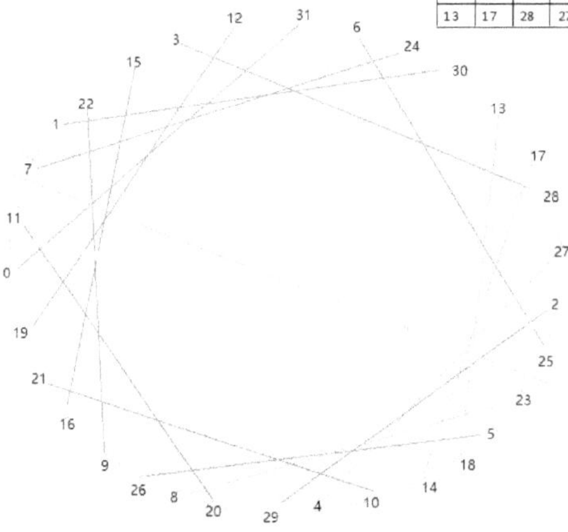

G2 在左移一公理系下, 不是隔3而取，
而是慢的隔2而取。中系公理的取法快，
所以 旋量（rot. value）大
好比有些粒子是1/2的自旋，而另一些是1为自旋，后者
旋得多。

3.3 小节：Numblocology 右移一系公理简介：

在中系公理中将中系之隔数 G，改为 G+1=Gnew(右)（G 加一）。比如对 32 原为 G=3,现改为 G=4。而本来 G=4 是用在 64 元素数组块上用的公理或规则。

公理中其他规定类推，只是间隔数 G 多了 1。同样可举例画图来说明。图 7b 里简明地只取 16 元素的数组块作例子，而 M（32）的省略。本来中系的 16 取隔 2, 现在右移一的采用隔 3 的规则，请读者看有什么改变效果，详细可参见图 7 b

图7b 是 增加随意跨度的演示。例如16元素的表　　可能性多，但排出一个例子　　按隔3选取 排列

8	0	1	3	6	13	10	4	9	2	5	11	7	15	14	12
	G	3		隔	3	取	或	卷	起				增		
12	8	11	6	7	0	13	15	1	2	10	14	3	5	4

估计旋量增加了
比，就是这个旋转
多些。
对比：中系
的为 GAP 2 隔2

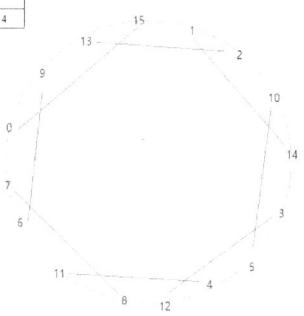

在本小节结束前有三个问题需要做些说明：第一就是 图 7 b 省略的内容会在本书后面的"阶数为64 的数组块的对称研究和伴谈六十四卦序"那一章出现，这里是为了避免重复才省略。第二就是在3.1 小节里图 6 b 的上半部，是既用公理法推演出 16 元素数组块的内容，也用卷起 (fold up)程序排出其内容，而这两法得到的数字表是一样的。但是为了方便起见，在后来的 图 7 a 和图7b 里只借用了 foldup 的办法，以节省篇幅。当然，在本书后面的"Numblocology 的定理选"那一章会有某种论及其一致性的命题或内容。第三，是要说明，这三个系的公理，可以都用，用后在整体上可见不同系的公理被运用后，其操作结果在旋量上是不同的，如此 象 1/2 自旋，1 自旋等也许有数组块学意味上的解释（表面解释了物理和 Numblocology 的某些联系，至于这联系是什么就看读者各自的创造性了）。

3.4 小节 Numblocology 的 M（m）第一出发序列选

在 M（4）里有0、1、2、3 这四个整数，且 0 和 3 互为补数，1 和 2 互为补数。最小拆分就是在闭弦分开为两个开弦后，一半是 0 和 3，另一半是 1 和 2。假设 m-1=3,则这个带有 3 的就列为左半（或上半），而凡是带 2 的就列为右半（或下半）。
对 M（8）用（0-7，1-6） ，（2-5,3-4）也暂时可分为两半。
对 M（16）和 M（32），可查图 6 a 里可得到所有信息。
下面看64元素（即数组块 M（64）的大圈的**子分解**是如何分裂成两"半圈"的，给出的表是表11。

表11 ， M（64）数组块的第一出发序列：31 和 0 的是左半（或上半），带 33-2 的那个是右半（或下半）：

31	63	62	60	56	49	34	5	11	22	44	25	50	36	8	16
32	0	1	3	7	14	29	58	52	41	19	38	13	27	55	47
30	61	59	54	45	26	53	42	20	40	17	35	6	12	24	48

| 33 | 2 | 4 | 9 | 18 | 37 | 10 | 21 | 43 | 23 | 46 | 28 | 57 | 51 | 39 | 15 |

这也是 64 阶群第一出发序列。表 11 可作几何图 ：图 8 a

图 8 a，一种 M（64）的第一出发序列

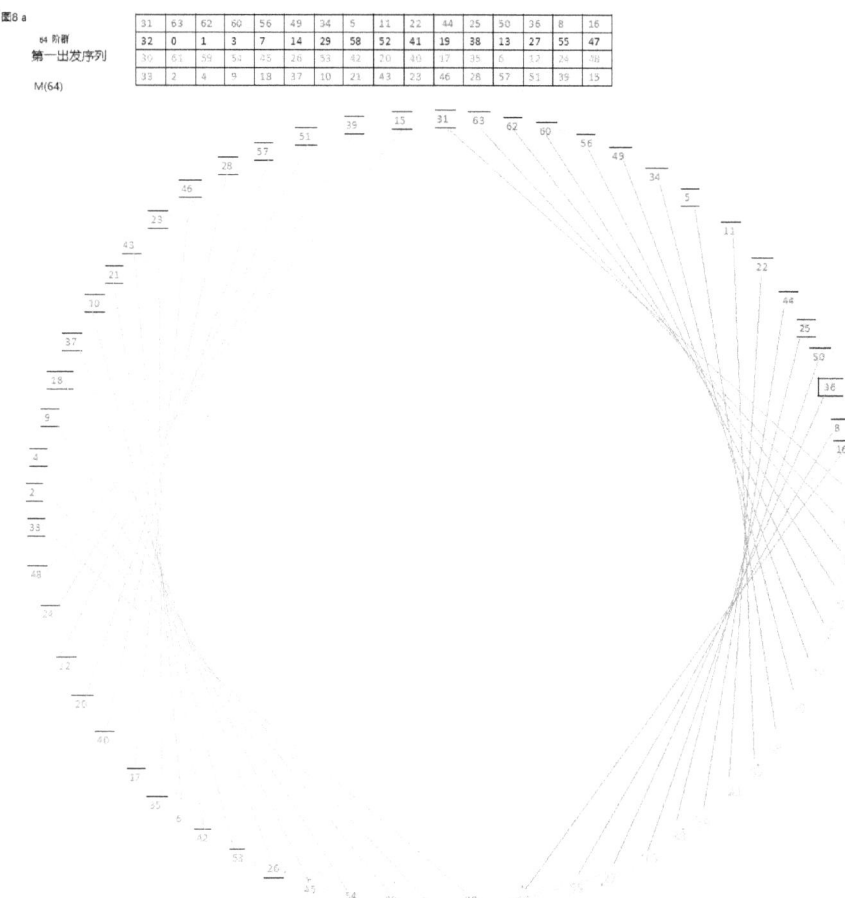

定义如上图左右蓝灰和橙色的半圈，人工分开，再闭合为两个小些的闭圈，称小些的一个圈为**上半旋**（指含 0 和最大数 m-1 的那个 1/2 全体数组成的圈），令一圈为**下半旋**（往往含2）。

另外，前文第二章之 表 7 展示的是 128 元素大圈 M（128）的第一出发序列的，多种可能排法里的某一种；所以用给读者就近查阅方便的办法呈现

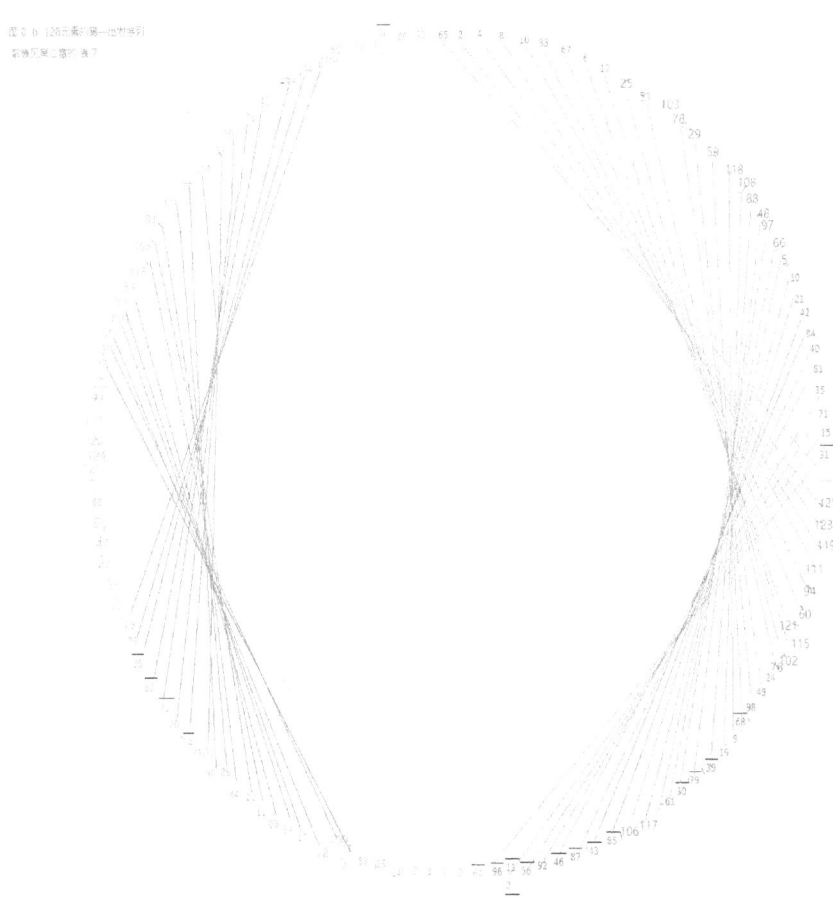

图 8 --- b 这图是根据前文的表 7 而来，为对照图 8---b 方便，这数表再呈现一次在下面。

注释：表 7 重复在这里。它是说 128 元素大圈的序 - - 分红绿各半：

64	0	1	3	7	14	28	57	114	100	72	17	34	69	11	22
44	89	50	101	74	20	41	82	36	73	18	37	75	23	47	95
63	127	126	124	120	112	99	70	13	27	55	110	93	58	116	105
83	38	77	26	53	107	86	45	91	54	109	90	52	104	80	32
65	2	4	8	16	33	67	6	12	25	51	103	78	29	59	118

108	88	48	97	66	5	10	21	42	84	40	81	35	71	15	31
62	125	123	119	111	94	60	121	115	102	76	24	49	98	68	9
19	39	79	30	61	122	117	106	85	43	87	46	92	56	112	96

3.5 小节 M(m)数组块或 m 阶群的第一出发序列之继续

关于符合传播学的"三不许"，是说好的作品应当是"不许不给料"、"不许宝山空回"、"不许不讲故事"。却说古希腊的柏拉图的弟子很多，但以亚里斯多德最有成就，而这一个人就足以引发变革并对科学有最深刻的影响。在读者千万之中只要有一位能利用 numblocology 来做出成就，就值得作者提供料，包括对理论物理的应用方面的提示，哪怕是最初步的提示，也必须提供料。因此，从创造学之素材需足够原理来讲，也不许不给料，这就让作者必须多写些和此学科直接有关的信息。因为对于"对称"，这个数组块学是研究的，历史上群论（Group Theory）也是研究（对称）的，而群可以用在理论物理，量子力学，粒子物理等上面。所以我们讲弦论，谈超对称，点及量子原理等都是本书应当介入的内容。又因为不许宝山空回，所以既然来到研究圈性代数的 Numblocology 这座宝山，要让读者中的一些人得到宝，也需要谈点理论物理等。最后因为读者中某些人起点非常高，创造性也不可限量。而关于不许不讲故事，这小段文字本身就是个故事，现在作者只关心在后面继续追加故事的问题了。

以下内容和 256 第一出发序列的总结有关，但下面是不需要阅读的。可以被跳过的部分就从下一行开始：
谈论到量子力学主要建设者之一：薛定谔，可参网页：
http://blog.sciencenet.cn/blog-677221-533541.html 张天蓉写道： 认识神秘的量子现象。

不管是学哪个行业的，大概都听说过奇妙的量子现象。诸如测不准原理啦，薛定谔的猫之类的，在日常生活中看起来匪夷所思的现象，却是千真万确存在于微观的量子世界中。

许多人将听起来有些诡异的量子理论视为天书，从而敬而远之。有人感叹说："量子力学，太不可思议了，不懂啊，晕！"

不懂量子力学，听了就晕，那是非常正常的反应。听听诺贝尔物理学奖得主，大物理学家费曼的名言吧。费曼说："我想我可以有把握地讲，没有人懂量子力学！"量子论的另一创始人玻尔（Niels Bohr）也说过："如果谁不为量子论而感到困惑，那他就是没有理解量子论。"既然连费曼和玻尔都这样说，我等就更不敢吹牛了。

因此，我们暂时不要奢望'懂得'量子力学。某些科普文章的目的是让我们能够多'了解'、多认识一些量子力学。因为量子力学虽然神秘，却是科学史上最为精确地被实验检验了的理论，量子力学经历了 100 多年的艰难历史，发展至今，可说是到达了人类智力征程上的最高成就。身为现代人，如果不曾'了解'一点点量子力学，就如同没有上过因特网，没有写过 email 一样，可算是人生的一大遗憾啊。下面是一个说法，如果把下面的圈撕裂为两个"半圈"，则这半个和另外半个会纠缠（注意量子纠缠的提示在闪动）。

这是关于 256 元素大圈（M（256）数组块）的第一出发序列的：它的次序总结："258 阶的排法符合 shift rule 且没有重复"是要紧的，而下表就合符此要求。 若做如下顺序的串联，则成 256 元素大圈：129-，63》127-，64》128-，191》126-，192》返回 129。

表 12：256 元素大圈（M（256）数组块）的第一出发序列（之一）：

表12，序 的A部

	253	251	247	239	220	190	124	249	243	231	207	158	61	123	246
237	219	183	110	211	186	114	234	75	216	164	82	164	73	146	78
149	42	85	171	87	174	92	18	117	22	198	141	27	54	108	217
179	102	204	152	49	98	196	137	19	39	78	156	56	112	224	192
129	2	4	8	16	32	65	131	6	12	24	48	97	194	132	9
18	36	72	145	34	69	138	21	43	86	173	91	182	109	218	181
106	213	170	84	168	81	163	71	142	7	57	114	228	201	147	38
76	153	51	103	207	157	59	118	236	226	177	99	199	143	31	63

表12，序的B部

127	255	254	252	248	240	225	195	134	13	26	53	107	214	172	88
176	96	193	130	5	11	23	46	93	187	119	238	220	185	115	230
205	155	55	111	222	180	126	241	220	199	139	22	44	89	178	101
203	150	45	90	104	108	201	16	66	133	10	20	40	80	160	64
128	0	1	3	7	15	30	60	120	241	229	207	148	41	83	167
79	159	62	125	251	244	232	209	162	68	136	17	35	70	140	25
50	100	200	140	33	67	135	14	29	58	116	233	211	166	77	154
52	105	210	165	75	151	47	94	189	122	245	235	215	175	95	191

注意 192 后有个 129 又出现或　　191 后接了 126 意味着这表的首尾是相连的，也就是 256 个数为一组的大圈，现在可以画 256 元素的第一出发序列图：分两张画出即图 9 a 和图 9 b　在图 9 a 的 31 和 63 接近的边缘连一根外线；从 63 到 127 但是这 127 后省略，127 后的省略画在图 9 b 里柄为 63 连 127 开始大圈 255、254 等等。合表就是表 12　，可以画成两个图即　图 9a 和图 9b 。

图 9a

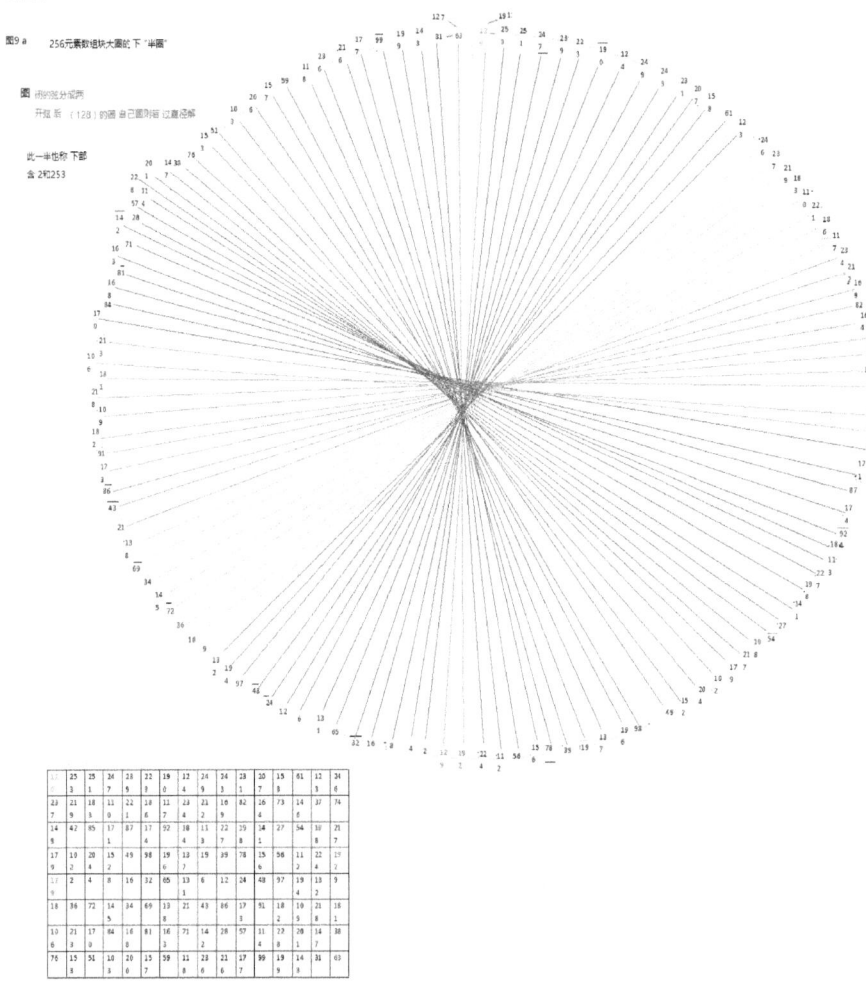

图 9 b

42

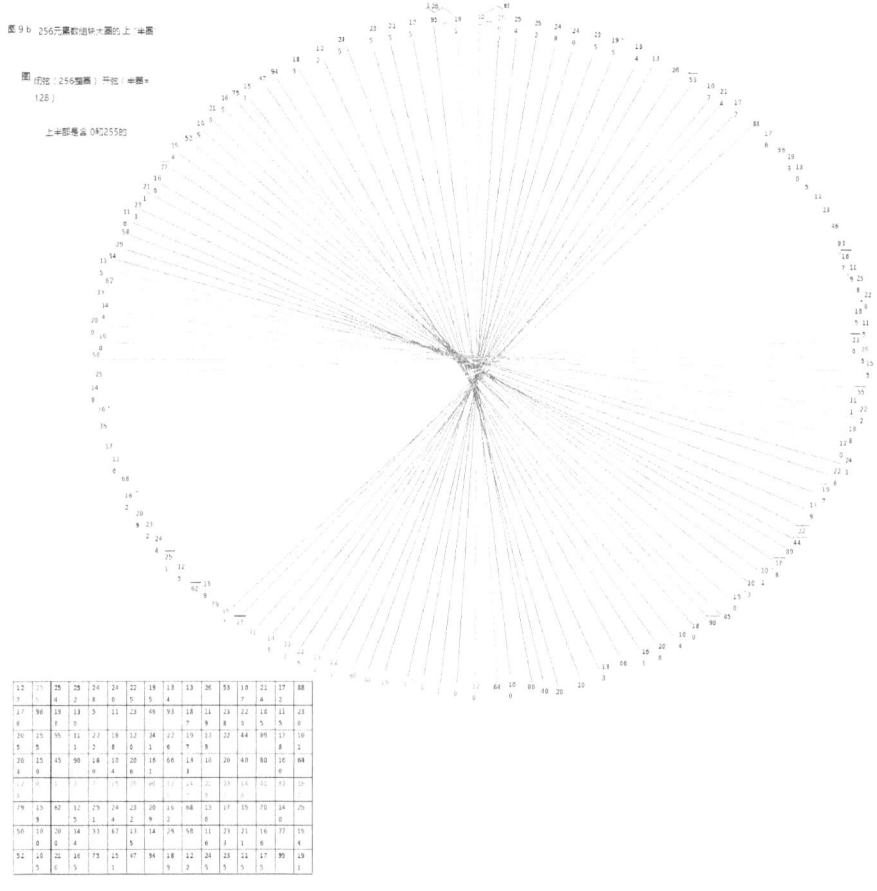

两个分开的图连在一起就是一个整体的 M（256）第一出发序列，然后用中系 numblocology 公理，用隔 6 而取读，造表并完成 test 程序就可以得到一个表，就是表 13，而表十三就是本书读者的第一个练习，可以手绘成为 256 个整数排成的圈，连线各对补数后就是很美丽的对称图，希望动手的读者能享受这过程（本书就不给出图了）。
M（256）的一个过 first test 的对称图数组块表，其序已经排好。

表 13，258 元素的表做隔 6 读取：

24	253	66	38	92	70	5	48	251	13	76	184	140	11	97	247
10	153	113	25	23	194	239	20	51	227	50	46	132	223	40	103
198	100	93	9	190	80	206	141	20	187	18	124	16	157	27	144
119	36	249	64	59	54	33	238	72	243	128	118	108	67	220	145

231	0	236	217	135	185	34	207	1	216	179	14	115	69	158	3
177	102	29	230	138	61	7	99	204	58	205	21	123	15	199	152
116	155	43	246	30	143	49	233	55	86	237	60	31	98	211	111
173	219	121	63	196	166	222	91	183	242	127	137	77	188	182	110
229	255	19	154	120	109	221	202	254	39	52	241	218	186	148	252
78	105	226	181	117	41	248	156	210	197	106	234	83	240	56	165
139	213	217	167	225	112	75	22	170	169	79	195	224	151	44	84
82	159	134	192	47	89	168	164	62	13	129	94	178	81	73	125
26	2	189	101	163	146	251	53	4	122	203	71	37	244	107	8
245	150	142	74	232	214	16	235	45	28	149	209	172	32	215	90
57	42	162	88	65	175	180	114	85	68	176	13	95	101	228	171
136	96	6	191	201	201	87	17	193	12	126	161	14	173	35	130

　　下面继续引用量子理论的科普，那时薛定谔的'神秘女友'，激发了薛定谔天才的想象力和灵感，使其建立了微观世界中粒子的波函数所遵循的薛定谔方程。然后，薛定谔不同意哥本哈根派对波函数的解释，设计了'薛定谔的猫'的思想实验。用薛定谔自己的话来说，他要用这个"恶魔般的装置"，让人们闻之色变。薛定谔说：看吧，如果你们将波函数解释成粒子的几率波的话，就会导致一个既死又活的猫的荒谬结论。因此，几率波的说法是站不住脚的！

　　这只猫的确令人毛骨悚然，相关的争论一直持续到今天。连当今伟大的物理学家霍金也曾经愤愤地说："当我听说薛定谔的猫的时候，我就跑去拿枪，想一枪把猫打死！"

　　在宏观世界中，既死又活的猫不可能存在，但许多许多实验都已经证实了微观世界中叠加态的存在。总之，通过薛定谔的猫，我们认识了叠加态，以及被测量时叠加态的坍缩。

　　叠加态的存在，是量子力学最大的奥秘，是量子现象给人以神秘感的根源，是我们了解量子力学的关键。
为何有人会产生"拿枪把猫打死"的气愤，因为自然界或上帝的设计作品里出现了人不能理解的内容。这个叠加态其实是无法自全而偶尔却能周延的，就是本来没法自全，后来在看不清的地方突然周延的了。一般唯象的理论主要是表面的，量子理论就有点唯象。测不准可以而粒子无限精确定位确实是违反自然界性质的。让我们看另一扇门的里面。如果有一只手拿着或通过精细镊子拿着一个小尘埃，然后要其精确地放在某理想位置之右边 1.000000 米处，其实微尘只能在 0.999999 米处或 1.000001 米处或类似的地方，但是不可能是精确的 1.000000 米处。这个相当合理。另外在半导体能带"跃迁发光"等处，光的能量不可能非常弱，况且光能和其频率是对应的。如果就任意能带而言，无法将此带和另外一个带变得全同，就是此带和另外一带必然差一点能量。物理实验还指出能量是一个一个的生变的。没有 0.001 或 0.2 等之类的可能。这些都是非常合理的。理由是一样的。没有一只手可以将微尘精确摆放在 1.000000 米处。如果真有那个能力那倒是怪事了。下面再引用两个类似合理的例子：例子一：20 米宽城墙里开了一个整齐的门或有条平直精确的 20 米长的通道，其通道宽 1.5 米，现在要让一部宽 1 米的车通过，是有可能的。而让一个宽约 1.49999 米长 3 米的车通过这通道（或整齐的门），则要非常慢走才有可能。现在如果要精确的 1.5 米的车通过这 1.5 米的门，而且要快开而过，这是不可能的。门和车的大小越接近，则越难通过。这个也相当合理。例子二，在一个自动传送带机器的末端设计一个摆在称重器上的盒子，小微尘或牛顿的苹果开始传送到边而掉到盒子里。如果在 10 公斤一盒的结尾阶段，传送带必须减速，让其慢到一次只让一个苹果往下掉。否则在每盒内最后得到的真重量是相差很多的甚至相差一公斤（比如一下子传送 4 个苹果都掉进去没法刹住，为某盒情况；而一个苹果都没传送就触发了称重到位信号而送走整个盒子是另一个的情况）。总而言之，自然界就是按苹果的一个份量或微尘的一个单位来被运作的。否则自然界的传送带就不合理了。这就是反映量子现象必须合理的两个例子。当然把这些反"精确性是无限可能"的道理说出来就是量子理论的无法自全处。让量子理论显得怪。如果继续探索量子理论的背后道理，是否可以让那个"在看不清的地方**突然周延**"的事情让量子纠缠和现在的 Numblocology 几何图联系起来，是我们需要的一个期待。

其实这是要抵消所谓反"精确性是无限可能"的第一理念引起的对整个物理学理念的反冲或扰乱。我们可以把 Numblocology 的数表认成是 1，2，4，8，16…等组合和量子纠缠作了一个表象联动。具体先要介绍那种单缝试验，双缝试验（四缝试验是否是闲着没事干？），然后从两个假想的物体（物体难道只有两个吗，不能有三体和四体问题？）做出经典的量子纠缠场景。如果要把这些反冲或扰乱都研究全，是否需要本书提出的第一出发序列呢。这是个闪动点。这段文章的下面就是张天蓉写作的 EPR 佯缪的"两体版"：Boris Podolsky 和 Nathan Rosen 是爱因斯坦在普林斯顿高等研究院的助手。1935 年 3 月，Physics Review 杂志上发表了他们和爱因斯坦署名的 EPR 论文。文章中描述了一个佯缪，之后，人们就以署名的三位物理学家名字的第一个字母命名，称为"EPR 佯谬"。

EPR 原文中使用粒子的坐标和动量来描述爱因斯坦构想的理想实验，数学表述非常复杂。后来，波姆用电子自旋来描述 EPR 佯缪，就简洁易懂多了。EPR 论文中涉及到"量子纠缠态"的概念。

考虑一个两粒子的量子系统。也就是说，有两个会分身的孙悟空同居一室。两对孙悟空互相有关系的情况了。我们借用"纠缠"这个词来描述它们之间的互相关联。也就是说，这种情形下，两对量子孙悟空'互相纠缠'，难舍难分。有趣的是，将来竟然有人出来证明说，这量子孙悟空之间亲密无间的程度，不是我等常人所能理解的，可以超过我们这个'经典'人间所能达到的任何境界，任何极限哦。于是，我们只好叹息一声说：啊，这就是'量子纠缠态'。假想实验中，描述了两个粒子的互相纠缠；想象一个不稳定的大粒子衰变成两个小粒子的情况，两个小粒子向相反的两个方向飞开去。假设该粒子有两种可能的自旋，分别叫"左"和"右"，那么，如果粒子 A 的自旋为"左"，粒子 B 的自旋便一定是"右"，以保持总体守恒，反之亦然。我们说，这两个粒子构成了量子纠缠态。

用我们有关孙悟空的比喻将爱因斯坦的意思重复一遍：大石头中蹦出了两个孙悟空。每个孙悟空都握着一根金箍棒。这金箍棒有一种沿着轴线旋转的功能：或者左旋，或者右旋。两个孙悟空的金箍棒旋转方向互相关联：如果孙 A 的金箍棒为"左" 旋，孙 B 的金箍棒便一定是"右" 旋，反之亦然。我们便说，这两个孙悟空互相纠缠。

大石头裂开了，两个互相纠缠的孙悟空（A 和 B）并不愿意同处一室，而是朝相反方向拼命跑，它们相距越来越远，越来越远……。根据守恒定律，它们应该永远是"左右"关联的。然后，如来佛和观音菩萨同时分别在（宇宙）天庭的两头，抓住了 A 和 B。根据量子论，只要我们不去探测，每个孙悟空的金箍棒旋转方向都是不确定的，处在一种左/右可能性叠加的混合状态（比如，各 50%）。但是，两个孙悟空被抓住时，A、B 金箍棒的叠加态便在一瞬间坍缩了，比如说，孙悟空 A 立刻随机地作出决定，让其金箍棒选择 "左"旋。但是，因为守恒，孙悟空 B 就肯定要决定它的金箍棒为"右"旋。问题是，在被抓住时，孙悟空 A 和孙悟空 B 之间已经相隔非常遥远，比如说几万光年吧，它们怎么能够做到及时地互相通信，使得 B 能够知道 A 在那一霎那的随机决定呢？除非有超距瞬时的信号（心灵感应）来回于两个孙悟空之间！而这超距作用又是现有的物理知识不容许的。于是，这就构成了佯谬。因此，EPR 的作者们洋洋得意地得出结论：波尔等人对量子论的几率解释是站不住脚的。

此一时彼一时！这时的波尔，已经知己知彼、老谋深算。他深思熟虑地考虑了一阵之后，马上上阵应战。很快就明白了，爱因斯坦的思路完全是经典的，总是认为有一个离开观测手段而存在的实在世界。这个世界图像是和波尔代表的哥本哈根派的"观测手段影响结果"的观点完全不一致的。玻尔认为，微观的实在世界，只有和观测手段连起来讲才有意义。在观测之前，并不存在两个客观独立的孙悟空实在。只有波函数描述的一个互相关联的整体，并无相隔甚远的两个分体，既然只是协调相关的一体，它们之间无需传递什么信号。

我们暂时放下这些（不，不，在本书里彻底放下这些。 http://blog.sciencenet.cn/blog-677221-538253.html ），只是我们虽然有 1，2，4，8，16，32，64，128，256，512...等元素的表，但是我们的某个数组块 M（x）的内部的 antibit 数和其原数永远总是一正一负，所以就是一个量子放出两小量子后其性质和 numblocology 的整圈拆分为两个"半圈"的性质对应。当然，在研究某些量子状态比如自旋时就用单纯的表，而当出现多种量子状态需要处理或不是两个体的而是多个体的（四个，8 个，16 个）的情况要处理时，这时我们就不能用简单的阶数为 2 、4 、8 、16 、32 等来表达，至少那具有多解性质的 M（128）和 M（256）等需要被启用。上面提到的图 9 或对应的表 就是 M（256）数组块的一个排法（另外还有其他排法）。

读者可以认为，本书这节的插叙，其实是为数组块这门新学科的潜在应用找背景。所以，需要在真有应用的场合能马上调出我们在这个领域的知识库。而研究透库就是下文要继续的。因而值得读者细心研究。而不是认为没用而放弃。世界三的知识和新武器条件往往不只是存放在世界三那里的问题，而是要设法让其被用来以造福人类。

可以被跳而略去不读的部分到此结束，下面是正文。

第 4 章　群内的另一种分类法

4.1 小节 群有一个或多个元素且和对称性有关

群论研究的是集合的**对称性**。任意一个抽象群都对应一个置换群。法国传奇人物伽罗瓦（法语：Évariste Galois，1811 年 10 月 25 日－1832 年 5 月 31 日，法語發音：[evaʁist galwa]）) 17 岁开始研究方程可解性问题，提出群的用于处理方程可解性问题，获得了重大成果。但他性格偏强，比也同样年轻早逝阿贝尔更加生不逢时，3 次把研究论文交法国科学院审查，都未能得到及时的肯定。不仅如此，由于伽罗致词热烈支持和参与法国"七月革命"，人在进入巴黎高等师范学校的第一年就被开除学籍；之后又两次被抓进监狱，获释后的一个月，1832 年 5 月 31 日，在和某军官的决斗中，伽罗瓦被击中要害，第二天--1832 年 5 月 31 日早晨，一颗数学新星殒落了。死时还不满 21 岁，决斗前夕，伽罗瓦把他的研究工作写成信件，托朋友转交《百科评论》杂志。　然而不幸的是，伽罗瓦的群论思想由于超越时代太远而未及时地被人们理解和接受，以致埋没了 10 年多，幸好手稿保存下来。1843 年 9 月，法国数学家刘维尔重新整理了伽罗瓦的数学手稿，向法国科学院作了报告，并于 1846 年，在他自己办的数学杂志上发表了它，这才引起了数学界的注意。

数学家们在伽罗瓦群论思想的基础上，开始追踪、研究和发展，逐渐开创了一个新的数学分支--抽象代数学。它包括群论。如果隋唐之交的罗成位列好汉第七，则秦叔宝可能位列第十四。成为世界前三的数学家可能有高斯，而十分有能力的数学家至少超过一百名，但是伽罗华却能挤进这里的前四分之一，就是至少可以排到第二十五位。这一切都是因为群（group）这个概念和往日的数学完全不同，是研究对称性的一种手段。虽然伽罗华研究深刻数学的时间还不到五年。他的创造性能力给了自身在数学殿堂里的排位的强支撑点。所以读者一定要训练好自己的创造能力，做有心人。

什么是群论？

群论，一般说来**群（group）**指的是满足以下四个条件的一组元素的集合：（1）封闭性　（2）结合律成立　（3）单位元存在　（4）逆元存在。群论经常应用于物理领域。粗略地说，我们经常用群论来研究对称性，这些对称性能够反映出在某种变化下的某些变化量的性质。

举个例子来说群，假设有 8 个元素的集合，通过一套特殊的乘法运算，因为满足上面说的四个条件而被确认为一个群。类似在网上 (http://edu.163.com/edu2004/editor_2004/gaokao/050428/050428_193748(4).html) 的讲法，我稍微改为如下叙述：假设有一种乘法 x* 和普通 x 乘法不同，他们只取前四个数做"截断结果"=积，现在根据如下等式 87909376=9376x9376，这个是通常乘法。

现在认为尾数截获乘法 x*能做 9376x**9376=9376 的等式 相当于 1x1=1 或群论恒等变换元 e x e=e.请求出这个群元素和其逆元素的列表。

假设按截尾乘法 x*能得到封闭的群，如果只有三个数则在三个数前补 0 以形成 4 个数的形式，那么群的元素就是：
9376x*7776（左乘）=7776x*9376（右乘）=7776。
7776x*7776=6176；6176x*9376=6176。 6176x*6176（类似于乘方）=2976。
2976*9376=2976....类推就能得到一个元素比较多的群。
当然要列 0176x*0176=0976，，，一大堆的元素。
类似例子：这种最小的群是截断 5 位数的，比如，它只含有八个数，即

S={90625, 40625, 15625, 65625, 46875, 96875, 21875, 71875}.

可以看出，"八数王国"里的每个臣民都是五位数.我们所熟悉的加、减、乘、除四则运算法则，它们不予理睬，而热衷于特别乘法 x* 以及由此推广出来的"乘方"运算. 所谓特别乘法 ，就是把普通乘法结果的最后五位数作为特别乘法 的结果。例如：
90625 x* 46875=46875，
65625 x* 71875=96875。

我们发现，"八数王国"有个奇异的性质：王国中的任意两个臣民相乘 ，其结果仍然是该王国的臣民，"八数王国"不愧是"闭关锁国"。同学们可借助计算器的帮忙，迅速地"验证"这个性质，或者干脆造一张特别乘法 的"乘法表"。

细心的同学也许已经发现："八数王国"由"625"与"875"两大家族组成，它们各有四个子民。"625"家庭中任意两个子民相乘 ，其结果仍然是"625"家庭的子民，而"875"家庭中任意两个子民相乘 ，其结果就改换门庭，变成"625"家庭的子民.因此，不妨称"625"家族为"封闭家族"，它照样维护其封闭性(这就是其下还有子群 subgroup 的意思)；不妨称"875"家族为"开放家族"，但它也跳不出"八数王国"的封闭性圈。请看下面两个例子：
90625 x* 40625=40625，
46875 x*96875=15625。

核心数"90625"，它是"封闭家族"之首，也是"八数王国"之首，它称为"单位元素".它的性质最为奇特：它具有普通算术或代数里"1"的性能（单位元）。
71875 为"生成元" ，构成循环群的基料。

以上是个科普，其实其最原始的资料来自一本英语科普书。这是为没有大学抽象代数课基础的人设置的一段介绍。90625（=e），65625，40625，15625（可通过 46875，96875 侵入 625 结尾的子群），65625x*40625=15625。40625x*15625=65625。65625X15625=e，
如此 65625 和 15625 是互为逆元素。而 40625x*40625=e 即是说 40625 为自己的逆元素。

我们在研讨 8 个元素的数组块其内元素排列的可能性时。假设它们受到 shift rule 限制，这样可让这个数字块摹写上面的行为，那么，可以排出 8 元素内的四个元素自己去循环（就是 8 元素中四个数也符合浮移规则，如此按前面的定义也就是 8 个是总体，4 个是**子圈**）。表里先展示一半（4 个），其中 4 这个数需要和尾部的 2 相连，所有 shift rule 都是指二进制竖排的提升动态，最底部空缺被补 0 或补上 1，而最上部的那个数被顶掉消失。演示如下子圈表：

1	0	0	0	1			
0	0	0	1	0			
0	0	1	0	0			
*	*=()			邻接			
4	0	1	2		最前		

在保留右边四个数后排全 8 个数如下：（这次 4 和最后的 6 邻接）

1	0	0	0	1	0	1	1
0	0	0	1	0	1	1	1
0	0	1	0	0	1	1	0
			*		*=1		
4	0	1	2	5	3	7	6

但是 5 和 6 无法顺接循环，这和被摹写的 725 那四个数类似，会被攻破，不能自己成子群。在相似性上 4012 作为子圈是符合 shift rule 的，这就和 90625（=e），65625，40625，15625 会独自封闭成为四个元素的子群类似。让我们直接返回标准的群论，除了子群可分开外，在群内那些元素间，还可以通过借**共轭**（conjugate）或同态关系划分类，使得某些元素构成一个 class。这在群表示论在量子化学里描述化学性质，通过空间点群讨论分子的信息等方面有决定性意义，也是化学系研究生的学习内容之一。如此就需要谈到共轭和同态。

定义 4.1.A　　　　　　　群元 f 与 h 是群 G 的两个元素，若有元素 g ∈ G 使得 gf g^-1 = h，则称元素

h 与元素 f 共轭（科普地说如果一个十轮卡车您从侧面观察，发现 3 个朝向你的轮子，其实，这外面的轮子挡住的内侧可能还有一个到 3 个轮胎，比如 3 个共轭的 class 可以是 2 个轮子、4 个轮子、4 个轮子，这就是群内的分类的一个通俗例子）。容易证明，共轭是一种等价关系，于是我们可以利用共轭关系为

群 G 分类，群 G 的所有相互共轭的元素构成群 G 的一个类（class）。

定义 4.1.B　　　　　　　设有两个群 G = {g_i} 与 G' = {gj'}。若存在一个映射 f: G → G'

，使得

f(g_i)f(gj) = f(gi gj)

则称这两个群具有同态关系，映射 f 为同态映射，简称同态。若映射还是 1-1 的，则同态同时是同构。

　　如果节省篇幅，可以把一个矩阵直接用（　）表示　其实这个空括符里要有几行数字（矩阵论基本是大学一年级的学习内容，但本书就不能再做科普了，那样就太啰嗦了，不过现在互联网都有很多资料可以查，所以不管读者基础如何，都有办法读下去。陶渊明说不求甚解也是跑马读书的一个办法。更何况谈论对称性只要初中的数学基本足够做基础了。

　　连串地讲，数学中群论的乘法表基本界定了群的性质，通过查这个表可以得到整个群元素的逆，有 C，则有 C 的逆=C^-1。用草写式科普的语言讲，就是说对选好的矩阵（　）如果 能让矩阵算式： C（　）C^-1 =? 变"规整"（特征值理论），则合符此性质的**矩阵**

（ ）所共指的关键就和矩阵取值的个性无关，而会反应某个（分子化学性质）的本质。这样同本质的东西反映在群里就是一个类，在数学上能得到将**群内**某些元素划归到一个类 class 的方法。（可参见群论在化学上的应用方面的书。）但是另有读者喜欢另一套餐，也附上，不是这类的读者就跳过（这内容是化学系研究生的低级常识）：就借图 10 里的表来作一段解说：

图 10

图 10 特征标 表的一个例子，后文配解说

点群 C3v   红外   拉曼

C_{3v}	E	$2C_3$	$3\sigma_v$		
A_1	1	1	1	z	x^2+y^2, z^2
A_2	1	1	-1	R_z	
E	2	-1	0	$(x,y)(R_x, R_y)$	$(x^2-y^2, xy)(xz, yz)$
II	I			III	IV

解说：　基向量是用来定义空间的函数。

向量 x，y，z 可以用来定义一个三维线性空间；向量 r，角度 theta，alpha 也可以用来定义同样的三维线性空间。所以，一个线性空间可以用不同的基向量组来定义。 III，IV 区中的表示是常用原子轨道，作为基向量的下标。

基的选择可以是多种的，主要根据所考虑的体系，和方便。但是，一般选出来的基是可约的（即非正交基组）。可约基组可以（用群表）被约化成"不可约基组"（正交基）。

不可约表示的基取决于所考虑的对象。对象不同，基的选择不同。

化学中常见得基向量无非是笛卡尔坐标 x，y，z 或者是原子轨道。在 C3v 特征标表里，不可约表示 A1（在最左边，内容栏的第一行）的一个基可以是笛卡尔坐标中 z 轴（假定 z 轴为 C3 旋转轴），也可以是 NH3 分子中氮原子的 pz 轨道（列在 III 区里），也可以是 C3v MCl3 分子中过渡金属原子的 dz2 轨道（IV区里）。同时，两维不可约表示 E 的一组（两维）基可以是笛卡尔坐标中 (x，y)轴（假定 z 轴为 C3 旋转轴），也可以是 NH3 分子中氮原子的 (px，py)轨道（列在 III 区里），也可以是 C3v 点群，MCl3 分子中过渡金属原子（M）的 (dx2-y2,dxy) 轨道，或者(dxz,dyz) 轨道 （IV区里）。

另外，表的 III 区说明红外活性性质；IV 区拉曼活性性质。以后本书内象这样的内

容就不会有了。我们且看乘法表二不是特征标表。

目前数学上认为元素的**共轭类**（： 一组彼此共轭的所有元素集合称为群的一个类）可以通过群表示理论处理好。而我们因为还没有找到真正能一一对应的概念。所以下面会谈到分类的代替品。这里的分类不是说在很多的各种群中如何给那些群分类。而是在指定的群内，如何给那些群之内的元素通过 Numblocology 的方法来作它们（在群内）的分类。也就是有呈现某些元素会相似的一套办法。

为了再次简化研究方法。我们可以先不管群的实质性内容而仅仅根据一个群的乘法表（也叫 Cayley table）提供的信息来分类。配合特征标理论对群的观点和数据来评判这些新分类。

4.2 小节 群内的吴氏第一分类法的介绍

8 元素的前半段 4012 能自己循环成为（子）圈，即不破坏 shift rule(数组块内前后两元素间的浮升规则)。

因为 4012 能让 2 和 4 相连 数组块的前后元素都符合 shift rule。让 4012 固定，则 8 元素的后尾段 4 个数有两种排法，一个是

5   3   7   6

这个 5 3 7 6 也能自己循环 6 连接 5 后符合 shift rule.但是 40125376 的弱点在几何图的对称上不太均匀。

另外，展示一个小的子圈如下：

6	5	3	7
1	1	0	1
1	0	1	1
0	1	1	0

可以看见首尾的 6 和 7 邻连接而成子圈 7-653（7）就能循环，但是 4012-6537 整体没符合那么多规则 比如从 7 到 4 不合符 shift rule。然而其几何图是对称的。所以用 8 元素的圈可用来表示**"二律"背反**的道理。

8 个元素的数组块，可以得到一个整体圈协调的两个子圈。或可得到一个不协调整体而各自成为子圈的排序。但是当为整体协调时，其几何图形不太对称。
而当其为各自子圈时，则几何图协调 。现在综合成一个新序列展示如下。下表是一种合符 shift rule 的 8 元素表（最先列和最后列为邻接的，总体为圈，这是数组块的惯例）即表14。

表 14， 八元素圈或八阶群的出发序列演示：

4	0	1	2	5	3	7	6
1	0	0	0	1	0	1	1
0	0	0	1	0	1	1	1
0	0	1	0	1	1	1	0
	下	面	几何	对称	：		
4	0	1	2				

1	0	0	0	1	1	0	1
0	0	0	1	1	0	1	1
0	0	1	0	0	1	1	1

这样 4 0 1 2 5 3 7 6 和 4 0 1 2 6 5 3 7 的对照图 如图 11 所画： 八个元素的出发序列的 第一选和第二选个对照（也添一个 16 的圈图参考）。

图 11

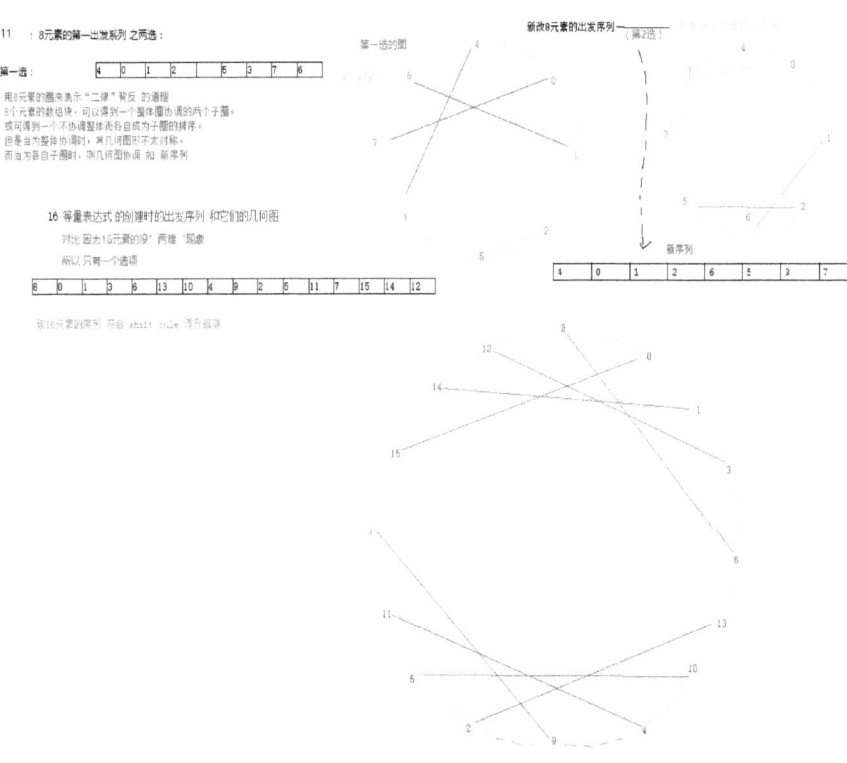

前面一一章有很多第一出发序列图，这种图比较对称整洁，只要暂时知道就可以了，而下面更后面会给出 M（4），M（8），M（14），M（16）等的**第二出发序列**，虽然

M（4）的第二出发序列和其第一出发序列不同但其分辨力却没分别，而其他的则完全和其第一出发序列不同，相应的分辨力更强。不过对第二出发序列的介绍，需要等下一章"文王八卦小议"才正式介绍。读书如果没有情绪波动，未必是好事。但是人为造一个波动出来，读者也会喊打。只是做了也未必死。所以作者就开始问一个问题：如果真通过群论乘法表就能做某种分类，那么研究到底会有多深，是否读者中的能人能继续探索而抹平"和群内 class 之法 和正规群论（或群表示论方法）无那个一一对应"这道坎？有人打赌认为：会有超出本书之外的带新数学发现实质的将 Numblocology 和对称性深刻联系的分类法被发现，这对吗？

吴氏第一种分类法：就是将某群的乘法表，先用第一序列去做代换，将群论乘法表里的"表中的操作符号，字母"用第一出发序列的数做一对一代换，或称"等量代换"，做完后这数字表的每行做一个图，如果这个图已经有不同，则直接分类。但是如果发现它**第一出发序列**做代换后所做的几何图，在图论意义上是同构的，则需要再做分辨力强的第二出发序列代换来作图，以便精细刻画。如此，完成第二步后才结束。运用此法就能完成群论之群内元素们的**分类**。当将各元素作为一个整体后，这种办法可以初步鉴定两群是否同构，甚至在补充知识后能象图 12 a 一样看出群的继承或出身门道来。

因为有很多群论的知识在本书里不能提及，比如群论的定理：(有限 Abel 群的结构定理)任何阶大于 1 的有限 Abel 群都可以唯一地分解为素幂阶循环群（从而为不可分解群）的直积。 子群的阶一定是群阶的整数因子等说法需要读者自查参考书或网页。

但是我们可以借助一张英文的图（图 12 a）来了解合成群的脉络，以帮助我们确认分类。其他的分类信息也可以用群论的环图来帮我们确认我们的分类也有道理。但是这些基础知识的引用就在本书里免了。但是会有时在我们的图中也附个群论环图参查一下。
图 12 a

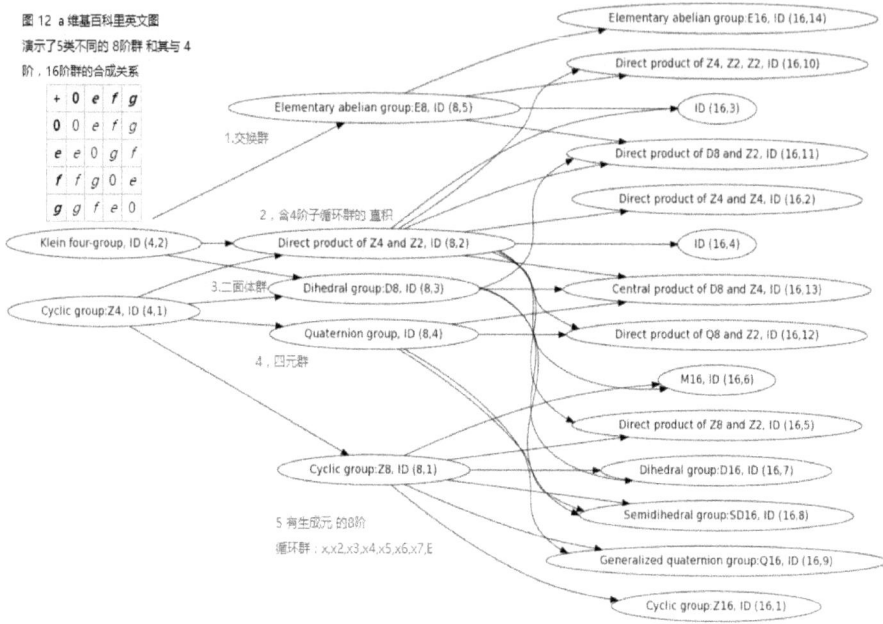

6 阶群之一 C3v 点群的信息和一般分类步骤演示：
图 12 a

图 12 b 6阶群

结构化学里的点群　　C_{3v} 群的乘法表

	$\hat{E}$	$\hat{C}_3$	$\hat{C}_3^2$	$\hat{\sigma}_a$	$\hat{\sigma}_b$	$\hat{\sigma}_c$
$\hat{E}$	$\hat{E}$	$\hat{C}_3$	$\hat{C}_3^2$	$\hat{\sigma}_a$	$\hat{\sigma}_b$	$\hat{\sigma}_c$
$\hat{C}_3$	$\hat{C}_3$	$\hat{C}_3^2$	$\hat{E}$	$\hat{\sigma}_c$	$\hat{\sigma}_a$	$\hat{\sigma}_b$
$\hat{C}_3^2$	$\hat{C}_3^2$	$\hat{E}$	$\hat{C}_3$	$\hat{\sigma}_b$	$\hat{\sigma}_c$	$\hat{\sigma}_a$
$\hat{\sigma}_a$	$\hat{\sigma}_a$	$\hat{\sigma}_b$	$\hat{\sigma}_c$	$\hat{E}$	$\hat{C}_3$	$\hat{C}_3^2$
$\hat{\sigma}_b$	$\hat{\sigma}_b$	$\hat{\sigma}_c$	$\hat{\sigma}_a$	$\hat{C}_3^2$	$\hat{E}$	$\hat{C}_3$
$\hat{\sigma}_c$	$\hat{\sigma}_c$	$\hat{\sigma}_a$	$\hat{\sigma}_b$	$\hat{C}_3$	$\hat{C}_3^2$	$\hat{E}$

C_{3v} 群特征标表

C_{3v}	$\hat{E}$	$2\hat{C}_3$	$3\hat{\sigma}_v$		
A_1	1	1	1	z	x^2+y^2, z^2
A_2	1	1	-1	R_z	
E	2	-1	0	$(x,y)(R_x,R_y)$	$(x^2-y^2,xy)(xz,yz)$
II		I		III	IV

A 1 标记为 A1g

符号和数的一对一代换
"等量代换"

	$\hat{E}$	$\hat{C}_3$	$\hat{C}_3^2$	$\hat{\sigma}_a$	$\hat{\sigma}_b$	$\hat{\sigma}_c$
	2	0	1	5	4	3

2	0	1	5	4	3
0	1	2	3	5	4
1	2	0	4	3	5
5	4	3	2	0	1
4	3	5	0	2	1
3	5	4	0	1	2

这两个明显归为一类

本章的故事：天行健，君子以自强不息。地势坤，君子以厚德载物。为天地立心，为生民立命，为往圣继绝学，为万世开太平。而太平来自善和爱心，也来自创新。

华裔写华裔，Allen 的稿子，现在转一下：

David （华裔，但脑子级别特高）学习时间不多，但是一开始学习效率就是超人的。基本上我们同时看一个内容，我看完了，感觉懂了，一旦题目脱离了一定范围，就又有点犯迷糊；David 是一开始问一些问题，感觉很基础，但是最后的发现他是真的懂了，能把各个公式的变换用的巧夺天工。

我发现了，David 具有一种天然的对基础抽象概念的灵活运用能力，只要理解了基础原理，怎么变化他都能做得出来。

有一次一门经济数学相关的课程，终考是临时学一个 subject 然后用里面讲的公式做题。这种出题方法别的课都没怎么见过，但是恰巧那个 subject 我以前似乎看到过！我当时觉得我应该拿 A 不成问题。结果我也确实拿了 A，但是 David 在没有学过的情况下，也解出了所有的题，而且把额外题也做了，直接 A+。

不过这也是我跟 David 在 斯坦福大学（Stanford） 为数不多的交集了 – David 完全看不上我上的课，直接大三就上了研究生的课。而且他并不是就只在专业的计算机科学 CS 上研究生科，还去挑了物理课去上。

有一次我碰到一个在读博士的中国朋友，问起了我 David(我朋友和 David 同选一个课)，他一脸黑线的跟我讲述学霸君智商直逼教授，搞得教授天天询问 David 要不要去读他的博士，其他的博士们倍感冷落。

(David 和北美知名学术大嘴 Chomsky 很熟。大概学霸和大学霸混就是这样吧。)(注：Chomsky 是麻省理工学院语言学的荣誉退休教授，他的生成语法被认为是 20 世纪理论语言学研究上的重要贡献。在 1980 年到 1992 年，Chomsky 是被文献引用数最多的健在学者，并是有史以来被引用数第八多的学者。)

跟学霸做朋友有两个特点，第一个，就是他经常走神。有次我们坐在楼梯里聊 Stanford football game 顺便等一个朋友，说到一半他声音越来越慢，我抬头一看，发现他两眼木然向前方。

几秒种后，他突然很严肃的跟我说"我下午跟老师打赌的一道题我想出来了，我先走了。" 然后一阵风就跑了，完全不顾及我们是要去吃晚饭的。

不过从上面这件事，就能看出学霸的第二个特点，好赌。

关于学术的他什么都能赌：赌在刊物上发论文，赌 2 个半小时的考试半小时做完拿 A，有次在 Bar 里喝酒，他非要拉着我赌他喝完 8 个 tequila shots(龙舌兰)还能接着把我们的 Real Analysis 的作业写完。大学几年我一共因此输了无数顿饭和酒具，以至于我后来毕业时查我银行存款只有 3 位数。

David 除了解题厉害，而且逻辑思维非常严密。当年 David 要申请 Marshall Scholar(美本应该都知道这是啥，马歇尔奖学金)，就拉着我给他练 interview(面试、答辩)。

(好吧，还是来注释一下：马歇尔奖学金(英语：Marshall Scholarship)，由英国国会根据 1953 年通过的马歇尔援助纪念法案(Marshall Aid Commemoration Act)所设立的学士后研究所奖学金。

这是英国对美国马歇尔计划所作的回报，奖学金主要用于奖励美国人至英国求学。英国政府希望可以借此加强美国与英国之间的外交关系，并且让美国具有潜力的优秀学者能被受到英国生活与想法的影响。

马歇尔奖学金提供学生两年全额的补助，可以申请延长到第三年。学生可以选择英国任何一所大学就读，而且不限制研究领域。但是大部份的学生都选择到剑桥大学、牛津大学、伦敦帝国学院以及伦敦政经学院就读。)

我发现其实他讲的 topic(主题)也就还 ok，就是思维特别缜密，真的我左问右问都能答出来，而且丝毫没有逻辑漏洞，简直就像写好了稿件背下来的一样。 最后 Marshall 奖学金自然没有少他，他还同时拿了 Gates Scholar(盖茨奖学金)，现在在英国继续逍遥。

David 除了理工科好，还特别喜欢文学。 每次都要在宿舍里背诵 TS Eliot 的诗歌。一学年下来，竟然厚厚的一本诗集也被背了一半有余。我有的时候问他"你背诗能当饭吃？" David 说他下学期立志要学出个 creative writing 的双学位出来。

下个学期，他真的跑去修 creative writing 的专业课了。一个 geek(极客)从 0 开始竟然 writing 课门门得 A，我觉得 Eliot 在天之灵也感动了。

在 David 走去英国之前，我跟 David 就"为什么 David 是 David"问题展开了积极讨论。 总结了一下 David 的通性在于对基础知识的掌握和强力运用，以及大跨度的跨学科学习。

在 Stanford 也见过很多学习上进的同学，但是第一次见到这样的大学霸，还是觉得做得人上人不仅要学习刻苦，天分还是一点不能少的。 （作者 Allen：斯坦福大学经济学本科、工程学硕士）

要知道大数学家，闵可夫斯基也是好上课打赌的，他是爱因斯坦的老师，本世纪以来记他为名的空间竟然和 Finsler 扛上了。

陈省身先生的一个观点是说："整体黎曼几何在二十世纪后半叶得到了巨大的发展. 我相信, 在二十一世纪, 微分几何的主要部分应是黎曼-芬斯勒几何."

要认识芬斯勒 Finsler 度量整体性质，有人开玩笑说无非是多开了几个+，- 方向，因此研究阴阳的《周易》可能已经准备了答案。 现在判断这个玩笑是否真能中标的还为时尚早。况且研究圈性代数的 Numblocology 还没传播开，等传到现代几何学顶尖人物那里是也许答案就初步出来了。

前面本书作者在第三章的第5节提到的量子力学在不知道的地方"被周延"。现在可以将两件事情做类比，量子是普朗克创的名词，却是因为加了待定系数而做出的一个"杂合"公式让经典的两边来的两公式都符合了。我们同样不能藐视 Finsler 几何里的待定系数。也就是不能小看 Finsler 几何的貌似多个待定系数而实质接近爱因斯坦的老办法这一表层的戏剧。因为真正的理论物理的灾变理论在某毫发的万分之一小的地方究竟如何跳跃其实是个谜。因为这个谜已经接近科学前沿。无法细谈，只等待一个模型可以提供这小跳跃和"实"几率量子经典的差别处。以便让科学实验来证伪之：空间是粗糙的，所以才有量子现象，给出的是和玻尔的不求甚解哲学里所不同的景象。

4.3 小节 群内的吴氏第一分类法的继续解说

从图 12 b 的六阶群可看见。分类法分四步完成后得到群内会分成两类的信息，其主要经过几何图反映，图的连线加补números对上。同样，做群的乘法表，做一一对应的"等量代换"，然后得到数字形式的表（反映乘法表内容），最后画图并作分类结论是分类四步，可在图 13 和图 14 中得到明确例子。
图 13 ，8 阶和 6 阶群的例子

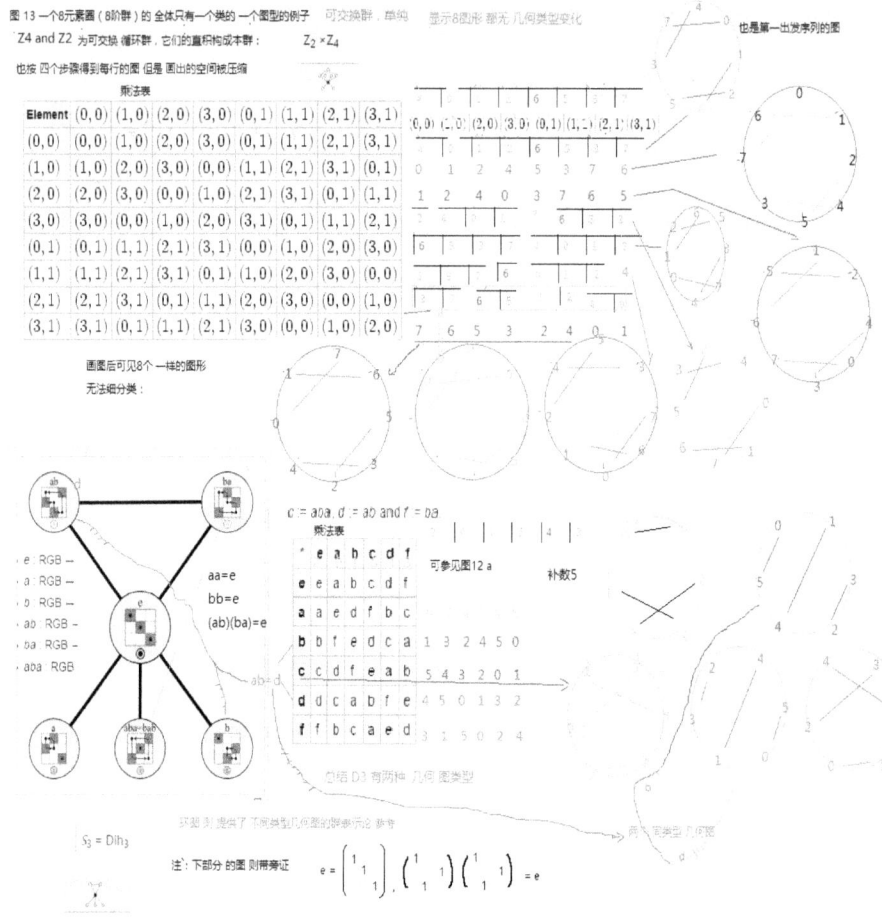

图 14

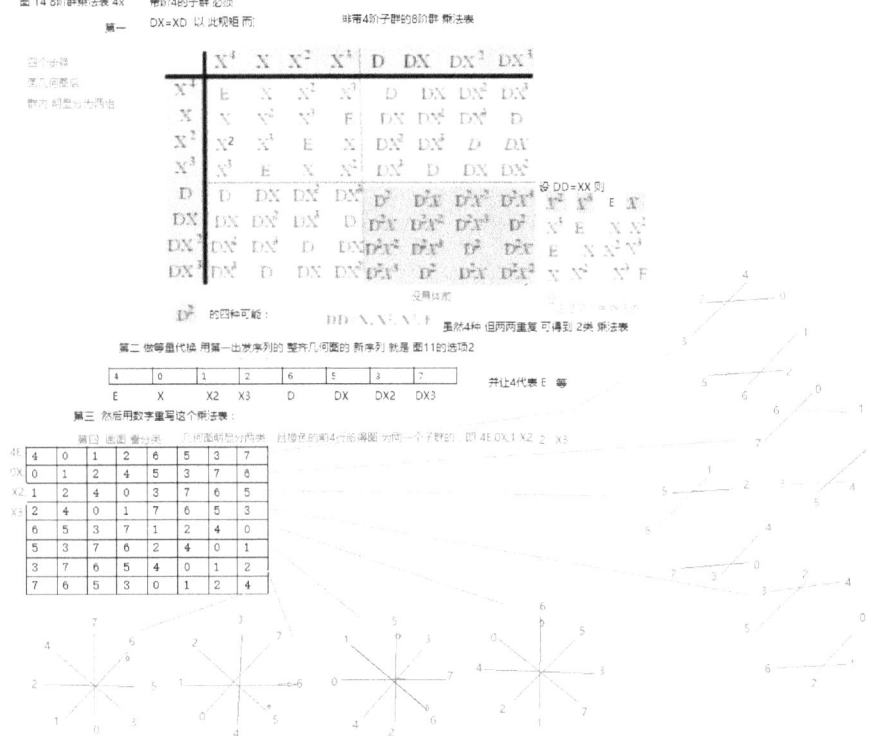

图 15

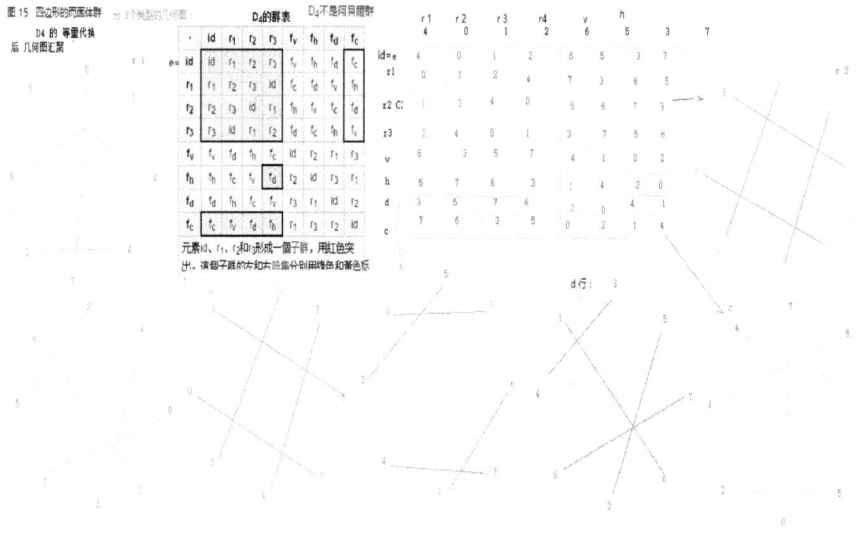

图15 四边形的两面体群

另外与图13等相对照地,从图15可见四方形的二面体群为8阶群,内有子群4阶循环群。这种群可仅仅凭借第一出发序列就将群内分为3个类型。然而第一出发序列并不总是有效。这就需要第五章的讨论。

第5章 文王八卦小议

首先，进入问题前，先讲明，我们对传统文化非常尊崇，也尊重其他历史的和现代的国学研究者。下面的论证主要是在科学性和数学规律性上被看得多些，也暂时成为本书作者的主要依托。从历史上看文王八卦是非常有根据的其发明比先天八卦早，且有商代的考古旁证，并且在史料方面有一段著名的文字记载如下，相当于定义了文王八卦的排法：《周易·说卦传》 "帝出乎震，齐乎巽，相见乎离，致役乎坤，说言乎兑，战乎乾，劳乎坎，成言乎艮。万物出乎震，震东方也。齐乎巽，巽东南也；齐也者，言万物之洁齐也。离也者，明也，万物皆相见，南方之卦也……"相反另外的伏羲先天八卦排法就没有交待得如此清楚。更要紧的是凡是牵涉规律性变动和与"飞星"类似的转换操作，都必须用文王八卦。笔者有问过为何一定要用文王八卦呢。答案大都是说继承下来就是如此。却还没见过一人对此有个"真"解释的（让解释者自己都被说服了的）。也许是笔者孤陋寡闻。而"文王八卦对应洛书，即可得出坎一坤二震三巽四中五乾六兑七艮八离九。" 则可能是因果颠倒。没有让我信服。到现阶段，发现用 Numblocology 却能很有道理地解释。或者说文王八卦有其方便之处，敏感之能。否则飞星这种东西也不会承传了千年，却没人说起其不方便。如果读者在这方面有兴趣，那么我们就可继续小议论一番。，没兴趣，当然是跳读到下一章。

本书的群论分类办法里包含了一个第二出发序列。第二出发序列的特点是效用敏锐些。能把凭第一出发序列只能得满目相同的东西（几何图一样）的情况改善之，启用第二出发序列就能分出群内的元素之不同来。

各家资料太多我只举一个浅薄的例子(不是人格问题而是知识受限。因难得有人大胆发言，也就在此录给读者。） "后天八卦先有，该文作者继续质疑为何这样排：这个安排其实是有问题的，问题就在于如何解释这个方位的安排。特别是自战国以来，人们引阴阳学入《易》，以阴阳解《易》成为了主流思想。但阴阳解《易》碰到后天八卦方位，问题就立刻出来了。离为火，处正南；坎为水，处正北，似无问题。但正南为阳最盛，居此位之卦应为纯阳之卦，但离却不是；正北应是阴最盛，居此位之卦应为纯阴之卦，但坎也不是。且乾为天、坤为地，应是最重要之卦，自当居于正位，但后天八卦方位却将此二卦至于偏僻一隅，实在是难以给出一个合理的解释。八卦尚且如此，到了六十四卦就更是不知如何开口了。

至汉代，卦气说日盛。卦气说就是以卦象表示阴阳二气的消长，借阴阳二气的消长来说明天道人事。但以卦气说来解后天八卦方位图一样是抓不住头尾，一样是无法说通。

穷则变，变则通。既然说不通透，那么就另起炉灶，再辟天地。先天八卦方位就是在这样的背景下，被一代易学大师邵雍创造出来（就是先天八卦）"。也有不是这类观点的，就是说比较理解后天八卦是怎么回事，比如文"叶舒的 http://wenku.baidu.com/view/f5e3f932ddccda38366baf16.html"就提到后天八卦的很多明显对称，然而还是有点就事论事，没有一个带**统摄性**的比较 "数学些" 的论点。凡此种种，这就不多提了，笔者只说 Numblocology 所专有的科学学理由且有确切的**统摄**力量。也许本书的下一章的6.3小节的图37说明了文王八卦的另一个来源，这也意味着是古人先排玩了

64卦后返回"儿童版",想对64卦的方位做一次再简化,有可能在化简时重做8卦排列而得到文王八卦,这个当然只是笔者的个人假说下面言归正传,介绍本书的正统观点。

图 16 文王八卦和二进制表达的一种总结:

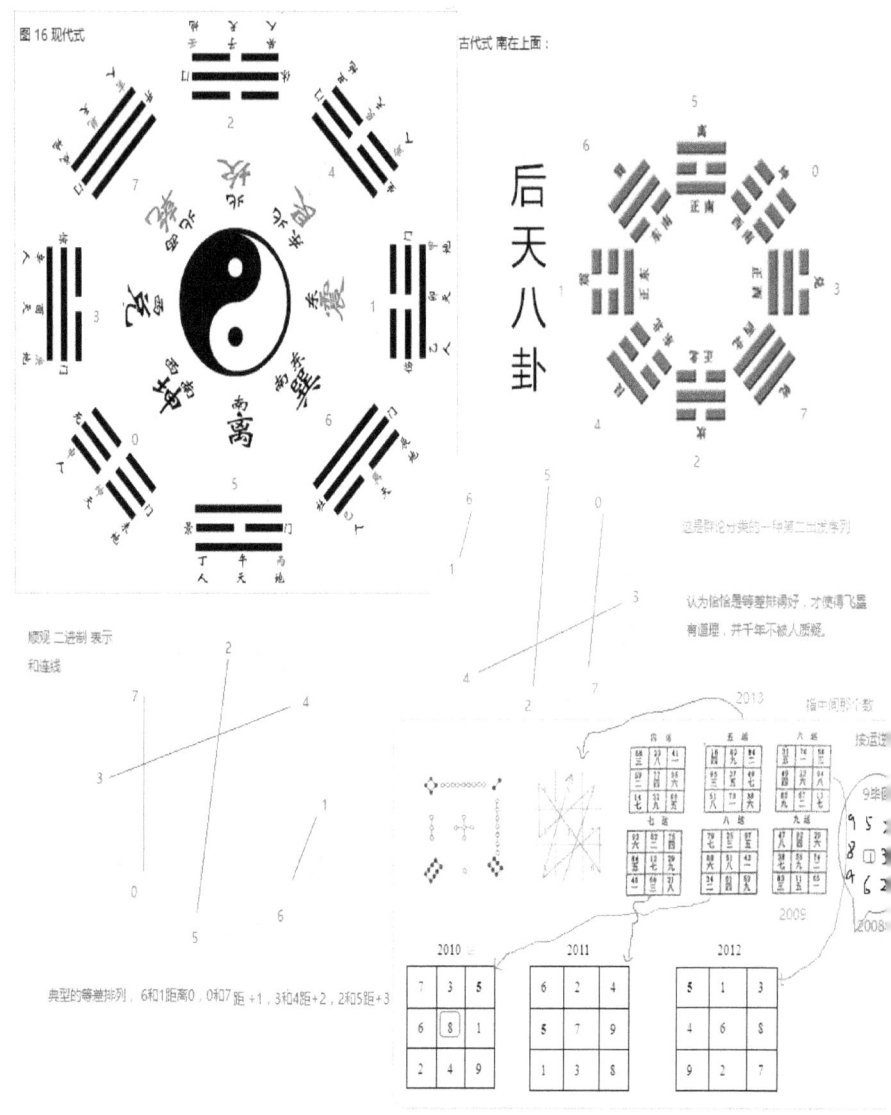

图 16 看完后我们继续提供信息以小议这种排法。8 分开天球，大的周期 3221 年占一个卦位的时间（岁差大柏拉图年之 8 分之一），行星周期的如金星每 8 年一次五角星运动表演，就是每年占一个卦位，小的周期是每日二十八星宿能转一次按半个星宿为单位就是 56，这可以被 8 整除。如此天球上的问题没什么障碍。而按干支 10 年，因为最开始的甲乙和最后的壬癸可复位。但是如果拉错开来讲其实可以递进。就是下一年的实际开始位置已经移动两占位，如此 8 和 10 的公约数为 40，8 和 60 的公约数是 120.这样它们在 40（120）80（240），120，（360）160 等年就恢复原出发占位。这个意思通俗些说就是不管是处理天球上的问题还是处理干支纪年等问题，8 为周期的运转都不会带来困难。因为原理不会带来障碍。所以，包括洛书在内的一些附加内容，都被一种"贴上说"解释掉了。

这种"贴上说"主要是认为，八卦整体上看的数不是其本质。其本质是内部其卦的各个爻在各个卦位上的某种关系或和谐。带着本质内容的文王八卦的排法是其本体。而其他只不过是贴上或附和，当然附和后不能有矛盾。而这种附贴内容在历史上可以添加很多。因为知识都积累在那里，以至于学习到的人开始将它们互相解释。甚至将附属者有某规定性，当成这个规定性可以规定其历史最早本体的某个特性。基本都有颠倒时间顺序的可能。

还有类似的"顺着卦为本体的顺性承载说"，意思是其他如河图洛书，飞星应用，天文对应，时间季节，人文和谐等内容都是因为现有文王八卦的序，然后去顺性承载，添加的东西只要不矛盾，就被保留下来。所以我们很可能面对的是倒转因果和鸡生蛋、蛋生鸡的问题。当然这里引用的也是一家之言，读者可自取客观立场。我们发现正面说法有太多文字也有太多发文。现在只引用算比较权威的一种，算给读者一点有限的信息。有个事关于徐韶杉先生的："徐韶杉研究员，从高中时开始学习易学，后师从南京大学天文系卢央教授、重庆民间易学家霍斐然先生两位古天文、易学著名专家。成为入室弟子学习近二十年。

"文王八卦的来源古代天文学与易学，是象、数和天象中的日月食结合，构建宇宙模型。在甲骨文中就有日月食以及天干地支完整的记录，确定月食与日食所在的东南与西北为阴阳线，将洛书四正四隅数随天象安排天地卦数形成文王八卦图。"。文王八卦图还广泛应用在中医、武术、风水、数术等方面。

《周易》是中华文化的源头，文王八卦是《周易》的基础。文王八卦被证实其来源对推动文化大发展 "。即使卦本身的阴阳特性先就在那里，也不是不能用九个数的幻方做后期配对。因此无法断言先有洛书后有文王八卦。这样说是为了把观点摆在这里，供人引用。还因为上文所说"文王八卦是《周易》的基础"，其言极是。所以因为从传统文化上看文王八卦的卦序没人能解，却非常重要。所以相关的有趣的新说就是应当被记叙的，这正如本书所做。

笔者本身在本书里新说的也可叫做"文王八卦排法之有关群论分类工具的最敏感犀利说"，简称"群分类敏感说"。这是什么意思呢， 就是说文王或比文王还早的高级占家所用的卦排法，排得太聪明了。因为用其他排法去做同样的群论分类工作，只有这个卦图能胜任。而其他排法的卦图则不能胜任。它法敏感度不够。所以文王型的几何图具有最高分辨率。

既然如此，本书从关怀传统文化的角度，就正式对文王八卦小议一下。还望各位读者包涵其瑕疵。只是可以声明，这是一个第一次提出的学术观点。是《周易》研究的一个大进展。

那么现在就看其具体内容吧。

5.2 小节 "群分类敏感说"和文王八卦

前几章都有数组块 M（m）的第一出发序列的内容，比如12元素的第一出发序列如下：

7　0　1　3　11　10　8　5　2　4　6　9　（十二阶群）。

现在开始给出几个数组块的第二出发序列。其中 M（8）就是著名的文王八卦型几何图：
全依照二进制为准（和洛书标法无关）

第一：M（4）的四隅几何图：北在上，西北为1，东北为 2；东南为3，西南为 0。
即少阴（01）、少阳（10）、太阳（东南）、太阴。（3 0 1 2）
注解：M（4）的第一出发序列是 2 西、0 北、1 东、 3 南。

第二：M（8）直接参见图 16.从 5 开始排则，

| 5 南 | 0 西南 | 3 | 7 | 2 | 4 | 1 | 6 东南 |

这是正常读文王八卦而来。但是如果把那些"不对称的的卦"， 象巽和艮等。从下往上读（周易是从底部开始读的）则下面的卦序也算是另一种第二出发序列：
5 南 0 西南 6 西 7 2 1 4 3 东南（卦本身和方位不变，但是二进制数字变了，因为从底和从顶读的不同，标在图 17 的左上小图里。）

第三： M（14） 见图 17 的上边

| 10 | 7 | 8 | 0 | 5 | 1 | 11 | 3 | 9 | 6 | 13 | 2 | 12 | 4 |

第四：M（16）见图 17 的下边

| 2 | 0 | 5 | 1 | 10 | 3 | 4 | 6 | 8 | 13 | 14 | 11 | 12 | 7 | 9 | 15 |

图 17

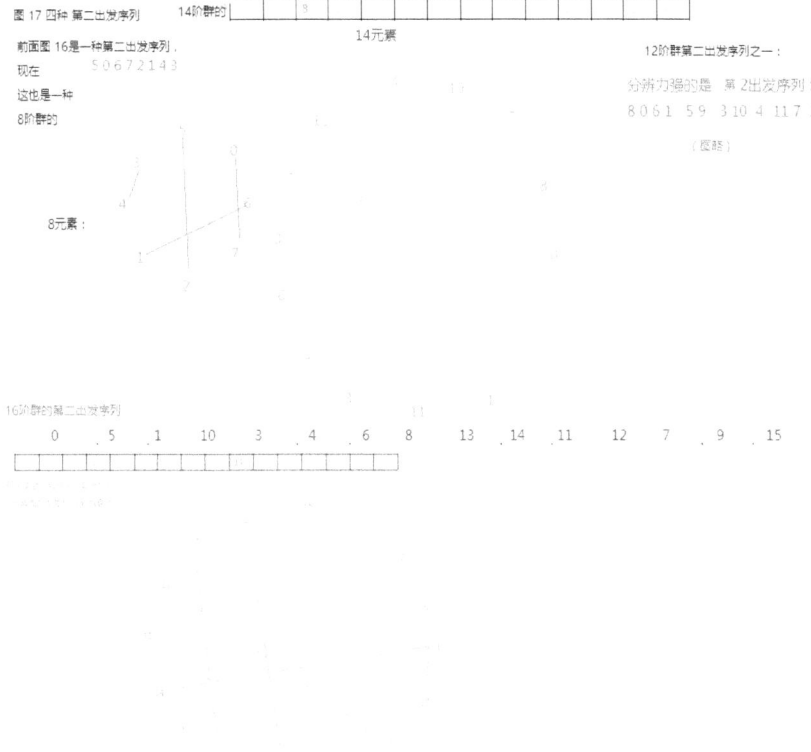

图 17 四种 第二出发序列

根据 8，14，16 等阶群的第二出发序列，现在来做一个比较性工作。前面说 8 阶群的 有个是几何图无法分类（就是几何图的型都一样）我们利用另外一个出发序列 5 0 6 7 2 1 4 3 和在图 16 中的第二出发序做对比。可见其分辨力都很好。见图 18：

图 18

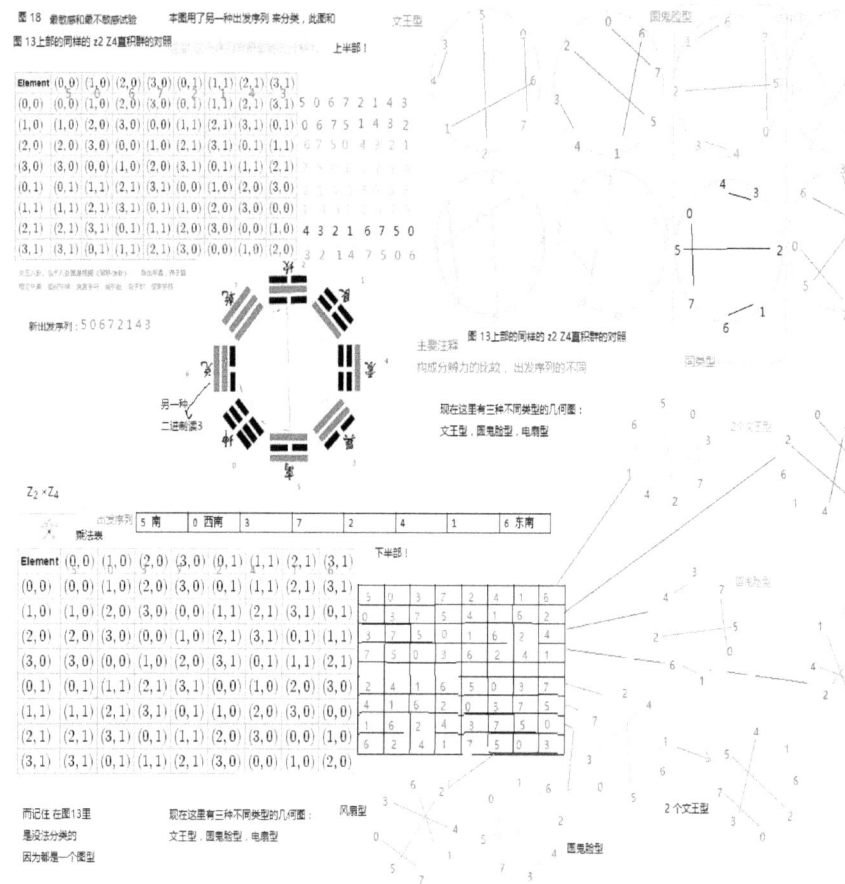

因为上图明显分出了三个群内 class，所以有观察结论：在图13只有一种型，而现在可以分类了，用犀利的文王类型出发序列操作就直接分成3个类型了。所以 第二出发序列的分辨能力更强，而在8阶群里文王八卦的几何图最敏感（而不管具体如何通过数字带动）。几何图决定分辨能力。

下面增加例子，做16阶群的群内分类的两个图并记录操作步骤和结果。
下面一行就是第二出发序列 （双文王型几何图的序列）

| 2 | 0 | 5 | 1 | 10 | 3 | 4 | 6 | 8 | 13 | 14 | 11 | 12 | 7 | 9 | 15 |

在 19图和20图里分别做 M（16）的第一出发序列的分类（图19），和第二出发序列的分类（图20）的"等量代换"和画图。一下表第一行是重复本书第二章的表4内容是第一出发序列；如此对应转换可得到图 20 ，其按双文王型出发序列来看新几何图的型，以辨别群内的类。

| 8 | 0 | 1 | 3 | 6 | 13 | 10 | 4 | 9 | 2 | 5 | 11 | 7 | 15 | 14 | 12 |

e	a	a2	a3	b	ab	ba2		c		a3c	bc			
2	0	5	1	10	3	4	6	8	13	14	11	12	7	9	15

可以发现在图 19 里,这个乘法表是不可以分类的,而图 20 的同一个乘法表却能分类且细。就是说在图 20 里凭借第二出发序列的能力,开始把那个原先不能分类的表转变为能分类的,并得出 8 种以上几何图型来。 群的来源:
http://escarbille.free.fr/group/?g=16_10

图 19

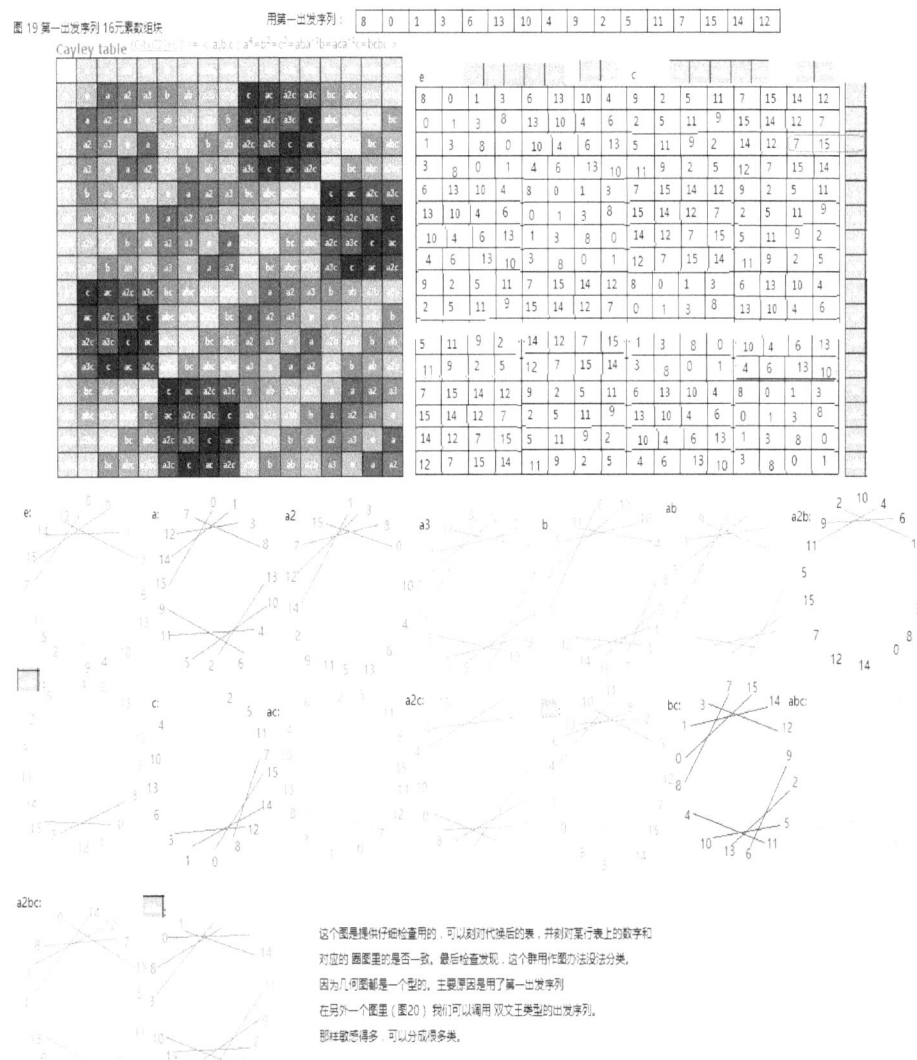

这个图是提供仔细检查用的,可以刻对代候后的表,并刻对某行表上的数字和对应的 圆圈里的是否一致,最后检查发现, 这个群用作图的法没法分类, 因为几何圆圈都是一个型的, 主要原因是用了第一出发序列。
在另外一个圈里(图20)我们可以滤用 双文王类型的出发序列,
那就敏感得多, 可以分成很多类。

67

图 20 按双文王型出发序列来看新几何图的型 能以辨别出很多类

图 20

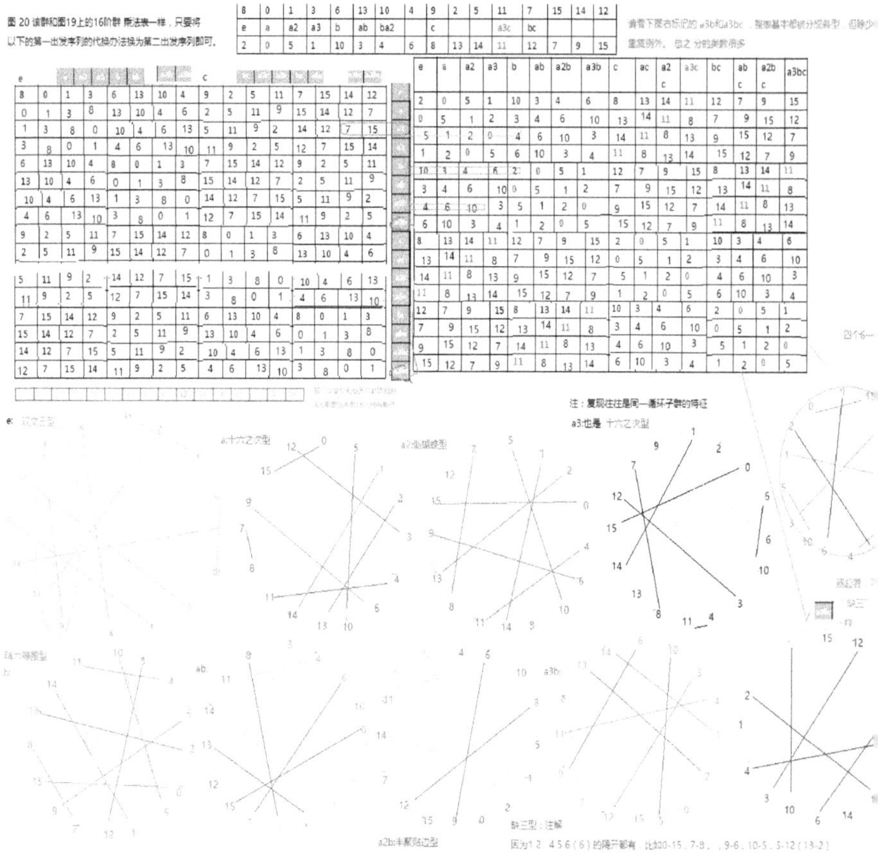

图20 读群和图19上的16阶群 乘法表一样，只要将以下的第一出发序列的代换办法换为第二出发序列即可。

注：复现往往是同一番环子群的特征
a3也是 十六之次型

还是继续在 16 阶群作个举例（当然其他阶的群也会类似）。如果某群按第一出发序列来"等量代换"，然后对群乘法表的衍生数字表作图，得到的几何图的类型会比较少，参见例子 Subgroups : K8, _, Cb8, _, _. 图 21 群来源（ http://escarbille.free.fr/group/?g=16_3 ）：

图 21 一个 16 阶的群的借 Numblocology 办法的分类，16 行里只选了 5 行作图：

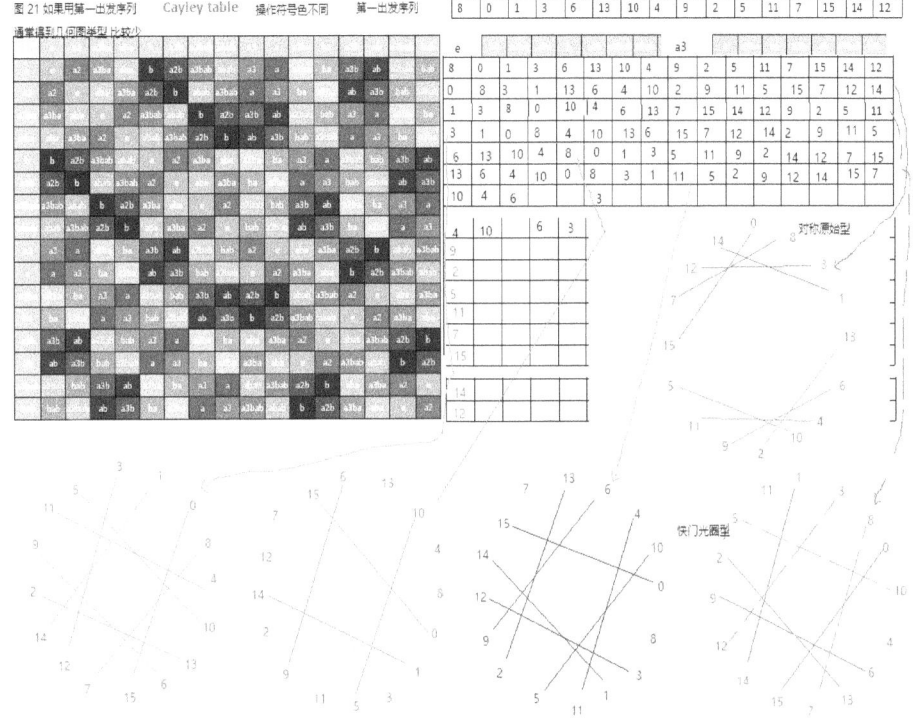

图 21 如果用第一出发序列 Cayley table 操作符号色不同 第一出发序列通常遇到几何图类型比较少

这 5 行里只有两个类型，比较稀少些。这就说明从群的分类能力的敏感程度来讲，依照本文提到的步骤作图，文王八卦的排序方式**是最敏锐**的，分类能力最强。其他内容再多结论也不变，科学基础可靠。

另外从前文图 18 的上下两部对照结果看，虽然换算为二进制表达数字不同，但是其几何图上半部的和下半部的一模一样。所以，论证过程中采用的二进制是可变的但其几何图的型是不变的，也就是这个分类方法反映了文王八卦之几何图是抓住了文王八卦的本质的，就是本体。而这个本体才是功能最强的（至少在群分类上是如此）。如此文王八卦的排法是最有效率的，也是符合科学上的一个优选。当然本文认为内禀的东西才是核心，其核心结合北面是水（坎）和南面是火（离）的定位，也就把文王八卦的整体确定下来。这是本书的观点，作者的解说也只能是两个字：只能"节制"，因为要留篇幅给数组块学（Numblocology）本身，敬请喜欢国学的仁友包涵。

《周易 说卦》"帝出于震 齐于巽……"慢慢我们也可转动视线到 64 卦的排序问题了。然而，因为我们是根据数学规律排，所以本书的卦序基本和传统卦序无关。切切不可误解。下一章我们就看看一种全新的六十四卦图。相应的一种玩具被新西兰资深程序分析员尹颖章先生构设好了，非常非常漂亮，并在器外附开智慧性说明书一份，看了也是能着迷的,当是大型公司送礼佳品。可以 OEM 并供应爱好者。用的是一种弹力击发推出滚珠的方式,圈道被分为 64 格子,终止处就是该卦。但是这和用三个铜钱所做的行为完全不一样,新的方式可以破因专用三个铜钱的方法带来的变卦实际概率偏差的千年迷局。本书保护内容公布后,类似功能的 APP 也会上线。

--- --- ---

章尾的插诗

木宅沉固却为绝艳所摇

画栋整落雕石上
百年霜雨养雄忾
昨夜新月刻小令
呼我去访登丘拜
杉木不妖梁不幻
湛玉如镜照庭外
妙花若真宅前舞
尔倾东风曳人怀。

第 6 章 64 阶数组块对称性研究和伴谈六十四卦序

6.1 小节 64 阶数组块对称性研究 I：

传统文化是会有人见人爱的舞台效果的，其舞台灯光不是普通今人能玩得动的。以施耐淹灯法为例，对武松有一段描写："身躯凛凛，相貌堂堂。一双眼光射寒星，两弯眉浑如刷漆。胸脯横阔，有万夫难敌之威风；语话轩昂，吐千丈凌云之志气。心雄胆大，似撼天狮子下云端；骨健筋强，如摇地貔貅临座上。如同天上降魔主，真是人间太岁神。"一看这外貌，准定就是条好汉。科学前沿和普通人的认识隔了一道鸿沟，为了回避而画地为牢实际反而是上策，如此也就没有太奥的讲究。下面顺着这想法开始对六十四元素的数组块进行对称性研究。

需要排除任何公式和太过看不懂的符号，这样只看看表、看看数字关系、看看几何图就可以弄懂。首先我们调用 M (32) 和 M (64) 的数组块各一对，32 元素的有一雅一俗，64 元素的也有一雅一俗。分别表现在表 15、表 16、表 17 和 图 22、图 23、图 24、图 25 里。

表 15 包含上下两部分，上部对应图 22（也就是图 6a），下部对应图 23，而 64 元素的表 16 对应图 24，表 17 对应图 25。

表 15 的说明 此表分上下两部，下部的是"俗"的分两行填好。
上部：在这个正规（雅的）32 元素数组块里，其中 16 和 24 连接后可以符合   shift rule 故其为子圈；而 17 和 8 也在连接后符合浮移规则（shift rule），故为第二个子圈。最后 16 和 8 环成一个整圈。注意 16、0、1、3、6、13 等完全和第二行的后半 15、31、30、28、25、18 成对为互补数。

而下部除了中间部分排列不一样外，首尾和在是否符合 shift rule 上都和上部类似。32 个元素中，其中 16 和 8 连接后可以符合 shift rule 故其为子圈；而 17 和 24 也在连接后符合浮移规则（shift rule），故为第二个子圈。最后 16 和 24 环成一个整圈。
表 15

16	0	1	3	6	13	27	23	14	29	26	21	11	22	12	24
17	2	5	10	20	9	19	7	15	31	30	28	25	18	4	8
上	部	结	束												
16	0	1	3	6	13	26	21	11	23	14	28	25	18	4	8
17	2	5	10	20	9	19	7	15	31	30	29	27	22	12	24
其	它	类	似		无	图									
16	0	1	3	14	28	25	19	6	13	26	21	10	20	8	
17	2	4	9	20	18	5	11	23	15	31	30	29	27	22	12	24

如此有图 22 和 图 23 对照 发现图 22 很对称而图 23 比较乱：
图 22 32 元素之对称 雅图

图22 32元素之对称 雅图

该数是32元素的解置代换
所要的出发序列

M(32)之数组块的 第一出发序列：很对称。

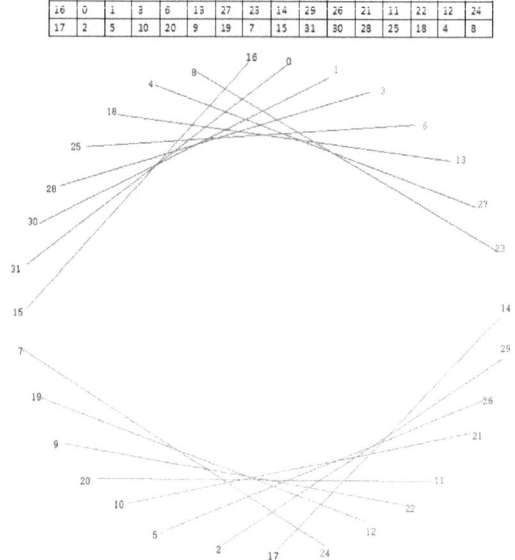

图23 32元素之紊乱之俗图

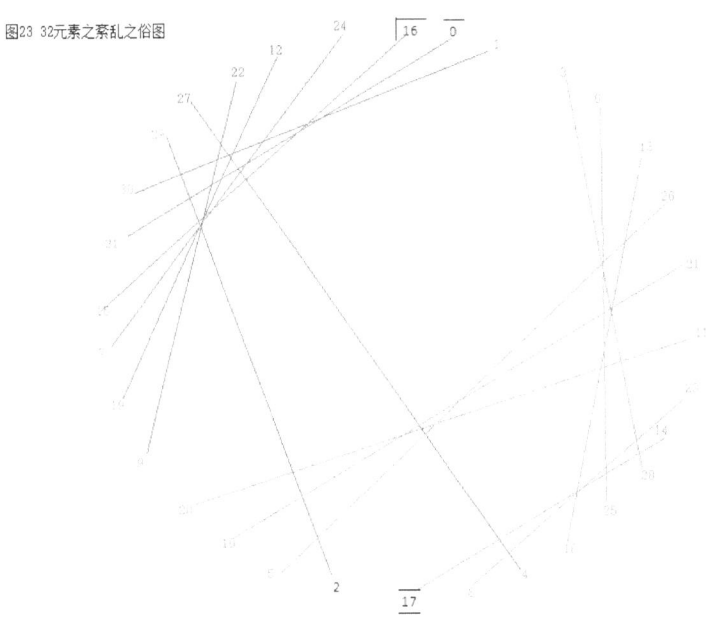

图23 32元素之紊乱之俗图

16	0	1	3	6	13	26	21	11	23	14	28	25	18	4	8
17	2	5	10	20	9	19	7	15	31	30	29	27	22	12	24

关于 64 元素的数组块，就分别在表 16 和表 17 里表现雅俗，其中最后一行十进制数后附上对应的二进制码：

表 16， 64 的第一出发序列或能规定六十四的对称雅图的数字表：

31	63	62	60	56	49	34	5	11	22	44	25	50	36	8	16
32	0	1	3	7	14	29	58	52	41	19	38	13	27	55	47
30	61	59	54	45	26	53	42	20	40	17	35	6	12	24	48
33	2	4	9	18	37	10	21	43	23	46	28	57	51	39	15
1	0	0	0	0	1	0	0	0	1	0	1	1	1	1	0
0	0	0	0	1	0	0	1	1	0	1	1	1	1	0	0
0	0	0	1	1	0	1	0	1	0	1	1	1	0	0	1
0	0	1	0	0	1	0	1	0	1	1	1	0	0	1	1
0	1	0	1	0	1	0	1	1	1	0	0	0	1	1	1
1	0	0	1	0	1	1	1	0	0	1	1	1	1	1	

图 24 六十四的对称 雅图

图 24 64对称 雅图

64卦第一出发序列

31	63	62	60	56	49	34	5	11	22	44	25	50	36	8	16
32	0	1	3	7	14	29	58	52	41	19	38	13	27	55	47
30	61	59	54	45	26	53	42	20	40	17	35	6	12	24	48
33	2	4	9	18	37	10	21	43	23	46	28	57	51	39	15

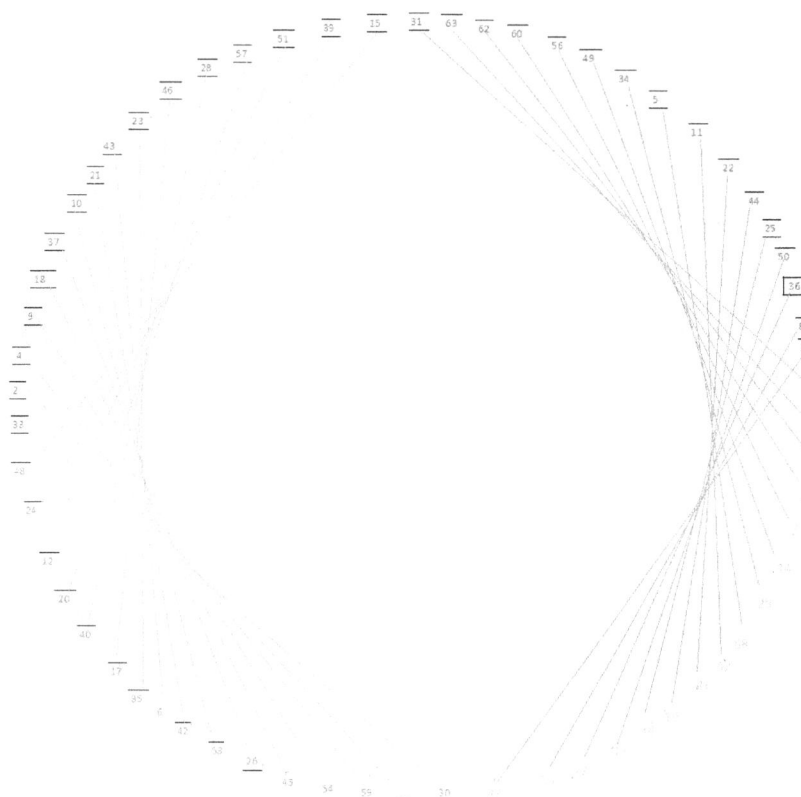

表17

32	0	1	3	7	14	29	58	52	40	17	35	6	13	27	55
46	28	57	50	37	11	23	47	30	60	56	49	34	4	8	16
33	2	5	10	20	41	18	36	9	19	39	15	31	63	62	61
59	54	45	26	53	42	21	43	22	44	25	51	38	12	24	48
1	1	1	0	1	1	0	1	0	1	0	1	1	0	0	1
1	1	0	1	1	0	1	0	1	0	1	1	0	0	1	1
1	0	1	1	0	1	0	1	1	0	1	1	0	1	1	0
0	1	1	0	1	0	1	0	1	1	0	0	1	1	0	0
1	1	0	1	0	1	0	1	1	0	0	1	1	0	0	0
1	0	1	0	1	0	1	1	0	0	1	1	0	0	0	0

图 25 六十四的不对称 俗图之一

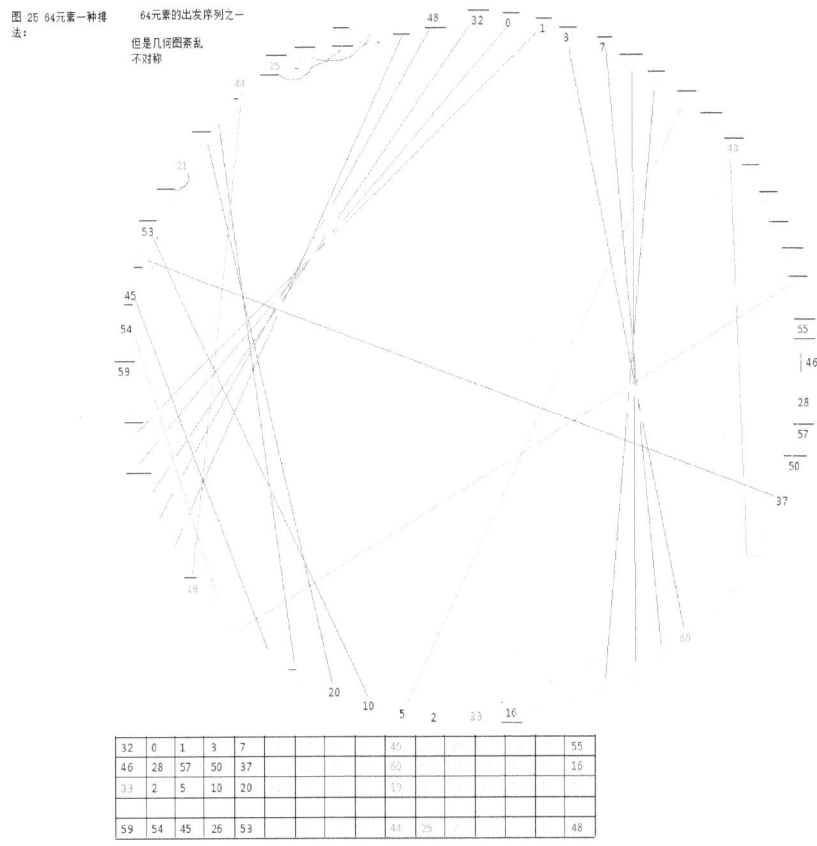

图 25 64元素一种排法：

64元素的出发序列之一 但是几何图紊乱不对称

32	0	1	3	7				46			55
46	28	57	50	37				60			16
33	2	5	10	20				19			
59	54	45	26	53				44	25		48

上面的是四种出发序列及其几何图，下面将讨论按 01 自扩张码规则下的研究，按隔 4 取都得方式解码。临时用卷起（fold up）程序来做并列表记录如下。其中 64 元素的大圈按 numblocology 中系公理其间隔 gap=4，但是 32 元素的圈其中系公理的 gap 值为 3. 不过我们不取中系公理，而是将右移一系公理用于 32 元素的就是 3+1，也按隔 4 办法取数来按程序排。如此有四个表如下 即表 18、表 19、表 20、和表 21。最后有四个图供读者比较。

表 18 隔 4 取读的 32 对称的出发序列卷起操作，演示了按隔 4 进行 fold up 操作的过程（中间的某步骤），结果是旋量为 2x(转圈数比较多)

16	0	1	3	6	13	27	23	14	29	26	21	11	22	12	24
17	2	5	10	20	9	19	7	15	31	30	28	25	18	4	8
	16		23		0				1			29			
3				6				13				27			
	结	果	:	G	=	4									

10	16	22	30	23	20	0	12	28	14	9	1	24	25	29	19
3	17	18	26	7	6	2	4	21	15	13	5	8	11	31	27

表19，按 Gap=4 做 32 元素不对称几何图之表内容的结果，gap=4 作图 27

	g	=	4												
10	16	18	30	21	20	0	4	29	11	9	1	8	27	23	19
3	17	22	14	7	6	2	12	28	15	13	5	24	25	31	26

如此 32 元素的两个图如下：图 26 和图 27。

图 26

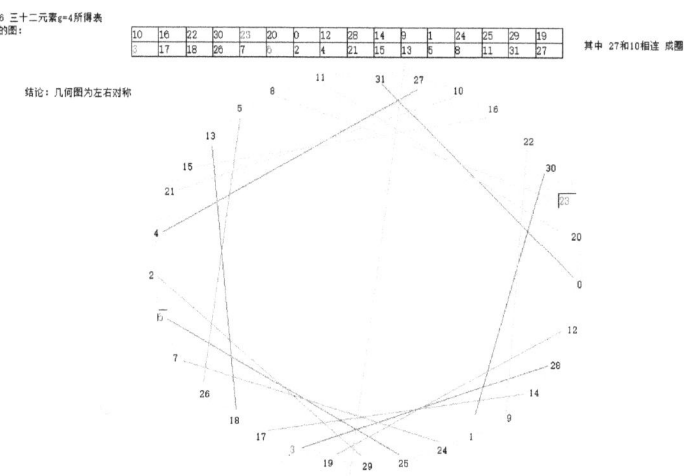

图 27

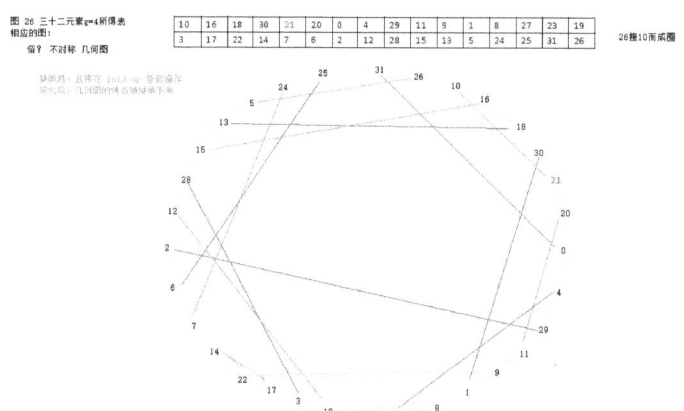

表20、64元素 正排数组块 来源为表16，其图被表现在在图28中

31	63	62	60	56	49	34	5	11	22	44	25	50	36	8	16
32	0	1	3	7	14	29	58	52	41	19	38	13	27	55	47
30	61	59	54	45	26	53	42	20	40	17	35	6	12	24	48
33	2	4	9	18	37	10	21	43	23	46	28	57	51	39	15
	G	=	4		fo	ld		up							
9	31	36	19	42	18	63	8	38	20	37	62	16	13	40	10
60	32	27	17	21	56	0	55	35	43	49	1	47	6	23	34
3	30	12	46	5	7	61	24	28	11	14	59	48	57	22	29
54	33	51	44	58	45	2	39	25	52	26	4	15	50	41	53

表21，64元素 紊乱排数组块 来源为表17，其图被表现在在图29中

32	0	1	3	7	14	29	58	52	40	17	35	6	13	27	55
46	28	57	50	37	11	23	47	30	60	56	49	34	4	8	16
33	2	5	10	20	41	18	36	9	19	39	15	31	63	62	61
59	54	45	26	53	42	21	43	22	44	25	51	38	12	24	48
	g	4			fo	ld		up							
26	32	13	56	36	53	0	27	49	9	42	1	55	34	19	21
3	46	4	39	43	7	28	8	15	22	14	57	16	31	44	29
50	33	63	25	58	37	2	62	51	52	11	5	61	38	40	23
10	59	12	17	47	20	54	24	35	30	41	45	48	6	60	18

对比64元素数组块的两个图：

图28 均匀对称的64元素大圈图

图 28 64元素的对称的预先块 即篇一出发序列
通过 fold up g=4 变来的均匀左右对称
的新对称图
64元素大圈

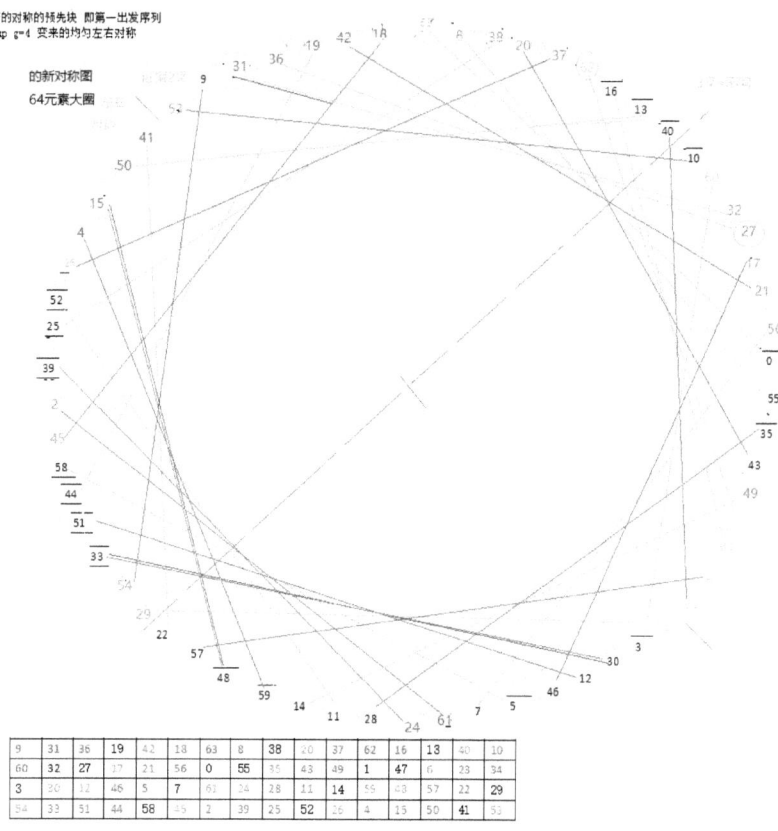

9	31	36	19	42	18	63	8	38	20	37	62	16	13	40	10
60	32	27	17	21	56	0	55	35	43	49	1	47	6	23	34
3	30	12	46	5	7	61	24	28	11	14	55	43	57	22	29
54	33	51	44	58	45	2	39	25	52	26	4	15	50	41	53

图 29

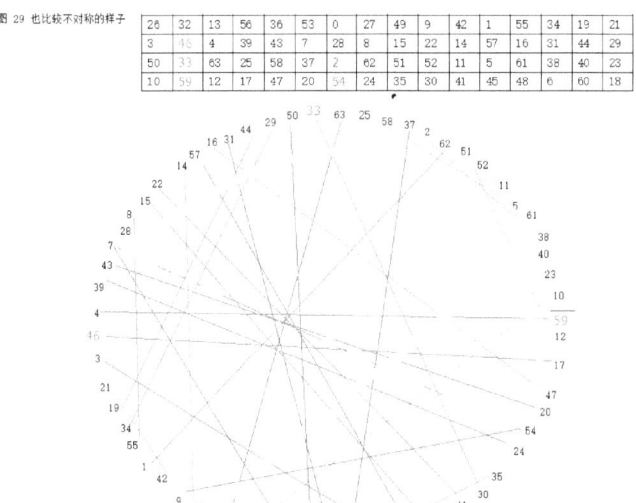

图 29 也比较不对称的样子

26	32	13	56	36	53	0	27	49	9	42	1	55	34	19	21
3	46	4	39	43	7	28	8	15	22	14	57	16	31	44	29
50	33	63	25	58	37	2	62	51	52	11	5	61	38	40	23
10	59	12	17	47	20	54	24	35	30	41	45	48	6	60	18

　　上述对照的可得到从本小节的表 15 到图 29 的内容总结,可以知道预先选好的第一出发序列基本本身是否对称就决定了是否能排成正的对称图,而乱的几何图也有某些特征被继承到 01 自扩码隔 4 法读取变化阶段。所以一般对隔 4 取读的按 01 自扩码架构的表,其对称预选很有意义。这个结论以后会利用。

　　下面从一个按 01 core string 本来已经证明是能通过第一检测（the first test）的表（表也图像化了）来进行倒推。看如图 30 中所画的那样的表是如何被反 fold up 操作变成表 22 的下半部。在得到结果表(即表 22)后,主要是让它继续变成图来呈现结果,让读者看出其几何图的特点。

　　关于图 30： 64 的过第一检测的过程记录变成表而画在图中,其中有一个隔 4 而读取的例子,就是将第一列、第六列、第十二列等读取共 6 个数然后排在结果部分,这个部分是二进制,最后二进制的底下换算为十进制。在全排好后看是否能重复第一行的数字,如果 64 个不同的数都能再次在结果的十进制里复现,则是通过了第一检测。
图 30, 彩色图示其已经通过了 the first test

图 30 呈现64元素 能过 the first test 的情况

核心串出发: 0 1 0 1 0 1 0 0 1 0 1 1 1 1 1 ....等共64个二进制数
隔4读取: 0 0 0 1 1 0 这六个数放第一列

0	1	0	1	0	1	0	0	0	1	1	1	1
0	1	0	0	0	1	1	1	1	1	0	0	1
1	1	1	1	0	1	1	0	1	1	0	0	0
1	1	0	0	0	1	0	0	0	0	0	1	0
0	1	0	0	0	0	0	1	0	0	1	1	0
6	8	40	10	12	62	16	17	21	24	33	35	49
				比								
1	0	0	1	1	0	0	0	1	0	0	0	0
1	0	0	0	1	0	0	0	0	1	0	0	0
1	0	0	0	0	0	1	0	0	1	1	0	1
0	1	0	1	0	1	0	1	0	1	0	1	0
0	1	1	1	1	0	1	0	1	0	0	0	0
1	0	1	0	1	0	1	1	1	0	0	0	0
57	2	7	23	34	51	4	15	46	5	39	9	30	28	14
	比											

将图 30 呈现的 64 的过第一检测的最后结果再化为表：得到的内容算 "反卷前的原版" 放 z 在表 22 的第一行到第四行。从第六行开始是反卷变换的结果部分，这是符合 shift rule 也就是 表 22 本身. fold up 的反过程主要参考表 21 动作：32 和 0 从隔开4 的变为合在一起：

表22

6	63	8	40	10	12	62	16	17	21	24	60	33	35	43	49
57	2	7	23	34	51	4	15	46	5	39	9	30	28	11	14

19	61	56	22	29	38	59	48	45	58	13	54	32	27	52	26
44	0	55	41	53	25	1	47	18	42	50	3	31	36	20	37
	表	22	的	内	容	:									
63	62	60	57	51	39	14	29	58	52	41	18	36	8	16	33
2	4	9	19	38	13	26	53	42	20	40	17	35	7	15	30
61	59	54	44	25	50	37	10	21	43	23	46	28	56	48	32
0	1	3	6	12	24	49	34	5	11	22	45	27	55	47	31

将表22画为一个图即图31。

图31 读者观察是否对称，结果是果然对称：

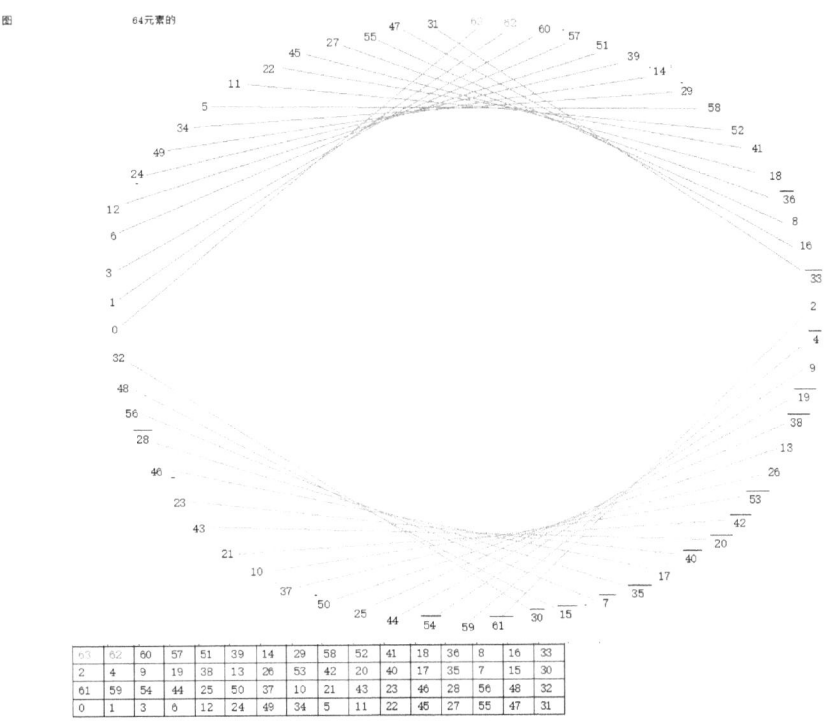

表23，很清楚有两个以上的排列方式，它们都对称

	表	23	的	内	容	:					
63	62	60	57	51	39	14	29	58	52	41	18	36	8	16	33
2	4	9	19	38	13	26	53	42	20	40	17	35	7	15	30
61	59	54	44	25	50	37	10	21	43	23	46	28	56	48	32
0	1	3	6	12	24	49	34	5	11	22	45	27	55	47	31
			57	56	互	换	而	变	另	一	个				
31	63	62	60	56	49	34	5	11	22	44	25	50	36	8	16

32	0	1	3	7	14	29	58	52	41	19	38	13	27	55	47
30	61	59	54	45	26	53	42	20	40	17	35	6	12	24	48
33	2	4	9	18	37	10	21	43	23	46	28	57	51	39	15

所以对 64 元素数组块已经到这样的多变潜力水平了。其上同样的几何图，就有不同的数字排列了，这就是答案。换句话说，即使几何图为同一，在数字上至少有两个以上的不同数的异构问题。所以在做下一步研究前，我们需要一个证明，32 元素的图只有一种数组块序列的组合对应一个对称图。没有第二种数组块序能对应（其实 32 元素的也有两只种排法）。

可以认为只有　如 A 部分的格式是必须遵守的，第一行前部的 16 对第二行后部的 15 为补数。B 部分则演示两个变异，第一按 2 接 4，第二则 2 接续 5 分别看看。

32 元素：
表 24 上：关于 32 唯一性证明的解说

A	部	分												
16	0	1				23	14	29	26					24
17	2	5				7	15	31	30					8
B	部	分												
16	0	1	3			23	14	29	27	22	13	26	?	24
1	0	0	0			0	1	1	1	0	1	1		1
0	0	0	0			1	1	1	0	1	1	1		1
0	0	0	0			1	1	0	1	1	1	0		1
0	0	0	1	1		1	0	1	1	0	1			
0	0	1	1	0		0	1	1	0	1	0			
17	2	4	9			7	15	31	30					8
1	0	0	0	1	0	0	0							
0	0	0	1	0	0	1	0	1						
0	0	1	0	0	1	0	1	1						
0	1	0	0	1	0	1	1	1						
1	0	0	1	0	1	1	1							
上	表	是	说	4	和	7	毛	盾						
17	2	4	9	18	5	11	23	15	31	30				8
1	0	0	0	1	0	0	1	0						
0	0	0	1	0	0	1	0	1						
0	0	1	0	0	1	1	1	1						
0	1	0	0	1	0	1	1	1						
1	0	0	1	0	1	1	1							
			?	处	无	法	协	调		4	变	回	5	好
16	0	1	3	6	13	27	23	14	29	27				24
17	2	5				7	15	31	30	28	25			8

表 24 下 继续按 17-2-5 开始排 则

16	0	1	3	6	13	27	23	14	29	26	21	11	22	12	24
					必	1		0	1	1	1	0	1	0	1
					须	1	0	1	1	1	0	1	0	1	1
				1	13	0	1	1	1	0	1	0	1	1	0
			1	0	1	1	1	0	1	0	1	1	0	0	0
		0	1	1	1	0	1	0	1	1	0	0	0	0	0
17	2	5	10	20	9	19	7	15	31	30	28	25	18	4	8
1	0	0	1	1	0	1	0	1	1	1	1	1	1	0	1
0	0	0	1	0	1	0	1	1	1	1	1	1	0	0	0
0	0	1	0	1	0	0	1	1	1	1	1	0	0	1	0
0	1	0	1	0	0	1	1	1	1	1	0	0	1	0	0
1	0	1	0	0	1	1	1	1	1	0	0	1	0	0	0
		十	和	七	定	位	则	其	它	也	被	定			

从表24记载的可能排法的演绎可见：（表24下）所排的办法是唯一的。
最后靠 01 core string 核心串验证其真。
先看表18为序的 十进制，然后依此作01核心串的 the first test,最后观察规律。

表18的内容做探索 01核心串的翻译起始表(>16 则变1) 再从此01CS 做第一检测的步骤，发现可以通过第一检测，这就是表25：

表 25，32元素的 the first test

10	16	22	30	23	20	0	12	28	14	9	1	24	25	29	19
3	17	18	26	7	6	2	4	21	15	13	5	8	11	31	27
		翻	译	成	二	进	制	数	的	最	高	位	的	值	
10	16	22	30	23	20	0	12	28	14	9	1	24	25	29	19
0	1	1	1	1	1	0	0	1	0	0	0	1	1	1	1
1	0	0	1	0	0	0	1	1	1	1	0	1	1	1	1
0	0	1	1	0	1	0	1	1	1	0	0	0	0	1	1
0	1	1	0	1	1	0	1	1	0	1	0	1	0	0	1
0	0	0	0	1	0	0	0	0	0	1	0	0	1	1	1
10	16	22	30	23	20	0	12	28	14	9	1	24	25	29	19
3	17	18	26	7	6	2	4	21	15	13	5	8	11	31	27
0	1	1	1	0	0	0	0	0	1	0	0	0	0	0	1
0	0	0	1	0	0	0	0	1	1	1	0	1	1	1	1
0	0	0	0	1	0	1	1	0	1	0	1	1	1	1	0
1	0	1	1	1	1	0	1	0	0	0	1	1	1	1	1
		1	1	0	1	0	0	1	1	0	1	1	1	1	1
3	17	18	26	7	6	2	4	21	15	13	5	8	11	31	27

根据表25 的第二行就是二进制的第一行，作镜像 或 antibit 转换，0变1而1变0.然后作逆读变换如此有四个等价的 01 core string,都在表26内。

表 26, 4个等价的 32元素的 01 core string

	1	0	1	1	1	0	0	1	0	0	0	1	1
1	1	0	1	1	1	0	0	0	1	0	0	0	0

	ant		i		bit									
0	0	1	0	0	0	0	1	1	0	1	1	1	0	0
0	0	1	0	0	1	1	1	1	0	1	1	1	1	1
	逆	读												
0	0	0	0	0	1	0	0	0	0	1	1	1	0	1
1	1	0	0	0	1	0	0	1	1	1	1	1	0	1
	逆	读	的	ant	i	bit								
1	1	1	1	0	1	1	1	0	0	0	0	1	0	0
0	0	1	1	0	1	1	0	0	0	0	0	1	0	0

这个表把逆读的那份做 t h e   f i r s t   t e s t 记录为如下表 27.

表 27, 这个表的画图就是图 3 2 的左边, 本表利用了 某 01 CS, 按 g=4 的办法进行

0	0	0	0	0		0	0	0	0	1	1	0	1	1
1	0	0	0	0		1	1	0	1	1	1	0	0	0
	1	1	0	1		1	0	0	0	0	0	0	1	1
	1	1	0	0		0	0	1	0	1	1	1	0	0
0	1	0	0	1		1	1	0	1	0	0	0	0	0
14	7	6	0	5	29	15	13	1	10	27	31	26	2	20	22
1	0	0	1	1		0	1	0	0	1	1	1	0	1
0	0	0	1	1		1	0	0	1	0	0	1	0	0
1	1	0	0	0		0	0	0	0	0	0	0	0	0
1	0	0	0	0		0	0	0	1	1	1	0	1	1
0	1	0	0	0		1	1	0	1	1	1	0	0	0
30	21	4	8	12	28	11	9	17	24	25	23	19	3	16	18

再将上述表的十进制数做反 fold up 操作就得到表 28, 并最后可做图 32 的右边   看是否对称。

表 28 , 实际情况暴露是如果假设 17 后必须接 2 就无, 但是还是有 17 后接 3 的因此 16-0-1-2

14	7	6	0	5	29	15	13	1	10	27	31	26	2	20	22
30	21	4	8	12	28	11	9	17	24	25	23	19	3	16	18
	反	fo	ld		up		G4								
7	15	31	30	28	25	18	5	10	20	8	17	3	6	13	26
21	11	23	14	29	27	22	12	24	16	0	1	2	4	9	19
		发	现	17	后	没	接	2		17	3	不	正	宗	

图   32   画了两个 32 元素的图, 确实是对称的但右边的图不是依照 17-2 来开始的而是 17 接 3

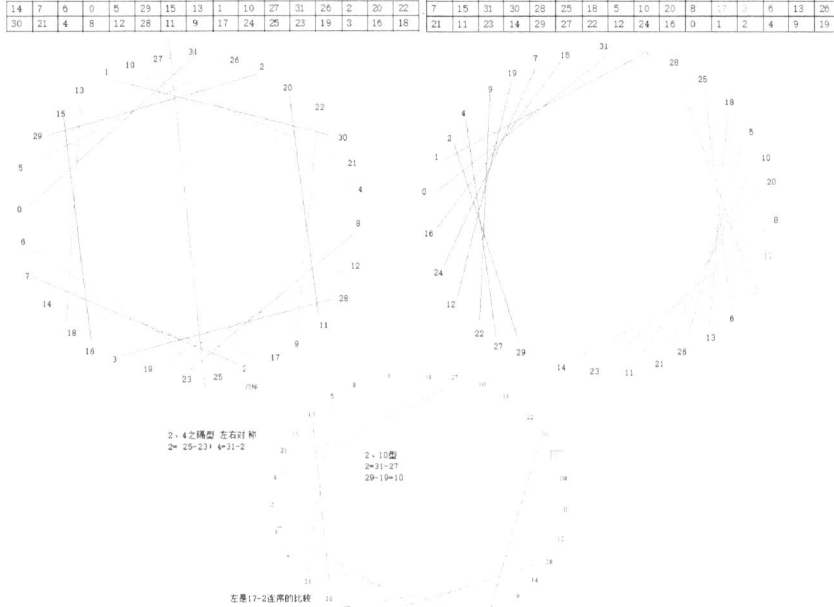

图 32 左右两个图 左为匀对称，而 右图类似出发系列 按 17-3 和 16-0-1-2 进行

有了图 32 的明确提示后我们就有了进一步研究的基础。比如今后把 17 后接续 2 的序规定为正宗，则按这个条件限制，32 阶或 32 元素的大圈的几何图与数组块数序的关系就会呈现能一对一的特点，不会出现同图有四个数序如何抉择的问题。同样可以假设　在 16 元素的数组块里可以按 9 接 2 排为正宗办法。

让我们再看一下表 23，虽然 64 元素中特别序列

33	2	4	9	18
和				
33	2	4	9	19

前面 33 和 2 是一样的，但 18 和 19 其实是数字方面的双解会对应一个几何图型的意思。很难认为规定。所以暂且认为在 64 元素以上的大圈，即使规定 33 接 2 为正宗，也有双解或多选。

6.2 小节 64 阶数组块对称性研究 II:

首先把两个群或元素的差别度量通过对比的方式得到一个共同元素合表，得到一个是否是 01 核心取反，逆读等变换来的判断。表 29，表里空白表示两种序列数字不一样，两序列在某处都相同的显示如下，计有 12 个，而基本有自由地变动可能的位置不到 24 个。12/64=0.187, 24/64=0.375，这大致说明两者数字不同，和往常的同一 01 core string 所衍生情况情况不同，那种情况重叠数字可达到 25%。

表 29 ，一种通过差别量的多少来判断是否为同 01 core string 同源的办法：

		47	31	63	62	60	x	x	x	x	x	x
		15	31	63	62	60						
	36	8	16	33	x	x	x	x	x			
	36	8	16	32								
		15	30	61	59	54	44	x	x	x	x	x
		47	30	61	59	54	45					
		48	32	x	x	x	x	x				
		48	33									
		(	47	)								

如此看来需要做八个表以验证哪种是更合唯一候选的序列（人为规定的，只要显出理由也行）。前 4 种序列（即十进位数组块）做了含详细步骤的例子，而后四种直接引用 被放在表 31a 和表 31 b 中。

此看来需要做几个表以验证哪种是更合唯一候选的序列。做表 30 a 、表 30 b、表 30c、表 30d、表 30 e 和表 31a 、表 31b 。

表 30a ，先翻译这个十进制成二进制的 01CS（零幺-核心串）

6	63	8	40	10	12	62	16	17	21	24	60	33	35	43	49
57	2	7	23	34	51	4	15	46	5	39	9	30	28	11	14
19	61	56	22	29	38	59	48	45	58	13	54	32	27	52	26
44	0	55	41	53	25	1	47	18	42	50	3	31	36	20	37
	翻	译			i										
0	1	0	1	0	0	1	0	0	0	0	1	1	1	1	1
1	0	0	0	1	1	0	0	0	1	1	0	0	0	0	0
0	1	1	1	0	0	1	1	1	1	0	1	1	0	1	0
1	0	1	1	0	1	0	0	1	0	1	0	0	1	0	1
	Ant	i		bit		I		做	镜	像	变	换			
1	0	1	0	1	0	1	1	1	1	0	0	0	0	0	0
0	1	1	1	0	0	1	0	1	0	0	1	1	1	1	1
1	0	0	1	1	0	0	0	0	0	1	0	0	1	0	1
0	1	0	0	0	1	1	0	1	0	0	0	1	0	1	0
		上	面	用	于	表	31	a							
9	31	36	19	42	18	63	8	38	20	37	62	16	13	40	10
60	32	27	17	21	56	0	55	35	43	49	1	47	6	23	34
3	30	12	46	5	7	61	24	28	11	14	59	48	57	22	29
54	33	51	44	58	45	2	39	25	52	26	4	15	50	41	53
	翻	译		序	ii										
0	0	1	0	1	0	1	0	1	1	1	0	1	0	1	0

1	1	0	0	0	1	0	0	1	1	0	0	0	1
0	0	0	1	0	0	1	0	0	0	1	1	1	0	0
1	1	1	1	1	1	0	1	0	0	0	0	1	1	1
		Ant	i		bit	II		做	镜	像	变	换		
1	1	1	0	0	0	1	0	1	1	0	0	1	1	1
0	0	1	1	0	1	0	0	0	0	1	0	1	1	0
1	1	1	0	1	0	1	1	1	0	0	1	1	1	1
0	0	0	0	0	1	0	1	0	1	1	1	0	0	0
		表	31	b	用									

表 30 b， 对表 30a 上部的进行翻译就省略，但是原始序列（i+）需要在这直接变第一出发序+，结果是 这里的正读和逆读都为 33 连接 2 的格式：

6	63	8	40	10	12	62	16	17	21	24	60	33	35	43	49
57	2	7	23	34	51	4	15	46	5	39	9	30	28	11	14
19	61	56	22	29	38	59	48	45	58	13	54	32	27	52	26
44	0	55	41	53	25	1	47	18	42	50	3	31	36	20	37
	i	+	的	g	=4		反	fo	ld		up	33	-		2
32	0	1	3	6	12	24	49	34	5	11	22	45	27	55	47
31	63	62	60	57	51	39	14	29	58	52	41	18	36	8	16
33	2	4	9	19	13	26	53	42	40	17	35	7	15		
30	61	59	54	44	25	50	37	10	21	43	23	46	28	56	48
		下	+	逆	读	i		参	表	30	c				
31	12	20	5	4	63	24	41	10	9	62	48	19	21	18	61
32	38	43	37	59	0	13	22	11	54	1	27	44	23	45	3
59	25	46	26	7	47	50	28	52	14	30	36	57	40	29	60
8	51	17	58	56	16	39	35	53	49	33	15	6	42	34	2
	逆	读	的	g	=4		反	fo	ld		up	33	-		2
32	0	1	3	7	14	29	58	53	42	20	41	19	38	13	27
59	47	30	60	56	49	34	5	10	21	43	22	44	25	50	36
8	16	33	2	4	9	18	37	11	23	46	28	57	51	39	15
31	63	62	61	59	54	45	26	52	40	17	35	6	12	24	48

表 30 c，就是对表 30b 的下半段进行过程补充，从正的 01CS 变逆读 01CS 开始，转 the first test 再转二进制化十进制那步(尾端有省略)：

0	1	0	0	0	1	0	0	0	0	1	1	1	1
1	0	0	0	1	0	0	1	0	1	0	0	0	0
0	1	1	1	1	0	1	1	0	1	1	0	1	1
1	0	1	1	1	1	0	1	1	1	0	0	0	0
	这	i	的	+	序	列		逆	读				
1	0	1	0	1	1	0	1	0	0	1	1	0	1
0	1	0	1	0	1	1	1	1	1	0	0	0	0
0	0	0	0	0	1	0	0	0	0	0	0	0	1
1	1	1	1	0	0	0	0	1	0	0	0	1	0
		the		firs	t		tes	t					

1	0	1	0	0	1	1	0	1	0	0	1	1	1	0	1
1	1	0	1	0	0	1	1	1	0	1	0	1	0	1	1
0	1	1	1	0	1	0	1	0	1	0	1	1	1	1	1
1	0	1	0	1	1	0	1	1	1	1	1	0	0	1	1
1	0	1	1	1	1	1	0	0	1	1	0	0	0	0	0
1	1	0	0	1	1	0	0	0	0	0	1	0	1	0	
59	25	46	26	7	47	50	28	52	14	30	36	57	40	29	60
0	1	0	1	1	0	1	1	1	1	1	0	0	1	1	0
0	1	1	1	1	1	0	0	1	1	0	0	0	0	0	0
1	0	0	1	1	0	0	0	0	0	0	1	0	0	0	0
0	0	0	0	0	0	0	1	0	0	0	1	0	0	0	0
0	1	0	1	0	0	1	0	0	0	0	1	1	1	1	0
0	1	1	0	0	1	1	1	1	1	1	0	0	0	0	0
8	51	17	58	56	16	39	35	53	49	33	15	6	42	34	2
0	0	0	0	0	1	0	1	0	0	0	1	0	0	0	1
31	12	20	5	4	63	24	41	10	9	62	48	19	21	18	61
1	1	1	1	1	0	0	0	0	1	0	0	1	0	1	0
32	38	43	37	59	0	13	22	11	54	1	27	44	23	45	3

表 30 d, 这次是关于原始（ii）序列的（但是如何 the first test 从二进制化回十进制等就省略）：

0	0	1	0	1	0	1	0	1	0	1	1	0	0	1	0
1	1	0	0	0	1	0	1	1	1	0	1	0	0	0	1
0	0	0	1	0	0	1	0	0	0	0	1	1	1	0	0
1	1	1	1	1	0	1	0	1	0	0	0	0	1	1	1
	这	ii	的	+	序	列		逆	读						
1	1	1	0	0	1	0	0	1	0	0	1	1	1	1	1
0	0	1	1	0	0	0	0	0	0	1	0	1	1	1	1
1	0	0	1	0	1	1	1	1	0	1	0	0	0	1	0
0	1	0	0	1	1	0	1	0	0	1	0	1	0	0	0
	这	ii	的	+	序	列		逆	读			33	接	3	
47	56	40	29	12	30	48	17	58	24	61	32	35	53	49	59
0	7	42	34	54	1	15	20	5	44	2	31	41	10	25	4
63	18	21	50	9	62	36	43	37	19	60	8	22	11	38	57
16	45	23	13	51	33	27	46	26	39	3	55	28	52	14	6

表 30 e, 对表 30 上部的进行翻译就省略，但是原始序列（ii+）需要在这直接变第一出发序 ii+，结果是 顺读 含 33 接 2 序列 而其的逆读为 33 连接 3 的格式：

9	31	36	19	42	18	63	8	38	20	37	62	16	13	40	10
60	32	27	17	21	56	0	55	35	43	49	1	47	6	23	34
3	30	12	46	5	7	61	24	28	11	14	59	48	57	22	29
54	33	51	44	58	45	2	39	25	52	26	4	15	50	41	53

		i	+	的	g	=4		反	fo	ld		up	33	-	2
32	0	1	3	7	14	29	58	52	41	19	38	13	27	55	47
30	61	59	54	45	26	53	42	20	40	17	35	6	12	24	48
33	2	4	9	18	37	10	21	43	23	46	28	57	51	39	15
31	63	62	60	56	49	34	5	11	22	44	25	50	36	8	16
		下	+	逆	读	i			参	表	30	d			
47	56	40	29	12	30	48	17	58	24	61	32	35	53	49	59
0	7	42	34	54	1	15	20	5	44	2	31	41	10	25	4
63	18	21	50	9	62	36	43	37	19	60	8	22	11	38	57
16	45	23	13	51	33	27	46	26	39	3	55	28	52	14	6
		逆	读	的	g	=4		反	fo	ld		up	33	-	3
32	0	1	2	4	9	19	38	13	26	52	40	17	35	7	15
31	63	62	60	57	51	39	14	29	58	53	42	20	41	18	36
8	16	33	3	6	12	24	49	34	5	10	21	43	22	45	27
55	47	30	61	59	54	44	25	50	37	11	23	46	28	56	48

总结词：表里的正序是 33-2 而逆序 为 33-3。继续 表 31a 和表 31b。

表 31a，两个相关的（I）第一出发序列

19	63	8	22	10	38	62	16	45	21	13	60	32	27	43	26
57	0	55	23	53	51	1	47	46	42	39	3	30	28	20	14
6	61	56	40	29	12	59	48	17	58	24	54	33	35	52	49
44	2	7	41	34	25	4	15	18	5	50	9	31	36	11	37
		G	4			反	fo	ld		up	33	-	2		
32	0	1	3	6	12	24	49	34	5	11	22	45	27	55	47
30	61	59	54	44	25	50	37	10	21	43	23	46	28	56	48
33	2	4	9	19	38	13	26	53	42	20	40	17	35	7	15
31	63	62	60	57	51	39	14	29	58	52	41	18	36	8	16
		I	逆					33	-	3					
31	25	20	26	4	63	50	41	52	9	62	36	19	40	18	60
8	38	17	37	56	16	13	35	11	49	33	27	6	23	34	3
55	12	46	5	7	47	24	28	10	14	30	48	57	21	29	61
32	51	43	58	59	0	39	22	53	54	1	15	44	42	45	2
		G	4			反	fo	ld		up					
32	0	1	2	4	9	18	37	11	23	46	28	57	51	39	15
31	63	62	60	56	49	34	5	10	21	43	22	44	25	50	36
8	16	33	3	7	14	29	58	53	42	20	41	19	38	13	27
55	47	30	61	59	54	45	26	40	17	35	6	12	24	48	

表 31b，两个相关的序（II）变出第一出发序列

	32	27	44	21	45	0	55	25	43	26	1	47	50	23	53
3	31	36	46	42	7	63	8	28	20	14	62	16	57	40	29
60	33	51	17	58	56	2	39	35	52	49	4	15	6	41	34

9	30	12	19	5	18	61	24	38	11	37	59	48	13	22	10
		G	4		反	fo	ld		up			33	-	2	
32	0	1	3	7	14	29	58	52	41	19	38	13	27	55	47
31	63	62	60	56	49	34	5	11	22	44	25	50	36	8	16
33	2	4	9	18	37	10	21	43	23	46	28	57	51	39	15
30	61	59	54	45	26	53	42	20	40	17	35	6	12	24	48
		II		逆											
63	56	21	29	9	62	48	43	58	19	61	32	22	53	38	59
0	45	42	13	54	1	27	20	26	44	3	55	41	52	25	6
47	18	40	50	12	30	36	17	37	24	60	8	35	11	49	57
16	7	23	34	51	33	15	46	5	39	2	31	28	10	14	4
		G	4		li	反	fo	ld		up		33	-	2	
32	0	1	3	6	12	24	49	34	5	10	21	43	22	45	27
55	47	30	60	57	51	39	14	29	58	53	42	20	41	18	36
8	16	33	2	4	9	19	38	13	26	52	40	17	35	7	15
31	63	62	61	59	54	44	25	50	37	11	23	46	28	56	48

把这两个表和前面的表 30 b 和表 30 e 一起比较，则发现 31b 也是两个都为 33 连 2 的排法。可造表 32a 察看。（30b 和 31b）

表 32a

32	0	1	3	6	12	24	49	34	5	10	21	43	22	45	27
55	47	30	60	57	51	39	14	29	58	53	42	20	41	18	36
8	16	33	2	4	9	19	38	13	26	52	40	17	35	7	15
31	63	62	61	59	54	44	25	50	37	11	23	46	28	56	48
32	0	1	3	7	14	29	58	52	41	19	38	13	27	55	47
31	63	62	60	56	49	34	5	11	22	44	25	50	36	8	16
33	2	4	9	18	37	10	21	43	23	46	28	57	51	39	15
30	61	59	54	45	26	53	42	20	40	17	35	6	12	24	48
				30	b										
32	0	1	3	7	14	29	58	53	42	20	41	19	38	13	27
59	47	30	60	56	49	34	5	10	21	43	22	44	25	50	36
8	16	33	2	4	9	18	37	11	23	46	28	57	51	39	15
31	63	62	61	59	54	45	26	52	40	17	35	6	12	24	48
32	0	1	3	6	12	24	49	34	5	11	22	45	27	55	47
31	63	62	60	57	51	39	14	29	58	52	41	18	36	8	16
33	2	4	9	19	38	13	26	53	42	20	40	17	35	7	15
30	61	59	54	44	25	50	37	10	21	43	23	46	28	56	48

这就是说，表 30e 和表 31a 都要被放弃。只剩下表 32b 的两组是**最正规候选**：

表 32

32	0	1	3	7	14	29	58	52	41	19	38	13	27	55	47
31	63	62	60	56	49	34	5	11	22	44	25	50	36	8	16
33	2	4	9	18	37	10	21	43	23	46	28	57	51	39	15
30	61	59	54	45	26	53	42	20	40	17	35	6	12	24	48

第	一	行		7	个	数	同	,	第	二	行	也	是		
3	和	4	同	者	5	个		24	/64	=	0.3	75			
32	0	1	3	6	12	24	49	34	5	11	22	45	27	55	47
31	63	62	60	57	51	39	14	29	58	52	41	18	36	8	16
33	2	4	9	19	38	13	26	53	42	20	40	17	35	7	15
30	61	59	54	44	25	50	37	10	21	43	23	46	28	56	48

将以本表下半部的第一出发序列为最正，因为 7（泰）和 56（否）近 33 和 30 并推增为准（算是细节性理由，但也是人为的）。通俗一些说就是即使有 8 个候选序列，也是可以人为地找理由或规定需要什么样的特征，来得到一个唯一的候选序列，下节就用模 4 分割的方式，根据数字本身是否属于 4k, 4k+1, 4k+2, 4k+3 而用不同颜色划线，作第一出发序列图等动作来进一步研讨。

6.3 小节 64 阶数组块对称性研究 III:

本节先画一个图，用数 4 来做模，剩余系为 0, 1, 2, 3。按表 33 的内容作图：
表 33， Mod(4)颜色表 4K 则黑， 4k+1 则 橙色, 4k+2 则浅蓝, 4k+3 浅红

32	0					52									
31	63		60	56			11		44			36	8	16	
		4						24		28					
						20	40					12	24	48	
第	一	行		7	个	数	同	,	第	二	行	也	是		
3	和	4	同	者	5	个		24	/64	=	0.3	75			
32	0			12	24			11			27	55	17		
31	63		60	54	39			52			36	8	16		
		4						20	40						
			44							12	22	28	56	48	

上面的数组块表可显示为图 33（用表 33 来画出分左右两块地图 33）
图 33 多色图 按除 4 是剩余 0 还是 1 或 2、3 来标色

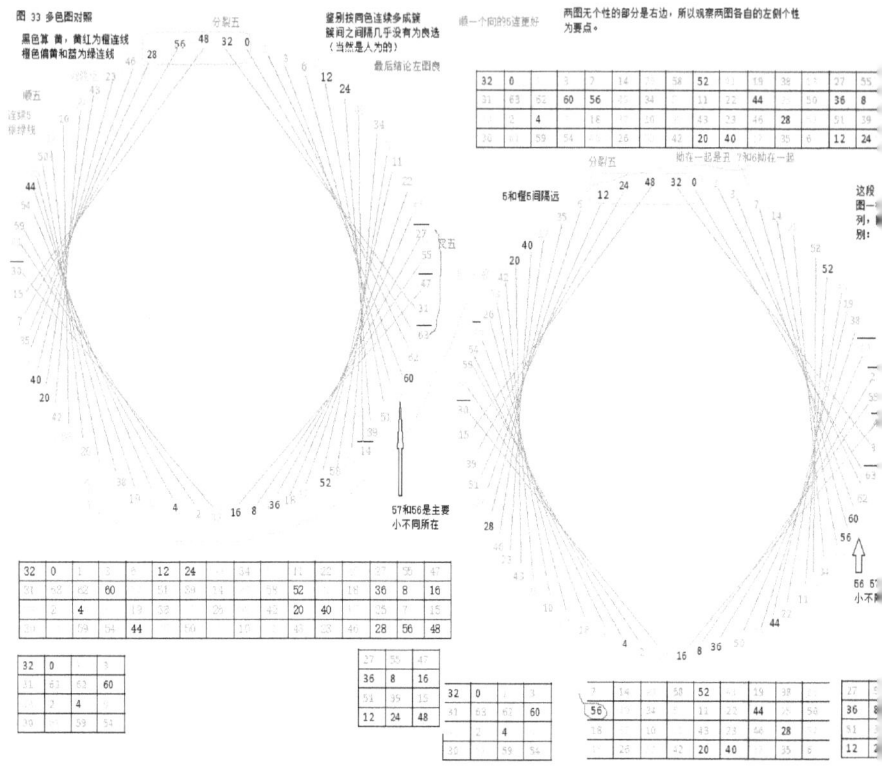

图 33 多色图对照

比较对应泰否卦象的 7 和 56 和它的置换 6 和 57 发现右图的 6 和 7 直接紧促在一起拗着，"能量不是最低"故选图左边的为正宗第一出发序列。也就是表 33 最底部的那个第一出发序列。如此人为选定 64 元素的最佳几何图和最良出发序列的研究结束了。为留下本书第二道练习题，就给下面表 34，读者发挥创造性愿意如何练习就如何做练习。

表 34，某些表的总结（读者做练习用）

63	56	21	29	9	62	48	43	58	19	61	32	22	53	38	59
0	45	42	13	54	1	27	20	26	44	3	55	41	52	25	6
47	18	40	50	12	30	36	17	37	24	60	8	35	11	49	57
16	7	23	34	51	33	15	46	5	39	2	31	28	10	14	4
54	32	27	44	21	45	0	55	25	43	26	1	47	50	23	53
3	31	36	46	42	7	63	8	28	20	14	62	16	57	40	29
60	33	51	17	58	56	2	39	35	52	49	4	15	6	41	34
9	30	12	19	5	18	61	24	38	11	37	59	48	13	22	10

19	63	8	22	10	38	62	16	45	21	13	60	32	27	43	26
57	0	55	23	53	51	1	47	46	42	39	3	30	28	20	14
6	61	56	40	29	12	59	48	17	58	24	54	33	35	52	49
44	2	7	41	34	25	4	15	18	5	50	9	31	36	11	37
31	25	20	26	4	63	50	41	52	9	62	36	19	40	18	60
8	38	17	37	56	16	13	35	11	49	33	27	6	23	34	3
55	12	46	5	7	47	24	28	10	14	30	48	57	21	29	61
32	51	43	58	59	0	39	22	53	54	1	15	44	42	45	2
			原	始	i										
6	63	8	40	10	12	62	16	17	21	24	60	33	35	43	49
57	2	7	23	34	51	4	15	46	5	39	9	30	28	11	14
19	61	56	22	29	38	59	48	45	58	13	54	32	27	52	26
44	0	55	41	53	25	1	47	18	42	50	3	31	36	20	37
			原	始	ii										
9	31	36	19	42	18	63	8	38	20	37	62	16	13	40	10
60	32	27	17	21	56	0	55	35	43	49	1	47	6	23	34
3	30	12	46	5	7	61	24	28	11	14	59	48	57	22	29
54	33	51	44	58	45	2	39	25	52	26			41	50	
		fo	ld	up		例	子	一		彩	图	练	习		
	63	8	40		12		16			24	60				13
					4							28	11		
19		56					48				32	27	52		
44	0					17				21		36	20		

上面的行走在数学道理中的练习做完后，下面还有和人文有关的练习，可以发挥您的创造力，并祝愿读者在国学研究中取得成就。

6.4 小节 伴随谈谈六十四卦排序的问题

接续上小节，先给那个最优的序列做卷起操作后画图，得到图 34.

图 34 优选之一的一个 64 元素数组块表或序列所排的大圈图。非常美丽。

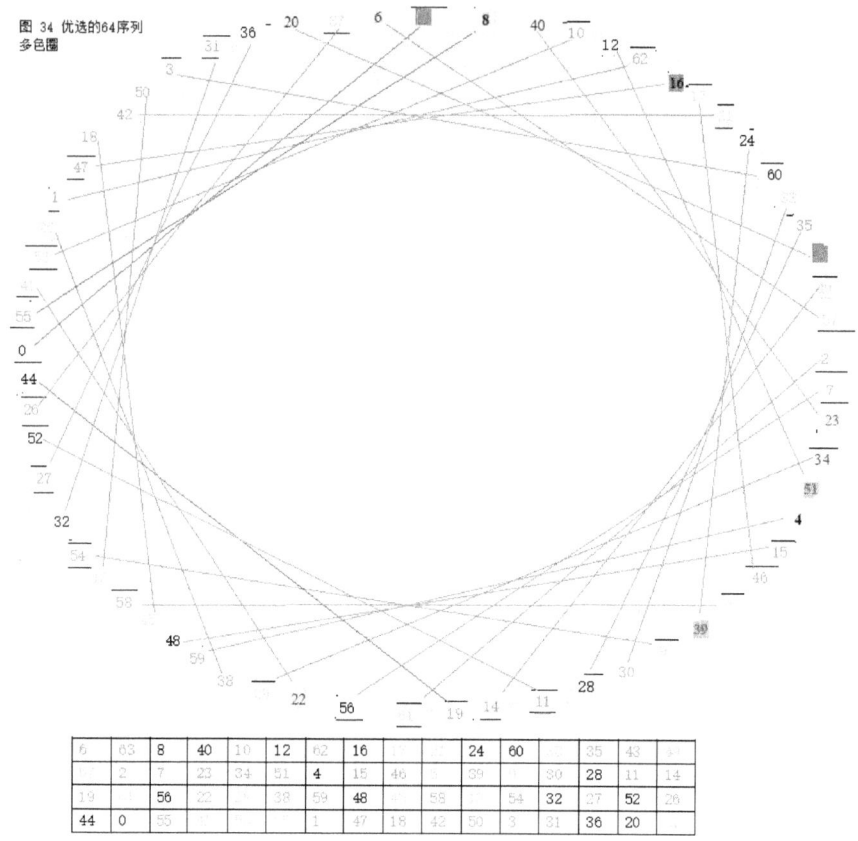

图 34 优选的64序列多色图

6	63	8	40	10	12	62	16			24	60			35	43		
	2	7	23	34	51	4	15	46		39		30		28	11	14	
19		56	22		38	59	48		58			54	32	27	52	26	
44	0	55				1	47	18	42	50	3		31	36	20		

  这个图是左右对称的 且非常美观。如果参考那些两色画线的话 其还稍微有些个性。图 35 是传统的一种图，图内已经转换了代号，将卦名转为二进制数代表的 64 个十进制数（比如 0 代表坤而 63 代表乾）。根据这个图我们再给一个练习（练习 3）：请将图 36 和图 37 为蓝本，将图 35 的规则排法，附会在图 36 和图 37 所指的排序上，想想理由为何这么排，有什么潜在的规律。这个没有什么标准答案，有得到新发现的读者请联系笔者进行交流。

在图 41 和以后将有一小段研讨三十六宫假设的问题，那是很多排序研究者公认的常见的经验总结，或工作框架。

  我们需要谦虚，为了不多言，我们采用提供材料给读者，让读者自己研究的办法，就是根据图 38 所讲的数字和卦象对应关系的特点，做笔者自己排序的两个例子图。然后依照同样的数字体系，看看传统的信息是怎样的。这些信息也在图中，这些图是图 35、图 36、

图 37、图 39、和图 40：

图 35，《包元经》作练习用：（附近的，直到图 49 都算练习 4 的题材）

图 35 包元经类似归藏的序列
有二进制替代后转写的 64 个
十进制数

《包元经》六十四卦次序

	1坤	2复	3临	4泰	5大壮	6夬	7需	8比
太阴	0	1	3	7	15	31	23	16
太阳	9乾	10姤	11遁	12否	13观	14剥	15晋	16大有
	63	62	60	56	48	32	40	47
少阴	17兑	18困	19萃	20咸	21蹇	22谦	23小过	24归妹
	27	26						
少阳	25艮	26贲	27大畜	28损	29睽	30履	31中孚	32渐
	36	37						
仲阴	33离	34旅	35鼎	36未济	37蒙	38涣	39讼	40同人
仲阳	41坎	42节	43屯	44既济	45革	46丰	47明夷	48师
孟阴	49巽	50小畜	51家人	52益	53无妄	54噬嗑	55颐	56蛊
孟阳	57震	58豫	59解	60恒	61升	62井	63大过	64随

此为北周·卫元嵩《元包经》所载六十四卦次序，亦称《卫氏归藏卦序》。
所列八经卦次序是：坤一、乾二、兑三、艮四、离五、坎六、巽七、震八，以坤

转谢网页作者排版

图 36 ，优的卦序或大圈加卦名

图 36 那个64元素正解图之一配卦名

对称的 Numblocology 的新流行的六十四卦序 图

算是64卦序的新排法

损 益

6	[illegible]	8	40	10	12	62	16	17	21	24	[illegible]	33	35	[illegible]	49
57	2	7	23	34	51	4	15	46	5	39	9	30	28	11	14
19	[illegible]	56	22	29	38	59	48	45	58	13	54	32	27	[illegible]	26
44	,0	55	41	53	25	1	47	18	42	50	3	31	36	20	37

咸（）恒

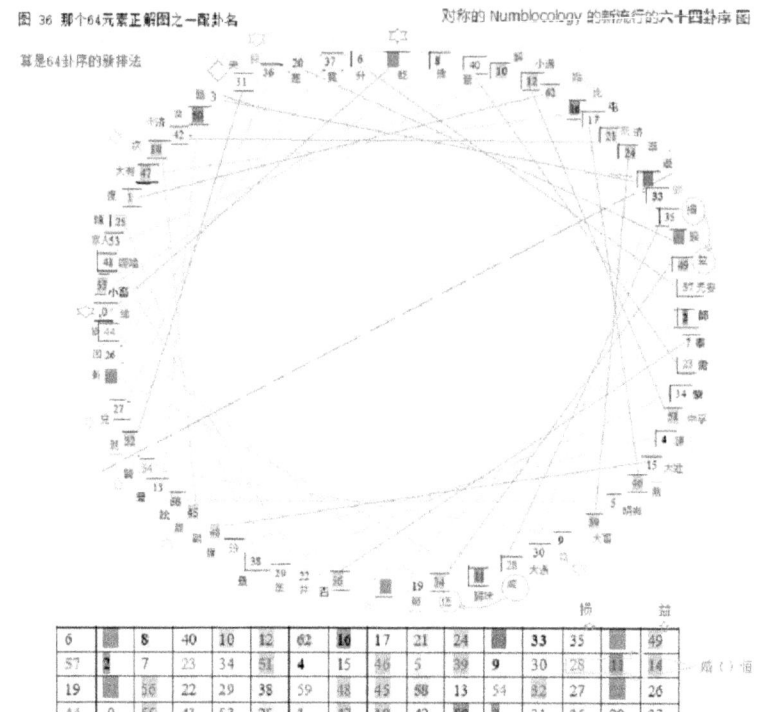

根据图39，发现还有其他可能排列法
见图37那个例子

图 37 ，另一种序和另外一个文王八卦来源的假设，也就是说通过 64 卦科学排序，其后隐含一种到达文王八卦的路径（也是笔者的研究结果之一，属于人文学的应用）。

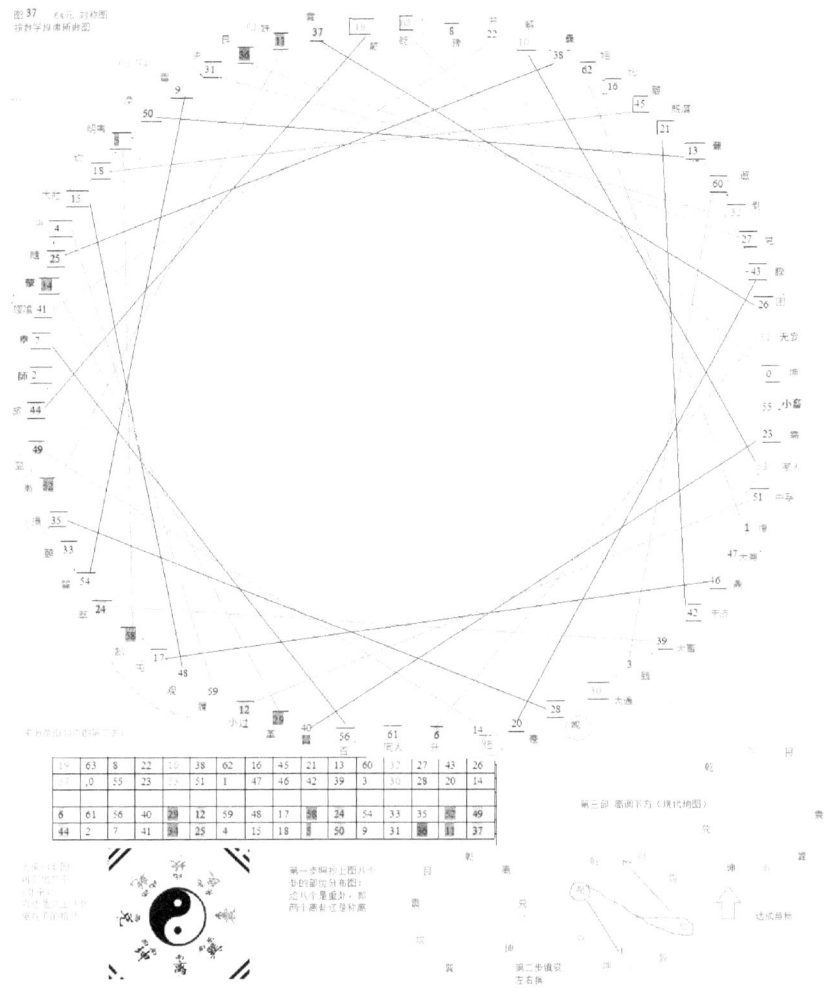

以上其实是一个假说，下面是三张资料图：

图38，（卦和数字对应的维基百科办法举例）

图 38

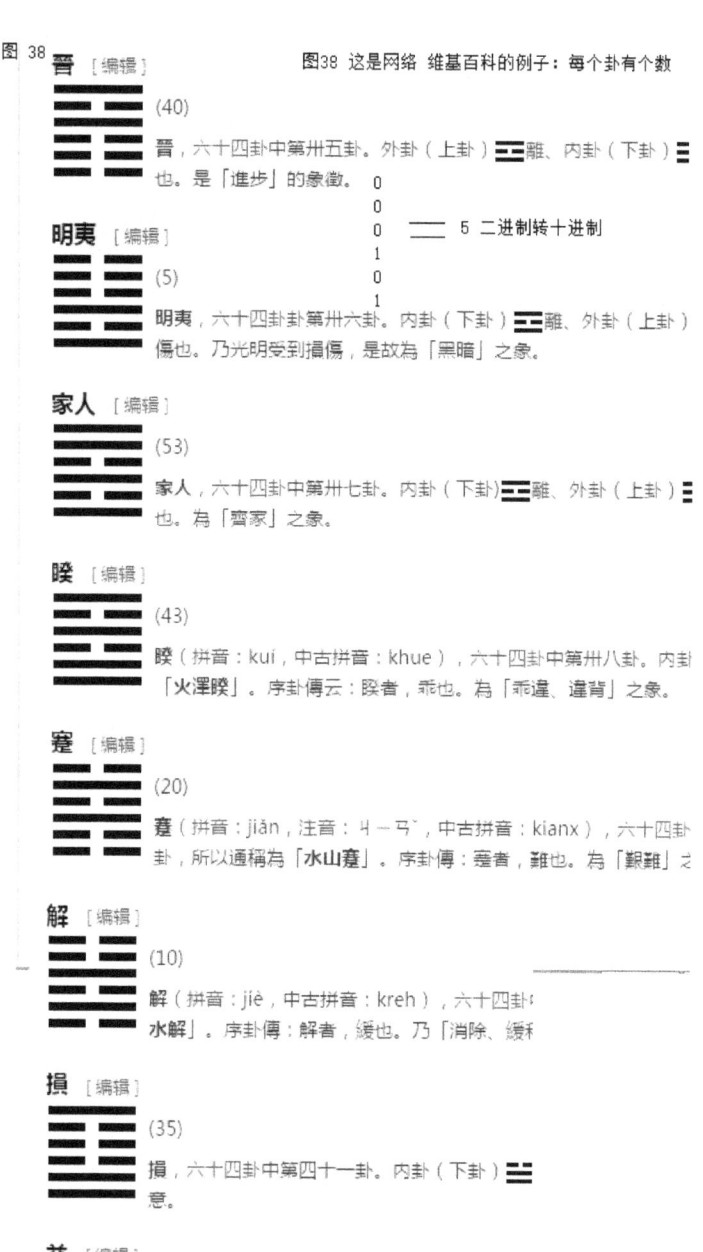

图38 这是网络 维基百科的例子：每个卦有个数

晉 [编辑]

(40)

晉，六十四卦中第卅五卦。外卦（上卦）☲離、内卦（下卦）☷坤也。是「進步」的象徵。

```
0
0
0     5 二进制转十进制
1
0
```

明夷 [编辑]

(5)

明夷，六十四卦第卅六卦。内卦（下卦）☲離、外卦（上卦）☷坤傷也。乃光明受到損傷，是故為「黑暗」之象。

家人 [编辑]

(53)

家人，六十四卦中第卅七卦。内卦（下卦）☲離、外卦（上卦）☴巽也。為「齊家」之象。

睽 [编辑]

(43)

睽（拼音：kuí，中古拼音：khue），六十四卦中第卅八卦。内卦「火澤睽」。序卦傳云：睽者，乖也。為「乖違、違背」之象。

蹇 [编辑]

(20)

蹇（拼音：jiǎn，注音：ㄐㄧㄢˇ，中古拼音：kianx），六十四卦卦，所以通稱為「水山蹇」。序卦傳：蹇者，難也。為「艱難」之

解 [编辑]

(10)

解（拼音：jiě，中古拼音：kreh），六十四卦水解」。序卦傳：解者，緩也。乃「消除、緩和

損 [编辑]

(35)

損，六十四卦中第四十一卦。内卦（下卦）☱意。

益 [编辑]

图 39，这些数字表或序的实质相同：因为 一个物理 01core string 有 4 个十进制表象。

图 39 几乎唯一 的意思：1序列得到4序列

第一图 出发图

4	63	50	41	52	9	62	36	19	40	18	60	8	38	17	37
56	16	13	35	11	49	33	27	6	23	34	3	55	12	46	5
7	47	24	28	10	14	30	48	57	21	29	61	32	51	43	58
59	,0	39	22	53	54	1	15	44	42	45	2	31	25	20	26

第二图

19	63	8	22	10	38	62	16	45	21	13	60	32	27	43	26
57	,0	55	23	53	51	1	47	46	42	39	3	30	28	20	14
6		56	40	29	12	59	48	17	58	24	54	33	35	52	49
44		7	41	34	25	4	15	18	5	50	9	31	36	11	37

见图37

3

6	63	8	40	10	2	62	16	17	24	60	33	35	43	49
57	2	7	23	34	25	4	15	46	5	39	9	30	28	11	14
19	61	56	22	29	38	59	48	58	13	54	32	27	52	26
44	,0	55	41	53	12	1	47	18	42	50	2	31	36	20	37

4

4	63	24	41	10	9	62	48	19	21	18	61	32	38	43	37
59	,0	13	22	11	54	1	27	44	23	45	3	55	25	46	26
7	47	50	28	52	14	30	36	57	40	29	60	8	51	17	58
56	16	39	35	53	49	33	15	6	42	34	2	31	12	20	5

任何已是正解的序列都有三个可得到
的序列，总共4个序列实际反映同一个
物理上的01核心串（01CS）

被选为正宗的那个表或序列

假设本图第一个表示正序，则 01CS水平取反，在过
the first test 操作就得到第3个表。如此说来，它们是同一个
物理实质：

"几乎唯一排列的意思"：

几乎唯一排列的定义
其正序，取反（antibit 0->1, 1->0）
其逆读序　　和取反的逆读 在一起对比
这四序虽然变异但其核心为一

图 40， 普通的《周易》卦序

图 40 平常用的周易 64卦序

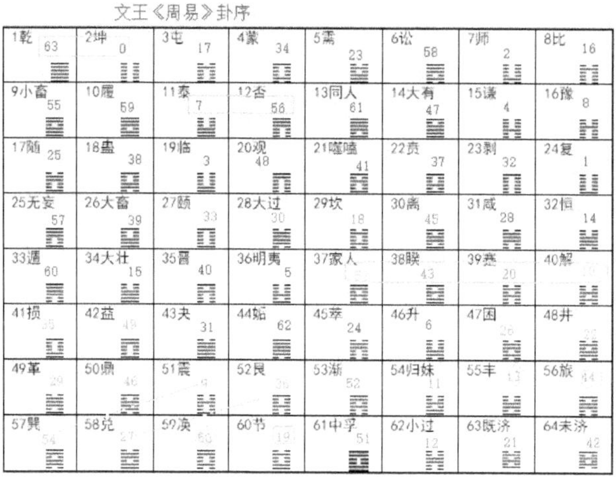

文王《周易》卦序

1乾 63	2坤 0	3屯 17	4蒙 34	5需 23	6讼 58	7师 2	8比 16
9小畜 55	10履 59	11泰 7	12否 56	13同人 61	14大有 47	15谦 4	16豫 8
17随 25	18蛊 38	19临 3	20观 48	21噬嗑 41	22贲 37	23剥 32	24复 1
25无妄 57	26大畜 39	27颐 33	28大过 30	29坎 18	30离 45	31咸 28	32恒 14
33遁 60	34大壮 15	35晋 40	36明夷 5	37家人 [illegible]	38睽 43	39蹇 20	40解 [illegible]
41损 35	42益 49	43夬 31	44姤 62	45萃 24	46升 6	47困 26	48井 22
49革 29	50鼎 46	51震 9	52艮 36	53渐 52	54归妹 11	55丰 13	56旅 44
57巽 54	58兑 27	59涣 50	60节 19	61中孚 51	62小过 12	63既济 21	64未济 42

这是现行本《周易》的卦序，也是文王重新排列的六十四卦次序。它有如下特点：
以《乾》为首卦　此卦序是《乾》为首卦，总统其余六十三卦，表明《周易》作

特谢网站编辑人员

从传统国学或周易的研究情况看三十六宫假设是常见的经验总结。所以我们借郭顺红的两张图进行改绘制。笔者自己的一些评注，主要画在图 45a、图 46、和图 47 上，而这些评注的来源依赖于图 41、图 42、图 43、和图 44。注意本书的补数定义是任何两正整数如果其和为 63，比如　62+1=63，　42+21=63

图 41 和图 45a　故意在四个地方做了成组的逐点对应，有四个地方（分两种类型）基本能找到对应。

图 41

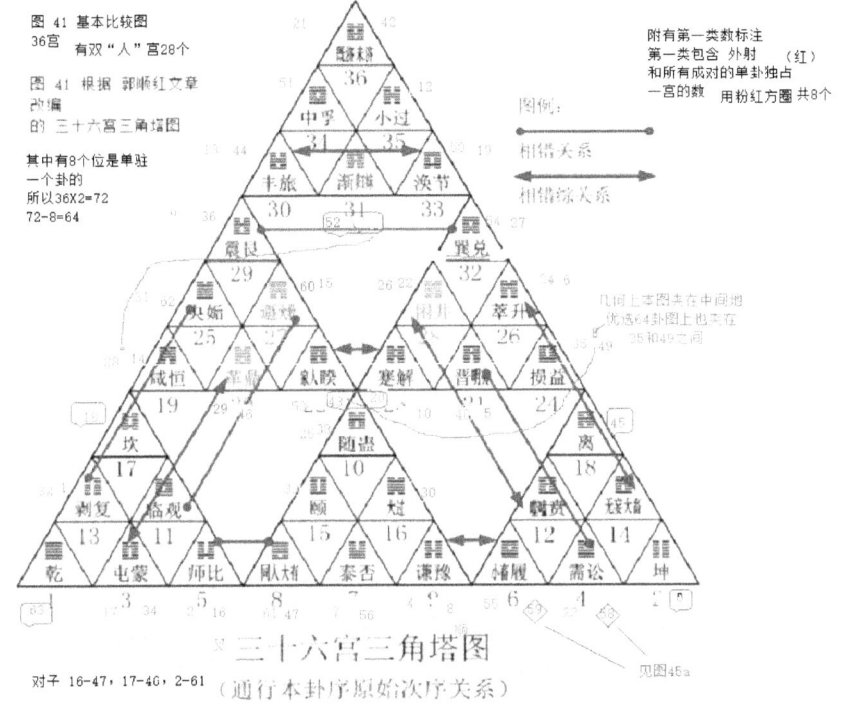

图 45a，(笔者画的图 和图 41 有四个地方对应，都在大圈附近的汉字里提示了)

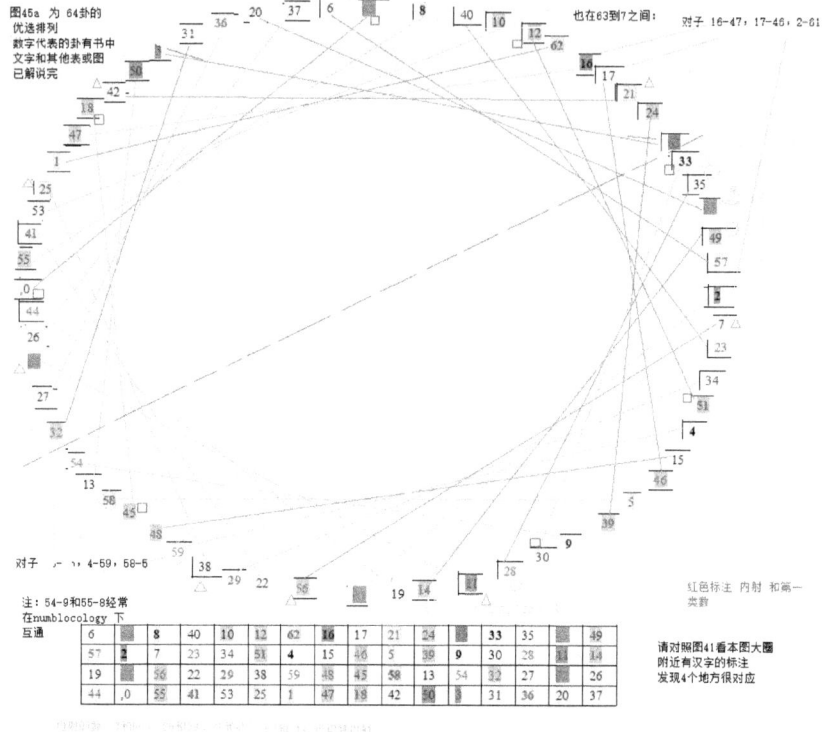

我们知道周易的序（或者叫通用序）因为行文关系，只能是线性的逐个写出的，但是你不能说"屯蒙师比"就没有象图41表示的那种关系，这个比线性关系多些，通俗地说也不是写明是ABCD就一定要A和B有关但是A和C就没关，这是不可能的。即使是设计得很有道理的表示办法，要表示空间B很大其左为A很小而其右C也很小，B和A不同但是A和C其实是一样的东西时，是不是经常还是写成ABC。这时AC不能说没关系，因为它们一样且空间匀称地并分立在大B的左右。64卦序就类似于不得不用ABCD来排，因为线性表达法限制了信息量。而图41那样的三角塔则可能是真实场景，不过要把它简写成一行文字，也就只能按着乾坤屯蒙（A）需讼（C）师比（B的一部分）…… 了解这个道理后不管是否两卦是否紧邻，读者都需要看开阔点。如此我们可以认为那个三角塔也是周易的64卦序，也带周易原作者心目中的本来意思了。如果发现图41和图45a的对应，则相当于说新的排序，即图45a和周易本身说的序（其信息量受限制）所真指的图景有很多一致的地方。

再加5个图，其中在科学法定序绘制的图46和图47中提示了更多对应点（或族）：
图42，

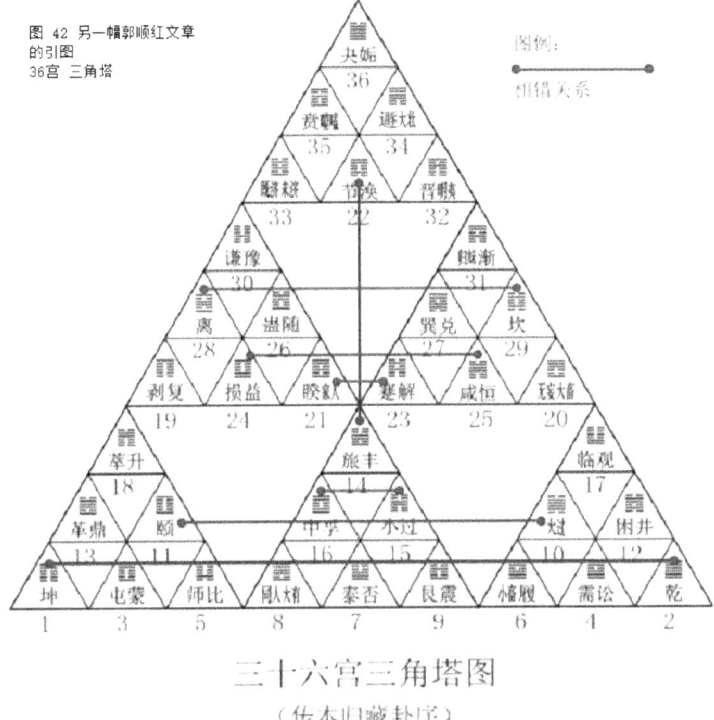

图 42 另一幅郭顺红文章的引图
36宫 三角塔

三十六宫三角塔图
（传本归藏卦序）

根据网络文章郭顺红作的《通行本《周易》卦序由《归藏》卦序演变而来》，图43中的有颜色的字体部分是和周易通行本的排序不同的，也就是那部分有修订。

图 43， 有对应法和图 46 配合解说对应法之邻近关系

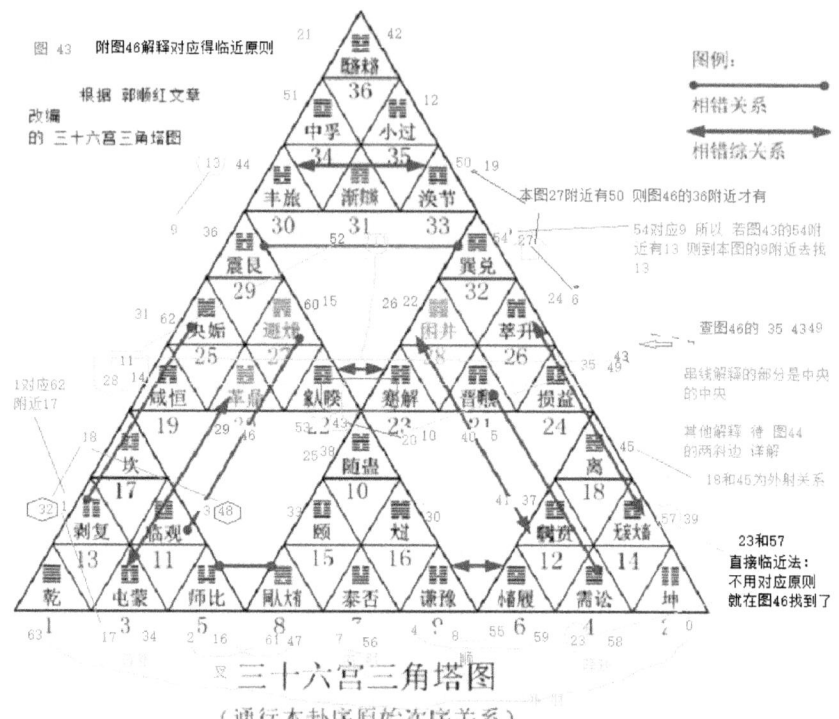

图44，三角塔36宫的两斜边的解说：

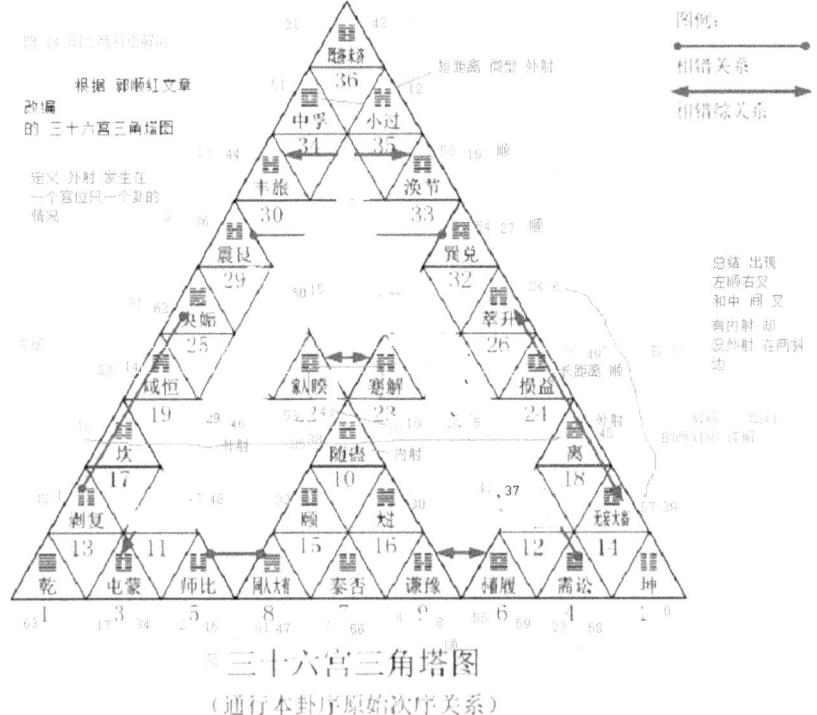

前面图 43 和这里的图 46 中不但有 14 和 28 那种同宫临近，也有 23 和 57 的直接临近，还有经常出现的对应法邻近：

图 46, 本图的对应法和图 43 配合

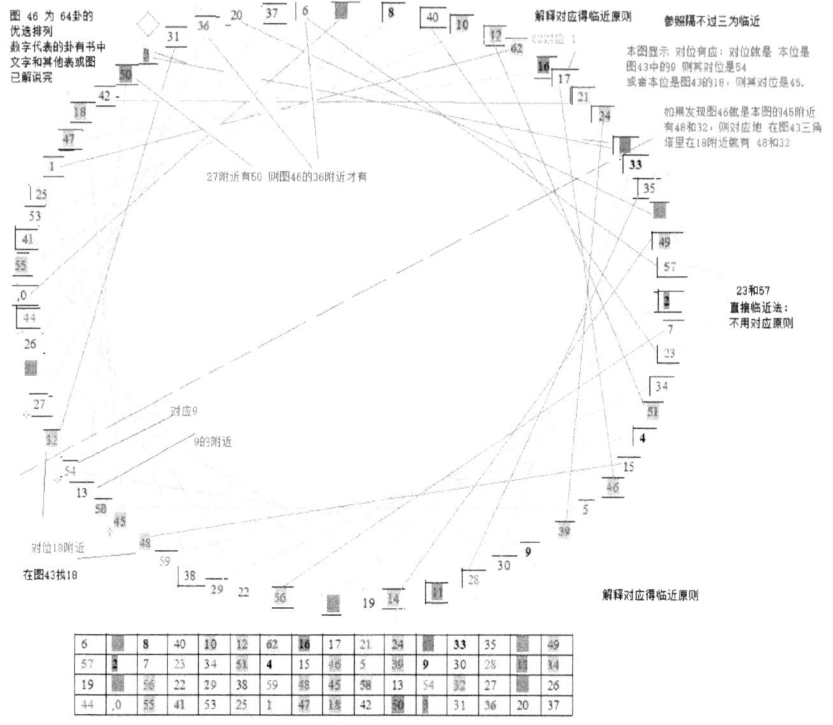

另附图 45b

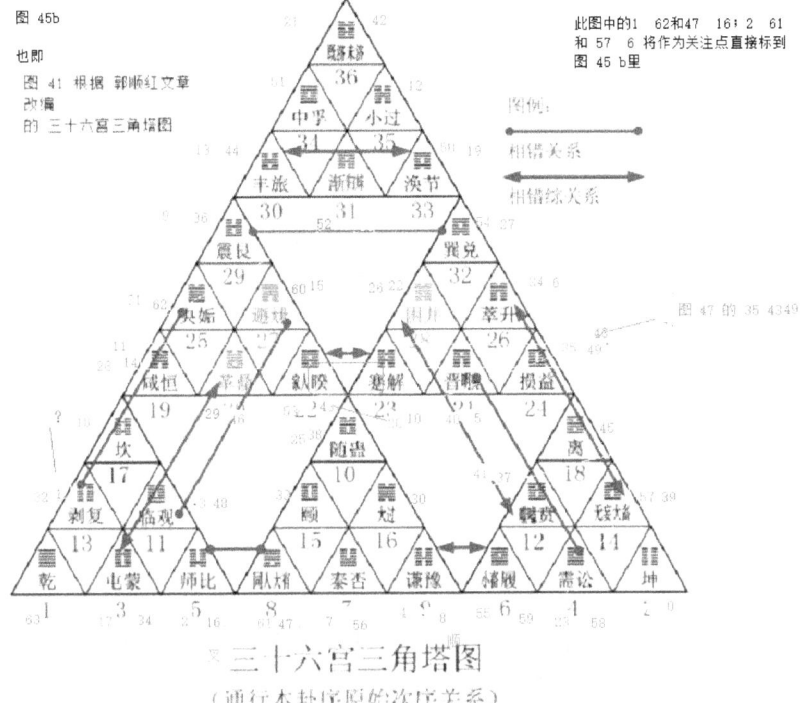

图 47 本图需要和图 44 与图 45b 配合(在图 47 和图 45b 作对应的热点标注)
图 47, 64 卦序的现代排法之一

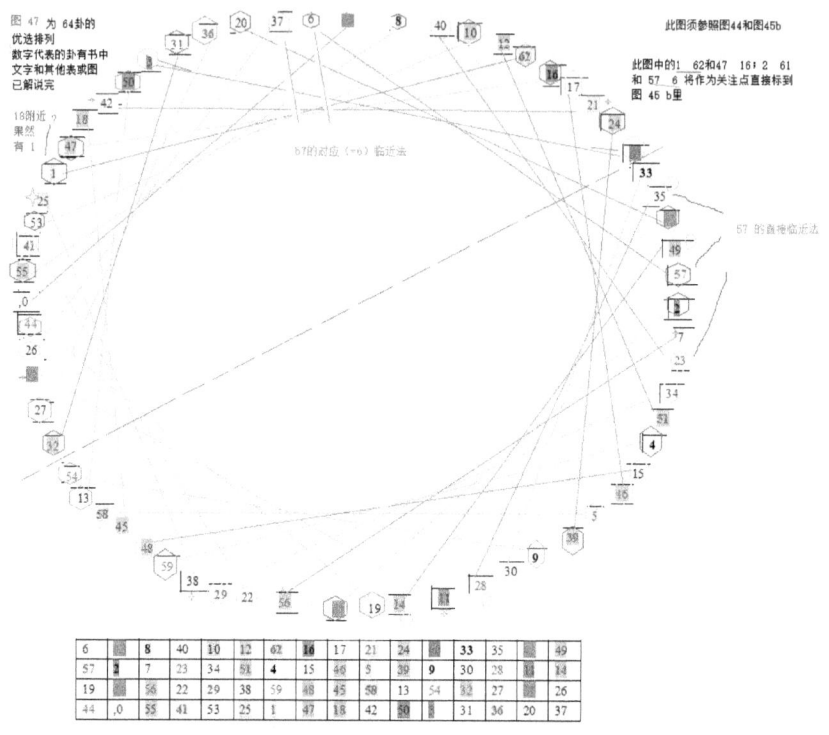

图48， 本章最后一图是所谓的连山易也许对目前这个图比如图47等有更多解释，但是不开展讨论。基本是数已然不同但是**几何型仍然是文王型的**。几何就是其内核，此排法只流形于中国少数地区。

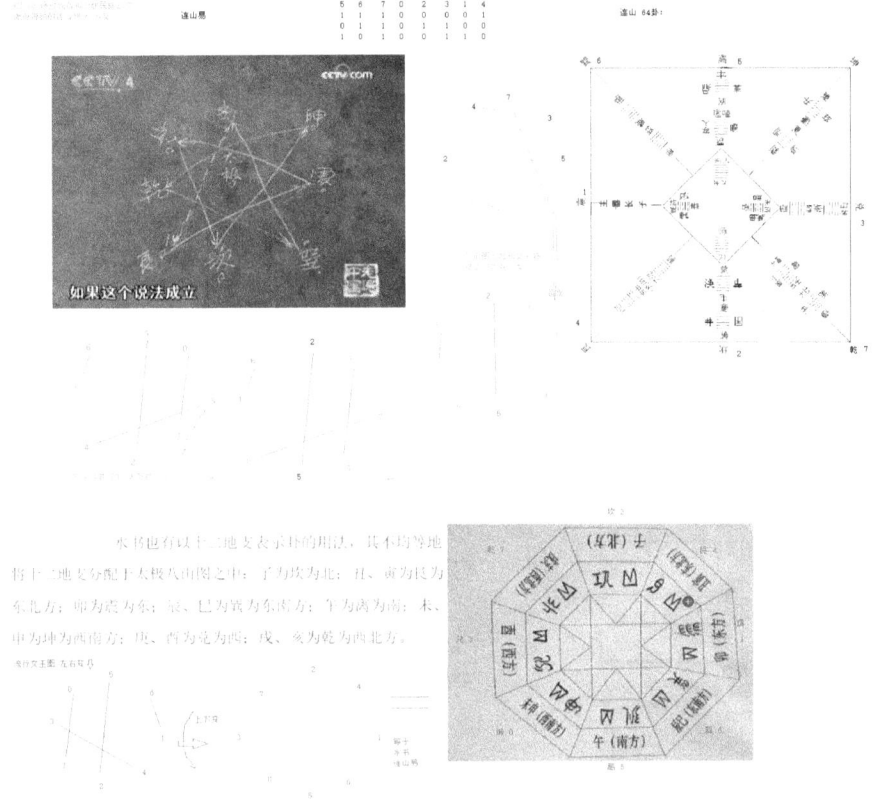

总结，我们选定的 64 排列办法和传统卦序有很多联系。当然这并不是说它满意解释了《周易》64 卦序的全部问题，这远远没有。更正确地，应当把新排序当作一种依照数学和科学所给出的一种启示。因而值得留意！

作为本书的插曲，现在这曲子差不多结束了。下一章我们要问正式解决 Numblocology 问题中的一些定理或数学。

第 7 章 数组块学(Numblocology)定理选

7.1 小节 Numblocology 01 自扩码相关的基本性质

现在先准备些素材。本书的图 49 是根据三层（即三位数）的二进制（比如 101）和四位的二进制数的特征对比来画的，三位的二进制数比如 111、101 和 010 表示 7、5、2 等共 8 个元素，而四位数的产生 16 个元素。但是四位数意味着均匀，因为它总是一对一对来。而三位数意味着有双 0 单 1（或双 1 而单 0 之不平衡）的尴尬！图 49 就是三位数之不平衡或对称破缺特质和四位数的对称特征的通俗性比较图。最后我们会更多用 16 元素作为我们举例的素材，这是对称和对称性破缺特征所给出的选择。

图 49 三位数之不平衡和四位数的对称特征的通俗性比较

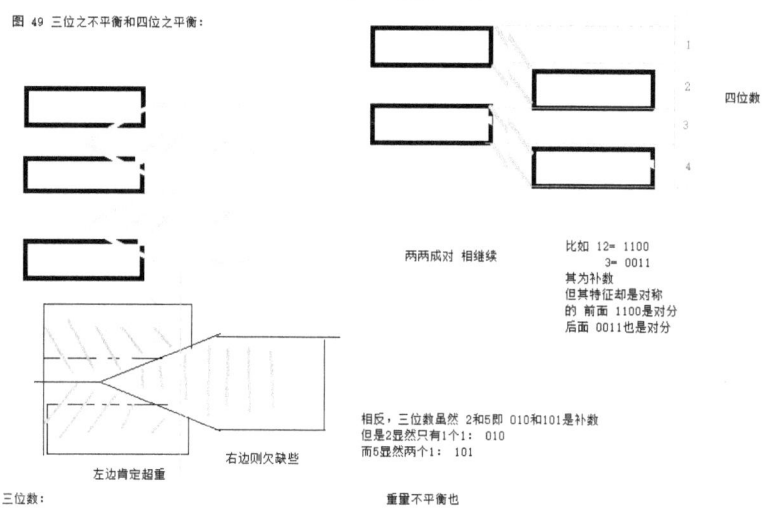

从表 35a、表 35b、表 35c 和表 35d 可以知道如何做出一个 16 进制的第一出发序列的过程。在第一序列得到以后，我们知道可以做隔 2 取读解码，其过程列表展现就是按卷起（fold up）程序去作出一个结果表，这个结果表进而可做出左右对称的均匀对称图，这是按中系的 numblocology 公理得到的。但是如果不按中系的而按左移一系的来操作，则需按隔 1 读取，其中也有一个形状和 g=2 的几何型相同（见图 50 所呈现的）。其中图 50 内的底部蓝色的小型图是按如下表 即表 36 排出的序列（在第三行）所作的图。

表 36， 16 元素的隔 1 读取 g=1 的表(看第 3 行，其图在图 50 的最低处）

8	0	1	3	6	13	10	4	9	2	5	11	7	15	14	12
		隔	1		从	9	占	负	1	位	开	始			
8	2	0	5	1	11	3	7	6	15	13	14	10	12	4	9
另															
8	12	0	9	1	2	3	5	11	13	7	10	15	4	14	
g	2	:													
8	11	14	0	6	12	1	13	9	3	10	2	7	4	5	15
13	9	8	3	10	0	7	4	5	15	8	11	14	0	12	1

图 50， 素材图 16 元素 g1

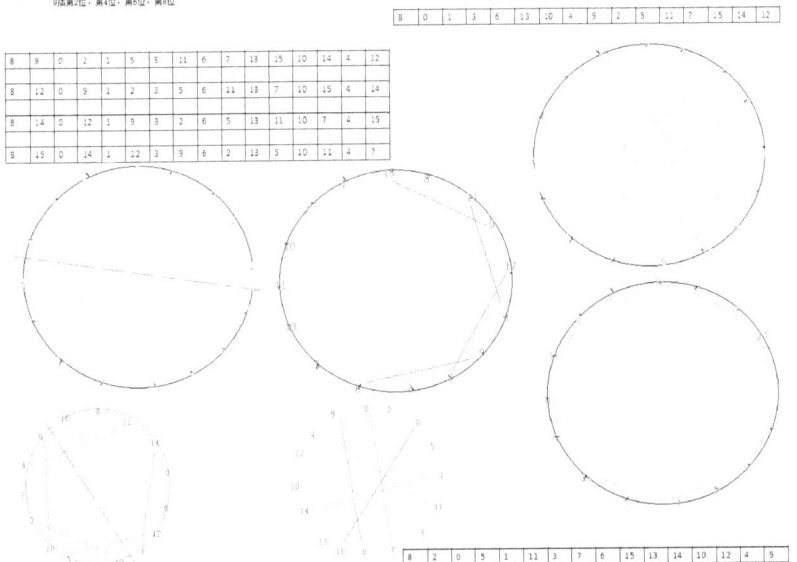

对 16 元素大圈的操作，先记录一个影响整体特征 01 core string(01 cs)的二分卷（half of whole' fold）演示过程，内容在表 35a、表 35b 和表 35c 里。

表 35a，此表里，自 16 元素中选取 8 个如下元素，它们可连续排得符合 shift rule 的从 15 到 7 连接成圈的"循环"，这 8 个元素合起来符合子圈（ sub-cycle)的定义：就是 7 和 15 邻接后 8 元素构成的子集的全体符合 shift rule 规定的序。

1	1	1	1	0	0	0	0				
1	1	1	0	0	0	0	1				
1	1	0	0	0	0	1	1				
1	0	0	0	0	1	1	1				

| 15 | 14 | 12 | 8 | 0 | 1 | 3 | 7 | | | | | | |

制造第一出发序列所凭借的规则的解说见表 35b， 这 8 个元素保留后还要补上另外的成员也是 8 个（显为蓝色）：（这蓝色的也叫剩余集合）且此集合也独立成子圈。最后 8 个数字分成 2 部分，其中前 4 个和后四个为 antibit 关系就是 0 和 1 反后呈镜像关系，例如 9 就是 6 的补数，其后的 2 就是 13 的补数（也是本书附录 II 所说的"扭"）。

正因为它们符合这么多规矩，才称为第一出发序列。

表 35b， 第一出出序列打造过程：

1	1	1	1	0	0	0	0						
1	1	1	0	0	0	0	1						
1	1	0	0	0	0	1	1						
1	0	0	0	0	1	1	1						
15	14	12	8	0	1	3	7						
							an	ti	bit	无	跨	圈	组	合
1	0	0	1	0	1	1	0			9	相	6	
0	0	1	0	1	1	1	0						
0	1	0	1	1	1	0	0			补	数	或	称
1	1	1	0	1	0	0	0			存	在	于	圈	内
9	2	5	11	6	13	10	4						

表 35c，在以上两个亚结构就是**子圈**（偶然称为亚圈） sub-cycle 之间进行排列组合，比如 4 接 8:

1	0	0	1	0	1	1	0	1	0	0	0	1	1	1
0	0	1	0	1	1	1	0	0	1	1	1	1	0	0
0	1	0	1	1	1	0	0	1	1	1	0	0	0	1
1	1	1	0	1	0	0	0	1	1	0	0	0	1	1
9	2	5	11	6	13	10	4	8	0	1	3	7	15	14	12

表 35d，其整体做隔开 gap=2 的 卷起 foldup col 1->2,col2->5 就是 9 放 2 栏而 2 放 5 栏 接着隔 2 个

	1		1		0						
	0		0		1						
	0		0		0						
	1		1		1						
	9		2		5						
1	1	0	1	0	0	0	1	1	1	0	0	1	1	1
1	0	0	0	0	1	1	1	1	0	0	0	1	1	0
0	0	1	1	1	1	0	0	0	1	1	1	0	0	1
1	1	0	1	1	0	0	1	0	0	1	0	0	0	1
13	9	3	10	2	7	4	5	15	8	11	14	0	6	12	1

表 35d 的最后一行可以画图见图 50 最底下的蓝色字小圈。这样我们把我们需要的素

材做了一个节省式的介绍。我们已经知道这个特别序列是 4 和 8 相连得到的，而 12 和 8 相连或 4 和 9 相连就是不同的。下面讲 01 核心串（ 01 core string)的性质。

首先定义**串**：串就是数字组成的一个接一个的序列，然后，在表里呈现第一个和最后一个数串联成一个整体的圈，数字可以是十进制也可以是二进制。01 核心串，该核心串是二进制数字，组成串的每个位是一个 digital,该类 digital 的值只能取 0 或 1。因为 01 自扩码的设置造成其能唯一确定数组块反映的几何图对称性，所以被称为核心串（01 core string 简略 01CS）。

定义：正读就是串被按原序，一个一个的逐个读出；逆读就是，一个线性的左右水平方向摆列的数串，原来从左到右读，现在从右到左读，就是逆向读出，可以是直接连读，也可以是均匀跳读。但是不能是不规则跳读或缺失某些不读。Antibit，就是一种转换，其定义里规定： bit 的串里凡是 0 的地方都变 1，凡是 1 的地方都变 0 后就成 antibit。Bit 就是数字信息的最小单位，在这里就是串里的某个 digital(按二进制观点看就是某个数且只占一个位)。

根据 01 自扩码框架，01core string 是可被当模型的，认为元素的总数量为 m 的 01core string 是 0 和 1 组成的串珠样样物品或物理串。物理串的根本属性是物理性，如此也确保它（01CS）的唯一性， 当然其读取是有多样性的。可以想象一个物理的圈被顺看反看还是同一个东西。因为一个物理串会有正读、 逆读和 antibit 后正读、antibit 后逆读，四种方法，但是其物理实质还是那同一串珠（就是数字组成的系列是物理性的）。

举个例子表示在表 37 里。在表 37 的上部分是 A：00100101 共 8 个数（二进制的数 digital）先想象它是个圈（物理性的）正读就是 00100101，逆读就是 10100100；变做镜像（antibit 变换）的就是 B：11011010，这镜像 B 就是 A 做 antibit 变换所得，B 做逆读就是 01011011。可以看到这是四个不同的读法（没涉及跳读问题）。但是需要注意它们是通过唯一的物理串决定的。认知这个性质后，我们在处理 01 自扩码框架下的某一个 01 core string 时，一般都认为对隔为 g(g 可以是 0，1，2，3，4 等）读法而言，一个 01 core string 其实内含四个 01 core string，分别认为是其正读、逆读、镜像顺读和镜像逆读。在表 37 下部分，就把图 50 底下倒数一和倒数二行的两个相同几何图的对应数字序列做 "X4 的扩增"，对红色的十进制翻译为红色的 01 core string。然后做其逆、antibit、antibit 逆共 4 个 16 元素的序列，这四个 01 核心串都可做 the first test 程序并且其性质会符合命题一（也可叫定理一）。同样对那个淡绿色比较大些的圈 01 core string 也可做一样的事情。只是淡绿色的过不了测试。在谈到命题一之前先制好表 37:
表 37， test 结果 淡绿色的那个序的 01CS 无法通过 G2 的测试，而红色的四个都能通过

0	0	1	0	0	1	0	1	A				
1	0	1	0	1	0	0	0	直	接	逆	读	
1	1	0	1	1	0	1	0	Ant	i	bit		B
0	1	0	1	1	0	1	1	镜	像	的	逆	读
红												
13	9	3	10	2	7	4	5	15	6	11	14	0	6	12	1
1	1	1	0	0	0	0	0	0	0	1	1	0	0	0	0
淡	绿														
8	12	0	9	1	2	3	5	6	11	13	7	10	15	4	14

1	1	0	1	0	0	0	0	0	1	1	0	1	1	0	1
红	正		01	CS											
1	1	0	1	0	0	0	0	1	1	1	0	0	1	0	
0	1	0	0	1	1	1	1	0	0	0	0	1	0	1	1
0	0	1	0	1	1	1	1	0	0	0	1	1	0	1	1
1	0	1	1	0	0	0	0	1	1	1	1	0	1	0	0
淡	绿		01	CS											
1	1	0	1	0	0	0	0	1	1	0	1	1	0	1	
1	0	1	1	0	1	1	0	0	0	0	0	1	0	1	1
0	0	1	0	1	1	1	1	0	0	1	0	0	1	0	
0	1	0	0	1	1	1	1	1	1	1	0	1	0	1	
过	检	测	程	序		the		fir	st		te	st	没	过	
1	0	1	1	0	1	1	0	0	0	0	1	0	1	1	
1	0	1	1	0	0	0	1	0	1	1	1	0	1		
1	0	0	0	0	0	1	0	1	1	0	1	1	0	1	
0	0	0	1	0	1	1	0	1	0	0	1	1	0		
14	0	12	13	0	9	11	1	2	7	3	4	15	7	8	14
		错													
红	正		01	CS											
1	1	0	1	0	0	0	1	0	0	1	0	0	1	0	
0	1	0	1	1	1	1	0	0	0	0	0	1	0	1	1
0	1	1	1	1	0	0	0	1	0	0	1	1	1	0	1
1	0	0	0	0	0	1	0	1	1	0	1	0	0	1	0
0	0	0	1	0	1	1	0	1	0	0	1	1	1	0	
2	14	4	5	12	9	11	8	3	6	0	7	13	1	15	10
0	0	1	0	1	1	1	0	0	0	0	1	1	0	1	
1	0	1	1	0	0	0	1	1	0	0	0	1	0	1	
0	0	1	1	1	1	0	1	0	1	0	0	1	1	0	
1	1	0	1	0	0	1	0	1	0	1	1	0	0	0	1
13	1	11	10	3	6	4	7	12	9	15	8	2	14	0	5

表 37 的结果是红色的那个 16 元素序列都能通过 G2 的测试，所以也通过了 the first test。

第一命题的弱命题：在一个 16 元素的数组块里，采用 01 自扩码框架，也符合中系 Numblocology 公理，用隔 2 读取法解码得到表格，这个表格的所包含的一个 01 核心串（其实表的第一位数和最后一位数是连在一起的但表内未注明），如果其中一个读法是能通过测试的并能过 the first test，则对应该 ０１ CS 的其它三种读法（逆，镜像，镜像逆）的操作（解码所得之表格内容）也一定能通过 the first test。

先证明这个弱命题并且只针对 m＝16 的数组块。就是说，如果一个序是能通过测试的，则按间隔相同办法来读法（比如 gap=2），其序列所成的逆，　所成的 antibit，ａｎｔｉ ｂｉｔ 的逆读，都可以通过第一测试。因为它们来自同一个物理串。

为了深化对命题的实质认识，根据形式逻辑里一个命题的逆否命题会和原命题同真或同假的特点。研究一下第一命题的弱命题的逆否命题就是必须的。

第一命题的弱命题的逆否命题：若在在一个 16 元素的数组块里，采用 01 自扩码框架，也符合中系 Numblocology 中系公理。如果已创设好某个特定序的物理串即 01CS：A，当这个 01 核心串在某种读取法下，此 A 不能通过测试或不能通过 the first test，则由此串 A 生成的逆读型串，antibi 型串，antibit 的逆读型串也同样不能通过测试或不能通过 the first test。

常见证明套路：

证明命题的方法：

大多数命题都取下面两种形式中的一种：

"若 P，则 Q"　　　P=>Q

"P，当且仅当 Q"　　P<=>Q

要证后一种。我们先证 "P 蕴涵 Q" 再证 "Q 蕴涵 P" 即可。

而证明 "P 蕴涵 Q" 通常有三种方法：

1。最直接的方法是，假设 P 使真的在设法去推导 Q 是真的。这里不必担心 P 是假的的情况。因为 "P 蕴涵 Q" 自然是真的。（这涉及蕴涵的概念，相信你是清楚的）

2。第二种方法是写出它的逆否 "（非 Q）蕴涵（非 P）" 然后证明它。这时我们假定（非 Q）是真的，然后设法推证非 P 是真的。

3。归谬法。（反证法就是归谬法！！！）

运用反证法。假设 P 和非 Q 都是真的。然后寻找一个矛盾。由此断定我们的假设是假的。即 "非[P 与（非 Q）]" 是真的。而这与 "P 蕴涵 Q" 等价。从而证明了 P 蕴涵 Q 真。

具体的证明需要运用具体数学知识。以上只是最一般的方法以及逻辑原理。还有，

*当命题「若 A 则 B」为真时，A 称为 B 的**充分条件**，B 称为 A 的**必要条件**。P 是 Q 的充分条件，代表「如果 P 是真，则 Q 是真」或「如果 Q 是假，则 P 是假」。*

因此：

*当命题「若 A 则 B」与「若 B 则 A」皆为真时，A 是 B 的**充分必要条件**，同时，B 也是 A 的**充分必要条件**。*

*当命题「若 A 则 B」为真，而「若 B 则 A」为假时，我们称 A 是 B 的**充分不必要条件**，B 是 A 的**必要不充分条件**，反之亦然。*

下文采取适当的形式化和图示方法（不是通常符号加推理的办法）来证明这一对弱命题。

第一命题的弱命题的证明：

先证明两个可以被利用的两个引理：

第一，Nblock(16) 的隔二读取作图是左右对称的引理：16 元素数组块（nblock），记为 Nblock(16)，因为空间位阻的关系，在隔 2 而读时（Gap=2, striding=3）Nblock(16) 只能排成左右对称的几何图形，不能排出其上下和其左右共四个方向都对称的几何图。

第二，各类均匀排法间的映射关系**引理**：均匀对称图形限制下，在以间隔值为分类的排法下，Nblock（16）的每种分类会成为一组，且**组和组之间都存在一一对应映射关系**。

以上两个引理的基础都是让"均匀几何图入选"：每种入选的几何图都由核心串来指导几何图形的构建，01 核心串若转成 test 操作后的十进制的 16 个数，将互补数两两连接就是线段，这些线段在圆形圈上连接就是几何图。几何图的隔最好用跨（striding）表达。因为这个几何图必须均匀和对称，所以最核心的条件就是每个线段都是一样长的，如此某一对互补数（比如   11 和 4 之间）之间间隔了 g 个数，则其它 7 对数（0-15，1-14，2-13，3-12，5-10，6-9，7-8）之间的间隔都必须是 g，否则图形显得不均匀。因为 11 到 4 之间可以隔开 0（striding=0）就是 11 和 4 紧邻，也可以是隔开 7，这样补上两头就算和九个数有关。而过圆中心的最长线必须是该最长线某一边是 8 个，另一边也是 8 个才对称。也所以只存在如下 8 种不同的均匀排法（均匀排法集   uni-set）：隔 0 或 striding=0 的（{0}**组**）、隔 1 的、隔 2 的、隔 3 的、隔 4 的、隔 5 的、隔 6 的、和隔 7 的排法。

这可记为   uni-set={x|x 属于{0},{1},...{7}}。现在第二个引理说在隔开 g1 的那类图中有 16 个数{g1}，两集合之间存在一个一一对应即{g1}和隔开 g2 的 16 个数的集合{g2}对应。{g1}到{g2}的映射既满射也单射。因为这个第二引理用抽象法来证，证完也没法看清一一对应的具体构建。所以换成图来说明更直接（相当于没有给出证明的数学全文，但读者能凭**借图理解**）：

图 51，   第二引理（各类均匀排法间的映射关系引理）的建构图示，将把那些一一对应全标识清楚：

图 51 第二引理的证明

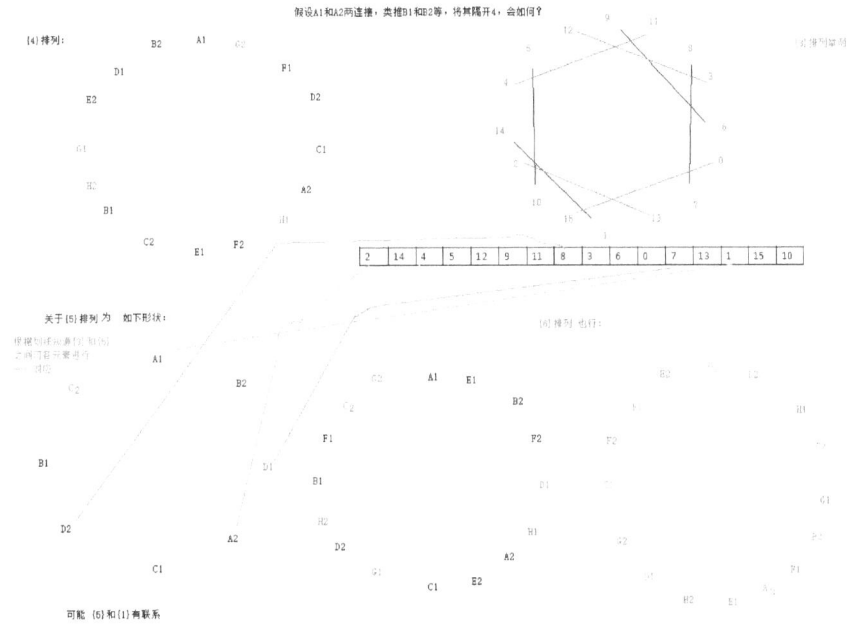

假设有 8 对或 16 人的圆舞会，

[0]排法：舞伴各自成对手拉手，各自面向圈内，若目光向左则顺就是顺时针方向。

抽象一点说就是同组者每点之间间隔是 0（striding=0，在不太混淆的情况下写作 gap=0 也行）

[2]排法：总 8 男 8 女为例子，男伴的序号是甲乙丙丁……男伴不动，而**甲女**伴从甲男的左边继续顺行超越另外一个男伴在原先甲下手的乙男的左边停下，实际占领原来**乙女**的位置，如此甲男的旁边是（甲男）-辛女-乙男-**甲女**。如此展现是甲男和甲女隔开 2 的排列 [2]（建议在万一不能想象时自己用笔画一画，发现辛女和乙男就是被 striding 的那两个几何点）。这样排了，发现虽然错开，男组和女组还是能凭序得到一一对应。

结论：[0]排法和[2]排法显然有一个满射和单射就是一一对应的映射存在。
下面是[2]排法为其总体，甲男不动，他下手的两个做双人换位，换后就是乙男-辛女-甲女，然后次推定邻位再做双人换位，得到乙男-甲女-辛女，最后辛女做跨度（striding）3 的逆动（不是顺向）返回甲的右边，如此就是（辛女）甲男-乙男-甲女-（空位）。

117

这时空位由乙女填回，其他后续动作不再仔细设计了而是看其最终排列：甲男-乙男-甲女-乙女，这样四个人一组，这种四人组重复 4 次就是{1}排法。容易看出只要 16 元素分成 4 组且组内位置不是平等被对待的则还是会有{0}排列的一一对应（位置不能均匀，但是就每个元素而言还是能一一对应的，就是这两集合间的映射是会存在的。

验证时可见{0}排法，{2}排法和{7}排法=过直径解，查图后发现这些排法，每种都能和另一个对应，比如{0}排法和{7}排法的那些点显然很容易一一对应，直接用笔画联就可以知道这是真的。

所以下面图解的重点就是{0}或{2}或{7}如何和{3}，{4}，{5}，{6}对应的问题，先证明假设存在的{3}，{4}，{5}，{6}，那么最容易画出的就是{4}排列：见图 51 的中部。中等程度地抽象一下（就是不再具体用 0，1，7 等数了而是用普遍性的代号），可逻辑证明之。只要在任何一个间隔的数为 g 的图形里，让{g}集合的全体用 A1, A2, B1, B2, C1, C2, D, 1D2, E1, E2, F1, F2, G1, G2, H1, H2 编号，这些编号已能匀铺某个圈，如果 A1 和 A2 间隔为 g 并做了连线，则假设其他连线也均匀并全体无矛盾，则集合{g}就排好了并且是间隔 g 的均匀排列。

从图 51 做观察，发现确实没有矛盾，也都能排好。这时候假设 g=4 和 g=6 进行一种一一对应，则将{4}的 A1，对应{6}的 A1，并将{4}的 A2，对应{6}的 A2，再各自连接线段 A1A2，再对 B1B2 等同样处理，验证全 8 对就证明它们可以一一对应。叙述到此，这里临时用男女伴排队的示意法，就把引理证明完毕了。

下面证明 Nblock(16)在隔 2 读的因空间位阻只能得到左右对称几何图的引理，即**引理一**：

第一个引理（Nblock(16)的隔二读取作图**只能**是左右对称的引理）的**证明**：先画图 52，因为这涉及到一个圆上 16 个点，因为一对一的数需要连接且这双数对子之间还要间隔 3 个其他数（几何 striding=3），所以需要图形帮助建立空间想象力，方便读者查阅。如果在 D1，D2，A1, A2, B1, B2, C1, C2，和 X 共 9 个点做"跨三而联的"动作，就可以一致地把 D1 引向 D2，A1 引向 A2，B1 引向 B2，C1 引向 C2，但是请看图 52，这个动作会持续一点点，而后就无法逐点进行了，因为图 52 中的 6 字（或 D2）早就被前面的动作所"产"的占了，无法均匀操作而只能跳（和量子性质类同）。如此形成**近粒**（nearby particle）概念，或粗略定义：

近粒就是整圈中的一组点形成的一个均质且络在一起的单位。而现在此近粒就是半个圆，所以，Nblock(16)的隔二读取作图只能得到左右对称图。X 点是另一个近粒的起点，但也是同样原因它必须终结在 D1 之前。

图 52 ，图解空间位置阻碍形成的引理一：为何必须左右对称：

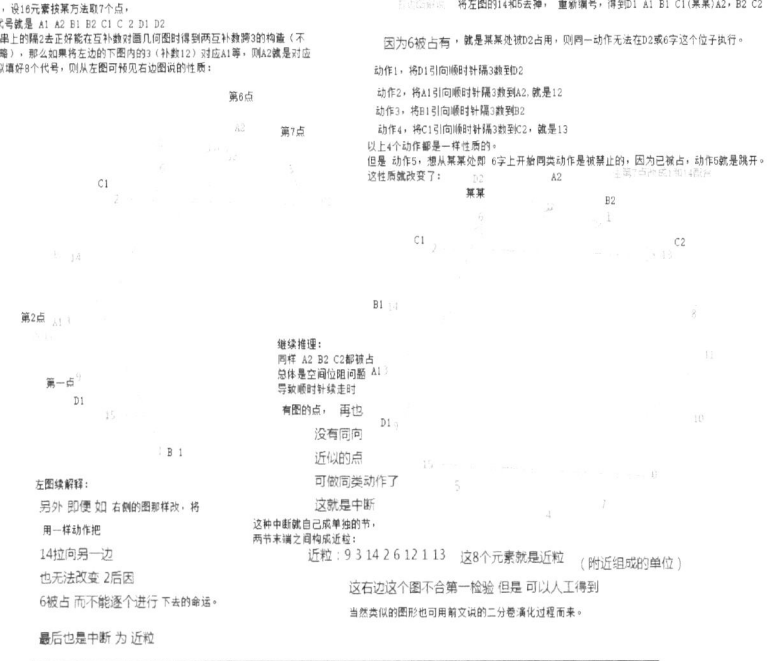

紧接着图52的下面是一段作者改稿子时故意加入的内容，算一种稀释。著名华裔数学家丘成桐说"重要科学的创作，都包含众多科学家的贡献在内，不属于某人所有，真理只在反复的推理和实验下，才能得到大家的认同，所以古希腊哲学家说：吾爱吾师，吾更爱真理。要发掘宇宙最基本的真理，更要有这种勇气，这种毅力，才能完成。西方国家，无论是科学家，或是政府，为了瞭解大自然的奥祕，都愿意无条件的付出大量的精力！一百多年来，多少智慧，多少金钱，投入在一些看来没有用的基础科学上。但是这些投资却成就了今天西方国家文化的基础。

今日的中国，已非吴下阿蒙，难道不需要为这个人类最崇高的理想做点贡献？"

这样做是为了提到两件事情：第一就是如果读者仔细看图52，明白后就会发现确实会发现一段一段地排或留下起和止断头的情形皆是因为空间阻碍其作用的缘故，间接也推出

16元素的跨三（striding=3）的几何型只能是左右对称的。如此本书的证法效果就有了，未必需要一个形式化数学术语很严格的全套证明。只要说明这确实有道理，后备必然是形式化了也能证明之。

同样前面说的舞伴排列更适合直观理解，而将这个直观换成严格的代号为 A,B,C"点"后再数学性地复述一遍也是非常容易的。但是如果那样，则可能让 70%的读者离开这本书。所以暂时保留这种过渡形式。第二就是，本书从这章开始是大量数学性、推理性的内容，需要分外的精神。插上那段丘教授的话，可以让读者有个阅读计划，比如读一节内容可以休息或换其他活动内容，回头再读本书接下来的内容。因此插入这些对读者有益处。

接下来证明有关"某个核心串被设定后按规定解码（符合公理）并在表内隔 2（gap=2）而读，如果其中一个对原始序列的读法是能通过测试的并能过 the first test 的，则对应该 0 1 CS 的其它三种读法（逆，镜像，镜像逆）的操作（解码所得之表格内容）也一定是能通过 the first test 的。"论断的第一命题的弱命题。要让其他三种读法也是能过第一检测的，则其原始的 01 核心串必须要自己过第一检测，这是必要的。相反，如果（无论）什么样的 01CS 都能过，则相当于任何 01CS 都能让相应的其他三个读法均可过 the first test，这显然不会为真。所以此必要条件的<u>的确需要</u>还是要证明的。再弱一点（普通改具体的，但这具体本身兼有普遍之性质），就是存在一个特定的序列比如象表 38 的第二行那样的 01CS，自然企望很具体的它可以过 the first test；现在在表 38 里我们记录一下这个证明过程并给出结论说"此 01 核心串能过第一检测"，当然这是在具体例子水平作出的：

表 38，十进制翻译成核心串后隔 2 读取，发现其可过 the first test

13	8	11	10	0	7	4	1	15	9	3	14	2	6	12	5
1	1	1	1	0	0	0	0	1	1	0	1	0	0	1	0
1	0	0	0	0	1	0	0	1	0	0	0	1	1	1	1
0	1	1	0	0	0	1	0	0	1	1	1	1	1	0	1
1	0	1	0	0	0	1	1	1	1	1	0	0	0	0	1
13	8	11	10	0	7	4	1	15	9	3	14	2	6	12	5
	ant	i		bit											
0	0	0	0	1	1	1	0	0	0	1	1	0	1	0	1
0	1	1	1	0	1	1	1	0	1	0	1	1	0	0	0
1	2	1	0	1	0	1	0	1	1	0	1	0	0	1	1
0	1	0	0	1	0	1	0	1	1	0	1	0	0	1	0
2	7	4	5	15	8	11	14	0	6	12	1	13	9	3	10

这个特定的序确实顺利通过了检测。加上考虑到此表内的两条序是明显对称的，所以其它逆读也能过第一检测。作为一个特例的某个特定序其必要性得到了证明。现在将此两序列和其他两序列做反向 fold up 操作
得到表 38a,其中第 2 行和第 4 行就是所需（unfold）的答案：
表 38a

13	8	11	10	0	7	4	1	15	9	3	14	2	6	12	5
13	10	4	9	2	11	7	15	14	12	8	0	1	3	6	
2	7	4	5	15	8	11	14	0	6	12	1	13	9	3	10

2	5	11	6	13	10	4	8	0	1	3	7	15	14	12	9
3	6	4	7	12	9	15	8	2	14	0	5	13	1	11	10
3	7	15	14	13	10	4	9	2	5	11	6	12	8	0	1
12	9	11	8	3	6	0	7	13	1	15	10	2	14	4	5
12	8	0	1	2	5	11	6	13	10	4	9	3	7	15	14

显然 第 1、3、5、7 行是 1CS 隔 2 的读法得到的十进制数序列，而第 2、4、6、8 行所指是（几何图的圈为隔 3 所排的,striding=3）圈所对应的序列（就是四种 16 数组块的第一出发序列）。在所有可能的 16 元素排法中，象图 52 的左边对应着一种能够均匀对称的几何图。而象图 52 的右边则对应左右对称但左半圆和右半圈各独立络在一起的图。然而根据引理二的提示，可以认为这两种排布之间会有它们元素间的一一对应的映射存在。先不妨假设这个特殊的具体表并未失去性质的普遍性（为节省篇幅直接转回普遍性，若不这样写，拉长篇幅，读者倒会赔不少时间，即使有疑虑，也暂时这样处理），但是我们也不具体将 12、8、0、1 之类化为   abcd 再研究一遍，而是直接就着用。有心之人基本能直接把这里实质性的东西直接抽象化并得普遍性之引理形式。

若问这种一一对应是什么关系，则回答是可被认作代数里常见的抽象**等价关系**，就是图 52 的左边和右边是属于同样的"等价类"，条件是有一种转换运算，可将某集合的每个元素转换为另一个集合的各自对应元素。这个转换就是 fold up 及其逆运算，后者可将另一个集合通过 逆 foldup 操作得到原先的集合内的各元素。体会一下，在函数意义上变换和逆变换是不同的，也就是数不混，但是变换的初始和输出结果不是点对点的吗，而这在几何意义上是"等价"的。（我们不动用现代范畴论的东西，那样还得去科普，费劲。但是作者不反对读者结合自身的程度和兴趣去体验一下括号前本段最后一句话。）

等价关系符合等价关系性质，比如：A~B，B~C 则 A~C 等等。最后因为是"等价类"关系，所以对图 52 的左边如何理解，就只要了解完右边图就可以办得到。详细地说，要得到象右边图那样成立的协调序列，就要有和表 38a 里的第 2、4、6、8 行所表现的序列相似的性质存在。表 38a 来自同一 01 核心串，只是读法不同才分四个读法按解码框框走而得四种十进制（4 种四位数的二进制的）序。解码过程实际是将一个线性数字串或物理串圈变成有四层的线性数字串（如表 38 的第 2，3，4，5 行所演示的），在演变时受到一个约束条件的限制，只让那些能枚举全部出发的 16 个数字，让其在结果每一行里出现者。如此就规律性压制了那些不规范的原始码比如 01010101 等被选中的机会。接下来的筛选条件实际就是两个成对的互补数需要连线而各连线的线段长度需要一致。一致则可形成均匀对称图。如此在这两大条件限制下，很多任意的排列组合就被淘汰了。如此剩余的基本和对称变换群能对上脾气，它们是世间的两个面，颇有哲学互补意味。

淘汰"丑的"后，加上引理二认为步幅间隔为 g 的图可以分成 8 组以上：比如{0}为邻接的那种排法是一个组，而{7}是过直径解的排法是一个组。即使间隔同样为 3 的几何图上的排法里也有如图 52 之左图和如图 52 之右图的排法之分，但是这些各组之间都能建立一一对应（1-1 MAP）。所以可以认为。只要研究图 52 之右侧的那个图的排法就可以全盘得到信息。这种排法按**引理一**可知其必左右对称，其中某一组就是络在一起的 8 个元素且有自我互补特征的 4 个对，剩余的一份必须**对称**于前一个络在一起的 8 元素（技术语就是一个近粒），所以这个近粒的特点也是必须有 8 个元素且为自我互补特征的 4 个对。要达到两个限制条件同时成立的 16 个数的序列只有在表 38a 的第 2、4、6、8 行所记录的

4 种，再也没有其他可能。

正因为没有其它可能的新序列被写到按 Gap=2 的读取办法操作的表里面，所以这四种就是唯一的。实际上这 4 种排法只对应 0 和 1 组成的**同一种物理串**。

如果把第一命题的弱命题的关键部分证明部分改成"只有对应同一物理串的 4 种 16 元素的序列存在"，而不是继续说"存在某一种序列"，则会有一个信息量更大更准的命题。复述一遍则改进后的命题之内容就是，在 01 自扩码框架下，Nblock（16）的任何按隔 2 读取解码得到的序列，如果该序列能通过第一检测，则从这个原始序列变换来的：逆读、antibit、antibit 的逆读这三种序列也必然能通过第一检测。要让这个命题也成立，只要证明在图 52 的右边图的格式下，只有表 38a 的第 2、4、6、8 行所记录的 4 种，可以通过第一检测。再也没有其他可能。

下面举一些反对，反例，和挑战第一命题的弱命题为真的例子。表 39 的第一行是十进制数的序，而第三行是 01 core string 隔 1 跳读可得此表。然后将表 39 的第七行所排列的序 画成图 53 内的下方图。发现其也是能过第一检测的，不过用了隔 1 读取，这和隔 2 不同，所以本例不能算反例：

表 39 表内隔 1 排 16 个数的可过 g=1 的 the first test（此非 g=2 的情况）

0	4	1	8	3	2	7	5	15	11	14	6	12	13	9	10
		G	A	P	=	1									
0	0	0	1	0	0	0	0	1	1	1	0	1	1	1	1
0	1	0	0	0	0	1	1	0	1	1	1	1	0	0	
0	0	0	0	1	1	1	0	1	1	1	0	0	0	1	
0	0	1	1	1	0	1	1	1	0	0	0	0			
0	4	1	9	3	2	7	5	11	14	6	12	13	8	10	

图 53，16 元素的图演示。另，此图的下方的那几何型为过直径解

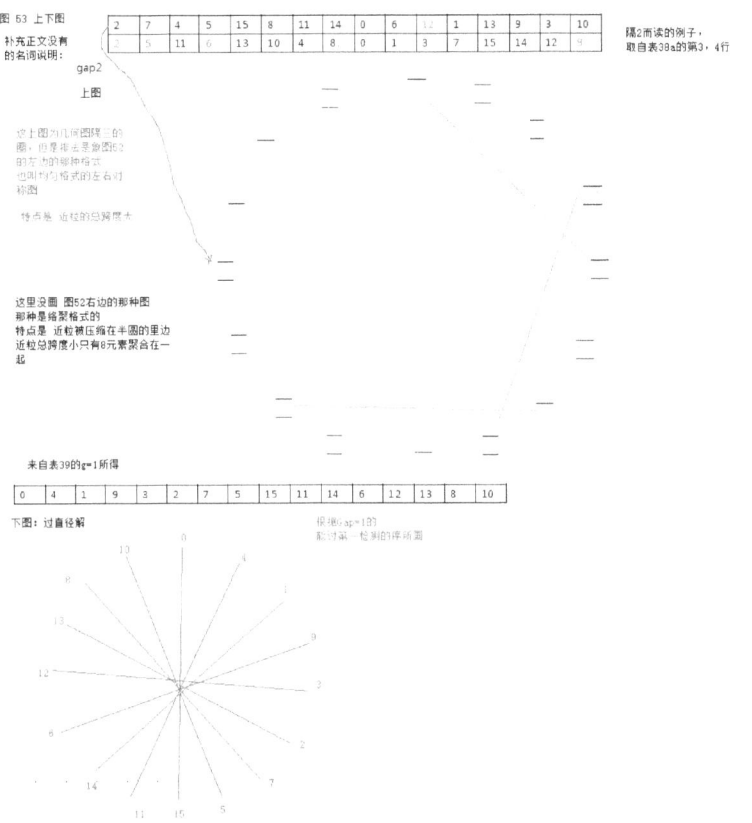

图 53 上下图
补充正文没有的名词说明：
gap2
上图

来自表39的g=1所得

下图：过盘径解

再看一些"不是那四个标准序列"的 01CS，下表的五个 01CS 都是人为造的，发现其实它们都不能通过 the first test 。但因为本小节是谈"01 自扩码相关的基本性质"的，所以继续通过表 40 来了解一些概念可以帮助我们后面的证明。

表 40 五组测验的过程记录：5 种新 01 核心串 G=2 此表用于介绍两定义

1	1	1	1	0	0	0	0	1	0	0	0	1	1	0
1	0	0	0	0	1	0	0	0	1	1	0	1	1	1
0	0	1	0	0	0	1	1	0	1	1	1	1	0	0
0	0	0	1	0	1	1	1	1	0	0	0	0	0	1
12	8	10	9	1	5	2	3	11	5	7	6	10	14	12	5
↓			改	5											
1	1	0	1	0	0	0	0	1	0	0	0	1	1	0
1	0	0	0	0	1	0	0	0	1	1	0	1	1	1
0	0	1	0	0	1	1	1	0	1	1	1	1	0	0
0	0	0	1	1	1	1	1	1	0	0	0	0	0	1
12	8	2	9	1	5	2	3	11	4	7	6	8	14	12	1

II				改	2										
1	1	0	1	0	1	0	0	1	0	0	0	1	1	1	0
1	0	1	0	0	1	0	0	0	1	1	0	1	1	1	0
0	0	1	0	0	0	1	1	0	1	1	0	1	0	0	1
0	0	0	1	1	1	0	1	1	0	1	0	1	0	0	1
12	8	6	9	1	13	2	3	11	4	7	X	XX	14	12	3
III				就	地	扩	展				蓝 1				
0	0	1	0	1	0	0	0	1	0	0	0	1	1	1	1
0	1	0	0	1	0	0	0	0	1	1	1	1	0	0	1
0	1	0	0	0	0	1	1	0	1	1	0	1	0	1	0
0	0	0	1	1	1	0	1	0	0	0	0	0	1	0	0
0	6	8	1	13	1	3	10	2	7	4	5	14	X	11	12
IV			没	通	过	Te	st		两	双	重	复			
V	走	检	测	程	序		the		fir	st		te	st	没	过
1	0	1	1	0	1	0	0	0	0	0	1	0	0	1	1
1	0	1	1	0	0	0	0	1	0	0	1	1	1	0	1
1	0	0	0	0	1	0	1	1	1	0	1	0	0	0	1
0	0	0	1	0	1	1	0	1	1	0	1	1	0	0	0
14	0	12	13	0	9	11	1	2	7	3	4	15	7	8	14

定义：数组块表内的 k 层解链 (cascade solved out chain with k level in the nblock table)

假设数组块总元素个数为 2 的 k 次方（2^k）。比如 2 的 4 次方 k=4,而（2^k）=16，这样就二进制表而言，16 元素数组块只能在表内放 4 层，而 64 元素的数组块就在表内放 6 层。

k 层解链按 Nblock（16）举例，就是如在表 40 里看 "蓝 1"，见其在第 III 组中，这个 1 从该组的第一层第 13 列开始，降到第 2 层第 10 列，再降到第 3 层第 7 列，最后降到第 4 层第 4 列，就是数 9 正上方的那个蓝色 1 字。这四个连续的数合成 k(即 4) 层解链。在表 40 里第 11 列第 4 行的那个九实际是由 4 个数字（digital）组成的二进制数 1001（=9）。所以一般对某一列，会有四条 "4 层解链" 穿过它的二进制数部分。

定义：沿链前邻数（Prenumber in the Chain）

如果某个应由 0 或 1 组成的二进制数 A 为 k 层的，在同一个隔 g 而读取的记录表里，其前某数 B 正好离 A 处隔了 g 个数，则 B 就是 A 的沿链前邻数（可以是十进制的），并且从相应的二进制数的组成来比较，B 数和 A 数的非末端的某 digital 会有如下关系：沿 k 层解链变化，A 的第 1 层数（比如是蓝 1 在第 13 列）就是 B 的第 2 层数，类似，A 的第 2 层数（比如 digital=0 在第 13 列）就是 B 的第 3 层数，反正 A 和 B 在表内差一个层而相离开 g 个行...

再定义一个同义说法："**抽象前方数**" 就是沿链前邻数，可以是指同表某列二进制伴生的十进制数。举例来说，在表 38 中沿着绿色的 1 前行，可查到 9 的前行数是 4。或者反过来，13-10-4-9 这个串，会因沿链前邻数的关系，而构成一个长链。因为存在前数的 "高位以外的" 部分都被后数继承，同时后数升一层（明白 shift rule 就知道这很自然）。也即这里说的长链就自然符合 shift rule。根据这些新定义的术语，我们看看表 40 里透露的规律。就"抽象前方数"来说，若表 40 里的某个数开始前推，其前不断有"抽象前方数"，把这些数的集合单独地且连续地列成线性的十进制序列则发现因为 4 层解链的关系，所以如果需要在测试操作的最后结果行的某列得到一个 0，则需要连续四个 0 在这个集合里（就是表内那些列的特定行都是 0）。也就是要 15 和 0 两个结果被排列出来，其 01 核心串序列可能没有规律，但是，其"抽象前方数"连成的集合之序列就必须要有连续 4 个 0 和 4 个 1。这是强制性规定。这件事和刚才说的第一命题的弱命题如何被证明的问题可以结合，用表 41 来说明。表 41 的策略可以用来求得符合某个规则的一套表或一个特定的序。

在表 41 里，假设 15 和 0 是必须的则有很多候选，基本按如下步骤，就可以得到穷尽了 Nblock（16）所有可能排列的大表，然后利用另外的，比表 41 还详细的表，来说明除了四个标准的序外，并无其他序列存在。

表 41，不详细的表，用以了解比"强枚举所有排列"法高效的筛选法

15	a	b	c	0									
15	a	b	c	d	0								
15	a	b	c	d	e	0							
15	a	b	c	d	e	0							
15	a	b	c	0	1	2							
1	1	1	1	0	0	0	1	0	0	1	1	0	
1	1	1	0	1	0	0	0	1	0	0	1	1	
1	1	0	0	1	0	1	0	0	1	1	0	1	1
1	0	0	0	1	0	1	0	0	1	1	0	1	1
15	14	12	8	0	1	2	5	10	4	9	3	6	13	11	7
15	a	b	c	d	0								
1	1	1	?	0									
1	1	1	0										
1	1	0	0	0									
1	0	0	0	0									
15	a	b	c	d	e	0							
1	1	1	1	0	1	0	0	0	0	1	0	1	1	0	0
1	1	1	0	1	0	0	0	1	0	1	1	0	0	0	1
1	1	0	1	0	0	0	0	1	0	1	1	0	1	1
1	0	1	0	0	0	1	1	0	1	0	1	1
15	14	13	10	4	8	0	1	2	5	11	6	12	9	3	7
	其	他											
V	走	检	测	程	序	the		fir	st		te	st	没	过
1	0	1	1	0	1	1	0	0	0	0	1	0	1	1
1	0	1	0	0	0	0	0	1	0	1	1	1	0	1
1	0	0	0	0	0	1	0	1	1	1	0	1	0	1

0	0	0	1	0	1	1	1	0	1		1	0	1	0	0
14	0	12	13	0	9	11	1	2	7	3	4	15	7	8	14
c	0	0	0	0	1	1	1	0	1	1	1	1	a	b	
0	0	0	0	1	1	1	1	0	1	1	1	1	a	b	c
0	0	0	1	1	1	1	0	1	1	1	1	a	b	c	0
0	0	1	1	1	1	0	1	1	1	1	a	b	c	0	0
8	零	一	三	?	?	十四	十三	十一	七	十五					

包括其他不成功路数之尝试，最终会确认没有其他可能排法，而前面提到的概念和定义以及表 41 的做法，可以保证比较有效率地穷举全部且断定不能有其他可能性。即只能是表 38a 里 所提的那些结果才是可能的，其他都能用表 41 里的办法给排出掉。

最后的结论，就是第一命题的弱命题还**真的成立**。

定义：**测试过程**（test procedure）或测试操作（包括 test 程序和 the first test 主要步骤）：

在如表 42a 的一个表格里，做一个序列（比如 16 元素的），将十进制的序列翻译为 01 核心串，当然 测试过程也可直接将 01 核心串记录在第一行而直接从 01CS 开始。然后根据隔 g 的读取规定，在 01CS 所在行的第 4 列开始将该列和随后的列搬运向前移动同时记录到次行中，就是 01CS 所在行的第 4 列那个数直接移动并记录到次行的第 1 列，其他随后数也放入次行并向前推进，即 5 列到 2 列，6 列到 3 列 等等。如此共排满 k 层，对共 16 元素者 k 就是 4 也就是 4 层。注意每行的序列因自己是成环圈的，所以四层都可填满。整个过程就是所谓的测试过程，例子就是表 42a 的前 6 行，看得比较直观，就是按规矩造出一个表的经过。

定义：**二分截投影集**和二分截投影集序列：

这其实 4 层表变 5 层表的问题。但是 4 层有 16 个数而这里的 5 层也只有 16 个数字。如表 42a 所记录，表里的前 6 行记录了一个 4 层的检测过程，但是因为起始 01 核心串的限定，所以只得到两个数带重复的排序，因此在本阶水平，没有通过检测，更没通过 the first test。而表 42a 的第 7 行到 12 行则记录了二分截投影集的制作过程，因此此表可以用来帮助解说定义。其实就是在测试过程完成后继续按一样的操作特点再增加一行内容得到五层的表。

最后将这个五层的表的每列都当二进制，去翻译为最后一行的十进制数。这些数的集合就是**二分截投影集**。所给的有先后次序的**一列数**就是二分截投影集序列。顺便说为何叫投影，因为 4 维空间是 5 维空间的一个投影，三角锥立体投影后就是平面的三角形图。

如表 42a 本表上部是一个序列的检测步骤，下部记录了二分截投影集的制作过程

9	8	14	2	0	13	5	1	10	11	2	6	7	4	12	15
1	1	1	0	0	1	0	1	1	1	0	0	0	0	1	1
0	0	1	0	0	1	0	0	0	0	0	1	1	1	1	1
0	0	1	0	0	0	1	1	0	1	1	1	0	0	1	1
1	0	0	0	0	1	1	1	1	1	0	0	0	0	1	1
9	8	14	2	0	13	5	1	11	11	2	6	7	4	12	15
1	1	1	0	0	1	0	1	1	1	0	0	0	0	1	1

0	0	1	0	1	0	0	0	0	1	1	1	1	1	1	1
0	0	1	0	0	0	0	1	1	1	1	0	0	0	1	1
0	0	0	0	1	1	1	1	0	0	1	1	1	0	1	1
0	0	1	1	1	1	0	1	0	1	0	0	1	0	0	0
五层		翻	译	为	十	进	制	数							
18	16	29	5	1	27	11	2	22	7	4	12	15	9	24	30

可以看见第 6 行有 2 和 11 的重复，而最后一行没有重复，就是 5 层的二分截投影集是无重复的。

定义：四分截投影集和四分截投影集序列：

这算是 4 层表和 6 层表的问题。和表 42a 一样的那部分在表 42b 里就省略了，就是表 42a 的前 6 行都省略，然后在表 42 b 的第 1 行到 7 行则记录了四分截投影集的制作过程，因此也可以用来帮助解说定义。整个定义只要把前面二分截投影集的定义中的二字替换为四字就是了，当然这时候另补了一行，4 行+两行=6 层。按同样逻辑移位了的 01 核心串，总共六层，这就是四分截投影集。其所得到的 16 个数字就是 Nblock（64）的一个对应该 01 核心串的子集，注意从举例的 01CS 出发得到的 4 层数不能通过检测，因为**有 2 和 11 这些重复数**。而二分截投影集和四分截投影集**却没有重复**现象。所以对一个一个 01 核心串，评估好坏不能光看是否能通过本阶的 the first test。

如表 42b 四分截投影集的制作过程得到 Nblock（64）的一个子集

1	1	1	0	0	1	0	0	1	0	0	0	0	0	1	1
0	0	1	0	0	1	1	0	0	0	0	1	1	1	0	1
0	0	1	0	0	0	1	0	1	1	1	1	0	0	0	1
1	0	1	0	0	1	1	0	1	1	0	1	0	0	0	1
0	1	1	1	1	1	0	0	1	1	0	1	1	0	0	1
1	1	1	0	0	1	1	0	0	1	1	1	0	0	0	1
37	33	59	11	2	54	23	4	44	47	9	24	30	18	48	61

表 42b 和表 42a 一样，也是每个数都不同。

7.2 小节 Numblocology 中两个命题的证明

命题一的内容及其证明

通过上节的某些准备，现在可说 16 元素版的命题一（或定理一）了，这个命题一有 16 元素版的还有 64 元素版的，更有 258 元素版的等等。现在集中讲 16 元素版的命题一。设 16 元素的数组块 Nblock（16）的排序，如果，16 个二进制数的排列次序已经符合浮移规则（shift rule)，那么其实际所代表的十进制数序列可以进一步通过"按做检测过程步骤走"来制表。其详细描述就是按照 7.1 小节所给的检测过程定义所描写的。这样制作的表的最后一行就是前面四层的二进制数的翻译（或换算，这个新得到的序列不含任何重复数且全部枚举了 0、1 到 15 这 16 个整数。就是检测被通过了，关于第一检测（the first test）的定义请参本书前文，这里不再重复。

16 元素版的命题一（或定理一）：如果有 16 个整数，它们大于等于 0 且小于等于 15，如果能按浮移规则排好（实际是一个圈），那么对这个 16 个数的序列 N 进行隔 2 的卷起操作（就是 fold up)后所得的结果（设为 R）会有如下性质：R 所翻译出来的 01 核心序列肯定能通过第一测试（the first test）。

16元素版的命题一（或定理一）的证明：

读者直接看懂图54是一个办法，另外就是选择先接收一点证明概要。就是说合符shift rule的预设序去走甲路（甲就是fold up等操作），和他直接走乙路（作个test恰好过），
所达到的终点是一样的。这和A法的一个表，B法得令一个表，发现这两个不同来路的表示一模一样的。这个就是证明思路。

因为表里面的那个数序列实际是一个闭圈。所以在全圈都符合浮移规则（shift rule)后，其自然组成了一个个"抽象前方数"就是沿链前邻数所链成的数链，这个数链的被拍照下来**成为A**。那16个数中的某一个可对应的二进制数的十进制数比如N中的9，设想一个16元素的检验过程正在逐步完成，则这个数1001=9的二进制首位数1就在沿着那4层解链边降低边隔2前移。再观察，一个完整的第一检验过程每步都完成且能过第一检测（就是在表的结果行内同数不复出两遍，且16个数都被枚举，等等)，把过程记录下来排在表里面，也拍照下来，就**是B**。现在仔细检查A和B，发现A 和B的确是一样的。这是证明过程，读者要承认这简单过程就可以画图54，图中的代表数据出自表38a的最后两行。看完图，再看两边十进制那行的确都是"12 9 11 8 3 等"读者跟随一遍就自己确认是那么回事了。 所以命题一（或定理一）的16元素版是成立的。

图54. 看A和B"神一样地"一致，请读者集中在证明图的连接点：R翻译出来的01核心串（01CS)，必须一样。这就是用眼睛验证图54图的第一个表的倒数第5行那个0或1为值的串和同图的第二个表的倒数第6行是一样的。如此就发现所有推理环节都明晰了。

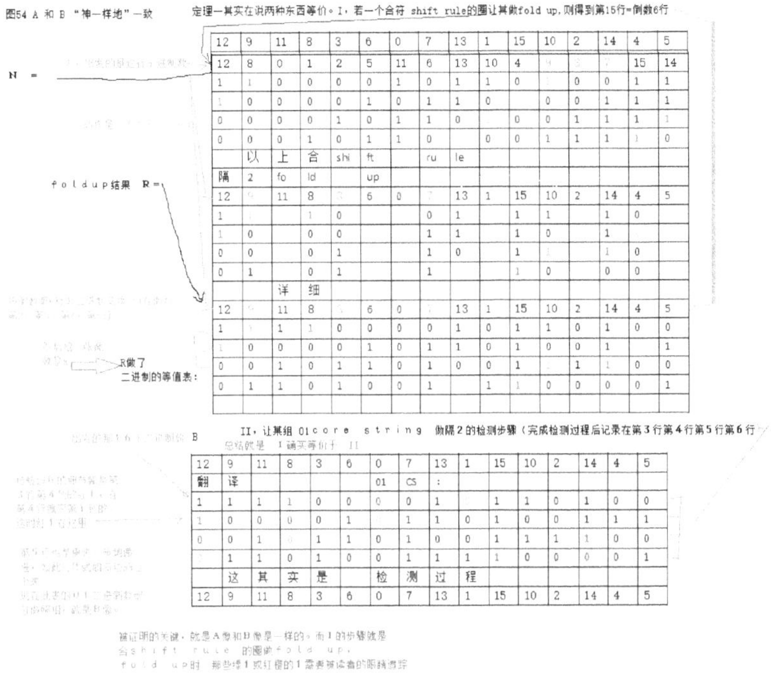

图54 A 和 B "神一样地"一致

定理一其实在讲两种东西等价。I，若一个合符 shift rule 的圈让其做fold up，则得到第15行=倒数6行

[表格：16元素版的fold up演示，包含N序列、shift rule、fold up结果R及二进制等值表]

II，让某组 01core string 伽隔2的检测步骤（完成检测过程后记录在第3行第4行第5行第6行

[表格：翻译与检测过程的演示]

现在仔细回顾之，就可得到本命题是真的结论，16元素版的定理一被证毕。

下面接着看64元素版的定理一：**64元素版的命题一（或定理一）**：如果有64个整数，它们大于等于0且小于等于63，如果能按浮移规则排好（实际是一个圈），那么对这个16个数的序列N进行隔4的卷起操作（就是 fold up）后所得的结果（设为R）会有如下性质：R所翻译出来的01核心序列肯定能通过第一测试（the first test）。

证明：注意因为64元素的数字多所以排表时分为4行，4X16=64。且首尾邻接为大圈。证明也配合一个图就是图55，因为前面有整套的16元素的证明，所以可以节省很多文字，而只解决如下几个问题，N是64大圈对应的合符 shift rule 的十进制序列 比如第6章提到的那8个序列，选其中一个"第一出发序列"就是。让其 fold up 就是 R 了

再看这R的纯二进制版本共6层，留下6行的照片，然后用第一行为 01 core string

进行一个 the first test 过程记录后也留照片，发现这两照片还真的一样，故定理得证。

这个定理一有个用处就是，当需要作一个能过第一检测的数组块时，只要先排某个按 shift rule 规则的数字序，然后通过 fold up 操作就能得到，这就是造一种合符某规矩

的数表的一个常见办法（非常机械的算法）。

这个定理一的普通练习：让本书附录 I 的表 9 扮作练习用的表（隔七 gap=7），看其是否合符定理一说法，就是取 "shift rule 符合的数字序列" 用 foldup 后是否就一定可以过第一测试。

下面为图 55 做准备。就是直接作个表按表格形式给出图 55 的细节。表 43 的 a 是在 foldup 而 b 在第一检测，这是准备原料，等读者下结论：

表 43a N 为合符 shift rule 的 64 个数 即第一出发序列，隔 4 做 fold up 操作

63	62	60	57	51	39	14	29	58	52	41	18	36	8	16	33
2	4	9	19	38	13	26	53	42	20	40	17	35	7	15	30
61	59	54	44	25	50	37	10	21	43	23	46	28	56	48	32
0	1	3	6	12	24	49	34	5	11	22	45	27	55	47	31
N			G=	4	fo	ld		up			变	R	如	下	
63	8	40	10	12	62	16	17	21	24	60	33	35	43	49	57
2	7	23	34	51	4	15	46	5	39	9	30	28	11	14	19
61	56	22	29	38	59	48	45	58	13	54	32	27	52	26	44
0	55	41	53	25	1	47	18	12	50	3	31	36	20	37	6

这表的下半（第六行到结尾）是 R 且可转换为二进制

表 43b　变二进制后做点　检测工作。R 二进制数的最高位所在的行，为 01　core string，由此得到 the first test 过程所记录的像

1	0	1	0	0	1	0	0	0	0	1	1	1	1	1	1
0	0	0	1	1	0	0	1	0	1	0	0	0	0	0	0
1	1	0	0	1	1	1	1	1	0	1	1	0	1	0	1
0	1	1	1	0	0	1	0	1	1	0	0	1	0	1	0

表 43c

R 的第一行为 01 core string，将此 64 个数的序列进行一个 the first test 过程，然后记录如下记录（未完）

1	0	1	0	0		0	0	0	0	1	1	1	1	1	1
					1										
1															
63	8	40	10	12	62	16	17	21	24	60	33	35	43	49	57
63	8	40	10	12	62	16	17	21	24	60	33	35	43	49	57
0	0	0	1	1	0	0	1	0	0	0	0	0	0	0	0
2	7	23	34	51	4	15	46	5	39	9	30	28	11	14	19
2	7	23	34	51	4	15	46	5	39	9	30	28	11	14	19

1	1	0	0	1	1	1	1	0	1	1	0	1	0	1
61	56	22	29	38	59	48	45	58	13	54	32	27	52	26	44
61	56	22	29	38	59	48	45	58	13	54	32	27	52	26	44
0	1	1	1	0	1	0	1	1	0	0	1	0	1	0
0	55	41	53	25	1	47	18	42	50	3	31	36	20	37	6
0	55	41	53	25	1	47	18	42	50	3	31	36	20	37	6

表 43 d 全程：R 的第一行为 01 core string，将此 64 个数的序列进行一个 the first test 过程，然后记录如下（已经完毕）

1	0	1	0	0	0	0	0	0	1	1	1	1	1
1	0	0	0	0	1	1	1	1	0	0	0	1	1
1	1	1	1	1	0	0	0	1	1	0	1	0	1
1	0	0	1	1	1	1	0	1	0	0	0	0	0
1	0	1	0	1	0	0	0	0	0	1	1	0	0
1	0	0	0	0	0	1	1	0	0	1	1	1	1
63	8	40	10	12	62	16	17	21	24	60	33	35	43	49	57
0	0	0	1	1	0	0	1	0	0	0	1	0	0
1	0	1	0	1	0	0	0	0	1	1	0	0	1
0	0	0	0	0	1	1	0	0	1	1	1	1	0
0	1	1	0	0	1	1	1	0	1	1	0	0	1
1	1	0	0	1	0	1	0	0	0	1	0	0	1
0	1	1	0	1	0	1	1	0	1	0	1	0	1
2	7	23	34	51	4	15	46	5	39	9	30	28	11	14	19
1	1	0	0	1	1	1	1	1	0	1	0	1	0	1
1	1	1	0	1	0	1	0	1	0	1	1	1	0
1	1	0	1	0	1	0	1	1	0	1	0	1	1
1	0	1	1	0	0	1	1	1	0	1	0	1	1
0	0	1	0	1	1	1	0	1	0	1	0	1	0
1	0	0	1	1	0	1	0	1	0	0	0	1	0
61	56	22	29	38	59	48	45	58	13	54	32	27	52	26	44
0	1	1	1	0	0	1	0	1	1	0	0	1	0	1
0	1	0	1	1	0	0	1	0	1	0	1	1	0	0
0	0	1	0	1	1	0	1	0	0	0	0	0	0	0
0	1	0	1	0	0	0	0	0	0	1	1	1	1
0	1	0	0	0	0	1	1	1	0	0	0	0	1
0	1	1	1	1	0	0	0	1	0	0	1	1	0
0	55	41	53	25	1	47	18	42	50	3	31	36	20	37	6

图 55 定理一的 64 元素版的证明关键 N, R, A, B 连接点 01 core string 相同。
图 55   参考三个表，综合这样证：

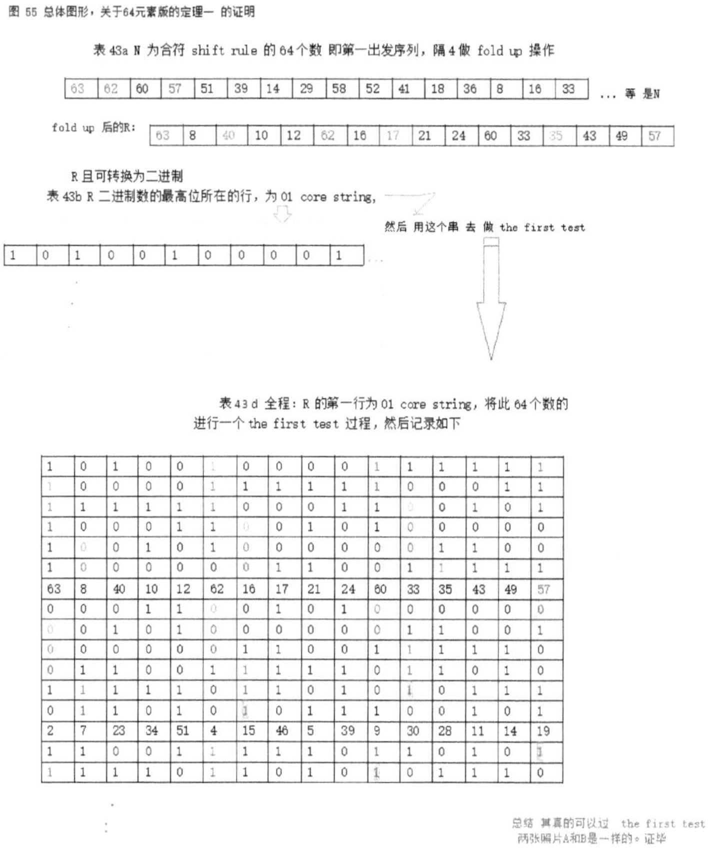

图 55 总体图形，关于64元素版的定理一 的证明

表 43a N 为合符 shift rule 的 64 个数 即第一出发序列，隔 4 做 fold up 操作

| 63 | 62 | 60 | 57 | 51 | 39 | 14 | 29 | 58 | 52 | 41 | 18 | 36 | 8 | 16 | 33 | ... 等是N |

fold up 后的R:

| 63 | 8 | 40 | 10 | 12 | 62 | 16 | 17 | 21 | 24 | 60 | 33 | 35 | 43 | 49 | 57 |

R 且可转换为二进制

表 43b R 二进制数的最高位所在的行，为 01 core string,   然后 用这个串 去 做 the first test

| 1 | 0 | 1 | 0 | 0 | 1 | 0 | 0 | 0 | 0 | 1 | ... |

表 43 d 全程：R 的第一行为 01 core string, 将此 64 个数的
进行一个 the first test 过程，然后记录如下

1	0	1	0	0	1	0	0	0	0	1	1	1	1	1
1	0	0	0	0	1	1	1	1	0	0	0	1	1	1
1	1	1	1	1	0	0	0	1	0	1	0	1	0	1
1	0	0	0	1	0	1	0	1	0	0	0	0	0	0
1	0	0	1	0	1	0	0	0	0	1	1	0	0	
1	0	0	0	0	0	1	1	0	1	0	1	1	1	
63	8	40	10	12	62	16	17	21	24	60	33	35	43	49	57
0	0	1	0	0	0	1	0	0	1	0	1	0	0	0
0	0	1	0	1	0	0	0	0	0	1	1	0	0	1
0	0	1	0	1	1	0	1	0	0	0	1	1	1	0
1	1	1	1	1	1	1	0	0	0	1	0	1	1	0
1	1	1	1	1	0	0	0	1	0	1	0	0	0	1
0	1	1	0	0	1	0	1	0	1	0	0	1	0	
2	7	23	34	51	4	15	46	5	39	9	30	28	11	14	19
1	0	0	1	1	1	1	1	0	0	1	0	0	0	
1	1	1	1	0	0	1	0	0	0	1	0	1	1	

总结 其真的可以过 the first test
两张幅片A和B是一样的。证毕

此命题（定理一）结束后就是命题二，因为可能有不同的途径 或不同排列原则进行不同途径的排列，而其几何图型却可能一样，这里举一个排法的例子，证明两个不同序的动作，会有一致的图形。先补个定义：

粒度的定义：在 01 自扩码框架下，可以进行检测过程（或按 test 操作作表），那样需要对 01 核心串进行隔 g 而读取的过程。同样也有对一组数进行隔 g 的卷起（ fold up)操作的情况。这里的 g 是在表上此位置和下一个当作用的位置之间所间隔的数。**定义粒度(a unit measurement ,也作 the particle size)Am** 为 g+1，就是

Am=g+1,

比如隔 4 而用（读取或 fold up 都行）在 64 元素的数组块上，其粒度就是 4+1=5。
也就是如果 b 是这 64 元素大圈的起点，则按 5X13=65 算，就是 5 个 5 个一组来数，则 13 次后最后一个落脚点就不在 64 个大圈里，而是正好在 64 个之外，也就是（65 号=b）位置，当然，因为大圈循环的关系，这个位置和 b 这个起点正好重合。读者可以那笔画画并算 64/4=16 和 65/5=13。

另外如果 64 大圈按隔 12 来卷起(fold up)操作，则每个周期里会有 4 次圈内的落脚点，最后一次就是第 5 次的结尾就在 64 本圈之外了。

下表为表 44 a 将某种第一出发序列进行隔 12 的 fold up(粒度 13)

63	62	60	57	51		14	29	58	52	4	18	36	8	16	33
2	1	9	19	38	13	26	39	42	20	40	17	35	7	15	30
61	59	54	44	25	50	37	10	21	43	23	46	28	56	48	32
0	1	3	6	12	24	49	34	5	11	22	45	27	55	47	31
		g	=	12											
63		11	33	38	20	15	44	21	56	3	34	27	62	14	18
2	13	40	30	25	43	18	6	5	55	60	29	36	4	26	15
61	50	23	32	12	11	47	57	58	8	9	53	35	59	37	46
0	24	22	31	51	52	16	19	42	7	54	10	28	1	49	45

隔 12 排的得到图 57a ,（几何图里几何连线）间隔=15：

图 57a

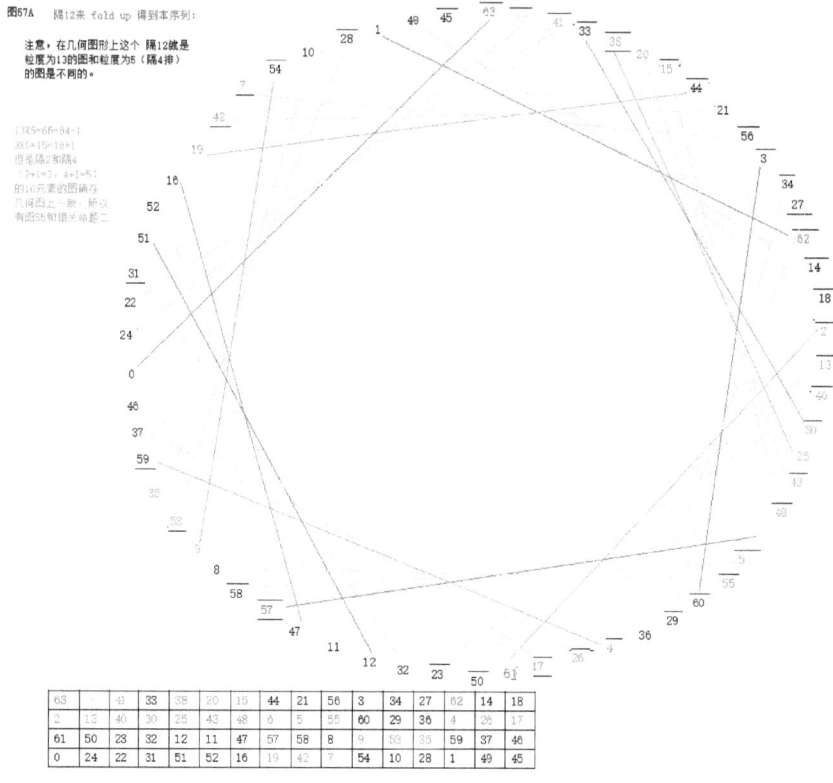

图57A 隔12来 fold up 得到本原列:

隔12所排的序

命题二的内容及其证明

本章的命题二的内容是关于某已经按 shift rule 排好的16元素数组块，对此数组块作隔2而读的 fold up 操作得到序列T后可以画几何图T，又对此数组块做隔4而读的fold up 操作，排得的序列为F。

其作的对应图为图F，现在本命题断定，图T和图F是几何上同构的（虽然连接它们的数字不同）。证明均匀排列的数其每对都有间隔，若这两种序所作的图间隔一样，则表现为几何图时也一样，关注点就是间隔，当然我们需要设定字母或（数字）来抽象。

命题二的证明：

先假设有一个 16 个数的序列，这个序作表如下。

表 44，16 元素出发序，其 g2 fold up 和 G4fold up 后的 排列：

	出	发	已	经	按	浮	移	规	则	了	
				1		1	0				
			1			0	1				
				1		1	1				
		1				1	0				
		15				11	6				
G2	隔	2	fo	ld	up	0	-	-	1		
	0			1							1
	1	1									0
1	1										1
	0							1			1
	0	6	1					15			11
G4	隔	4	fo	ld	up						
									1		
						1					
			1								
	0		15	1							

然后画这两个图一个是 T（G=2），一个是 F（G=4），可见几何图型是一样的：

图 57b

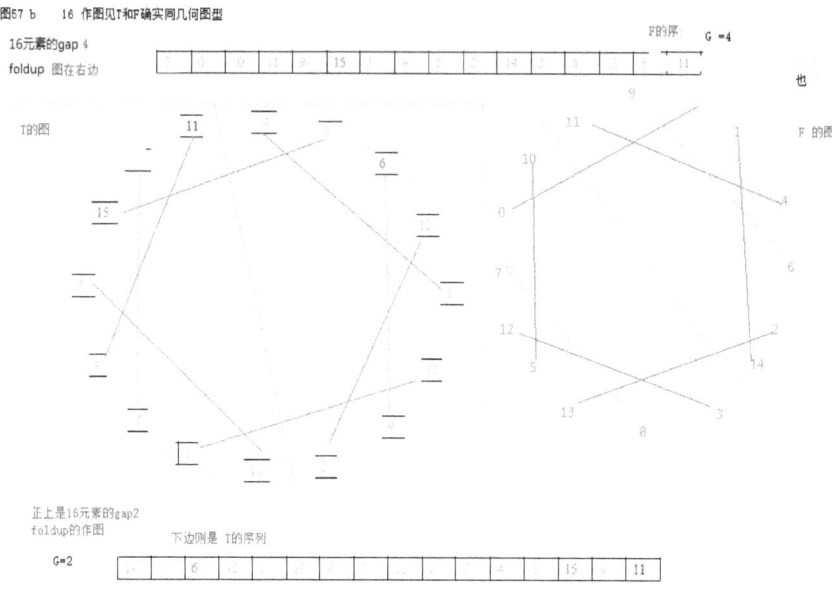

图57 b　16 作图见T和F确实同几何图型

16元素的gap 4 foldup 图在右边

T的图　　F的图

正上是16元素的gap2 foldup的作图

下边则是 T的序列

总结 T和F 构成的几何图型是明显一样的，虽然数字确实不同

命题二的证明续（以上是直观的证明，现在用字母看位置，注意字母等在表里的位置）：
证明步骤 2：用字母做通用符号以看字母的位置和相互关系为主。在如下表 45 中
先做出了的内容如下：

第一行是原始出发文字序列
第二行是印记标号，见

| * | * | * | * |

在原始出发序列里不标在一起，其中红*在 3 底下
第四行是 gap2 的 foldup（粒度 3）
第七排是隔 4 的 fold up, 即 gap4 的 foldup（粒度 5）
第八行　混两种标记：第一是双星**表示如何在做隔 4 的 fold up；第二就是结果里面的按星号回推踪迹。第八行的单星会倒着聚在一起（也就是说第一行和第二行隔 2 的标识*变化到第八行就不隔开了），当然其顺序也逆序读。
注意带星号的第七行的一段 z 3 i a 是个正顺序推进在第一排，而在第七和第八行的 z3ia 却是个逆序列的排列。并且 很巧合地在第七行它们还是邻接的（这有几何含义）。

表 45 标号邻接情况观察

			w			1		h		
*	?	4	**	**	*		*		*	
以	上	隔 2	而	读	取	fo	ld	up	成	下	行	看	*
				h		1			w	

	*		?					
	这	次	看	**		隔	4	
				w		1		h
**	*	*	*	?		**	4	

证明步骤 3：现在假设第七排要逆序而读（逐个不间隔地读出），并假定这些也符合某种 shift rule 类似的规则， 如果把这个整个表 dy2hkcx14jbw z3ia 也立即开始排新表：即隔 2 来 foldup 不就是 w 后，隔开两数接 z,此后隔两数接 3，再后隔两数接 i,然后类推有 i 和 a 吗(再重复一下就是表 45a)？

表 45a 再 fold up 新表 想象就如下：

w		z		3		i		a
	w		1		h		*	
**	>		*		*		*	

所以是逆读后就隐含隔 2 排列的规律的。这样就证明 在几何图上隔开 2（gap2)和隔开 4（gap),用在 16 格子里会形成同构。实际命题二已证明完毕。

例子，假设出发的是距离型序列： 有个 16 元素合符 shift rule 出发序列

					1						0				
										7					
		1													
	13								9						

其逆读就是 8 4 10 5 2 9 12 14 15 7 11 13 6 3 1 0 这上作 gap2 foldup 就得：

								0							
												0			
0															
9															

现在看看出发序列在 16 个格子里（按 gap2 和）按 gap4 做的 foldup 表。这就相当于观察图 T 和图 F 是否会是一样的几何图，因为篇幅关系，本书不能过多记载类似信息，但是读者可以把我现在开的头继续下去，这就算本书的练习 5。或有兴趣者直接参考表 44 和图 56a 领悟，证明完毕。

下一节是关于分割需求和二分截投影集、4 分截投影集利用的。

7.3 小节 几组和划分功能相关的命题

对于个数有限的 8 元素的情况，因为不对称，可能不是很容易直观研究 8 个元素的大圈。但是开看完图 58 后，转而做出表 46 是很值得的。

图 58 a， 8 元素情况

图58 a

4	0	1	2	5	3	7	6
1	0	0	0	1	0	1	1
0	0	0	1	0	1	1	1
0	0	1	0	1	1	1	0
				2	4	0	1
2	4	0	1	3	7	6	5
				4	0	1	2

在不对缺陷下，看 fold up gap=2

因为根据其 anitbit 调墨图，不能对称
所以不对成 发生了

4	0	1	2	5	3	7	6	第	一	出	发	序	列
		G2											
4	2	7	0	5	6	1	3						
>				2	4	0	1	an	ti	bit			
2	4	0	1	3	7	6	5						
>				4	0	1	2	2	an	ti	bit		
		G2											
2	1	6	4	3	5	0	7						

虽然 8按隔2排 fold up 明显收8元要特别的不对程影响。
但 32 按隔 4 来排却未必有影响，所以可在图 58 b 里研究32的G4 而其对应表格就在表46和表47

表46 32元素的隔4排列 从原始出发序列开始的 fold up 从图6a 引用32元素出发序列开始 第一次开始G4 fold up，然后用其01核心串作其逆读，antibit 和antibit之逆 共四个序列

表46 32元素的隔4排列

16	0	1	3	6	13	27		14	29	26	21	11	22	12	24
17	2	5	10	20	9	19	7	15	31	30	28	25	18	4	8
	G	=	4		fo	ld		up		而	17	在	原	位	
16	22	30		20	0	12	28	14	9	1	24	25	29	19	3
17	18	26	7	6	2	4	21	15	13	5	8	11	31	27	10
		01	C	S		正		已		fo	ld	up			
1	1	1	1	1	0	0	1	0	0	0	1	1	1	1	0
1	1	1	1	0	0	0	0	1	0	0	0	0	0	1	0
				逆	:										
0	1	1	0	0	0	0	0	1	0	0	0	0	1	1	1
0	1	1	1	1	0	0	1	0	0	1	1	1	1	1	1
			An	ti	bit	:									
0	0	0	0	0	1	1	0	1	1	1	0	0	0	0	1
0	0	0	1	1	1	1	0	1	1	1	1	1	0	0	1
			an	ti	bit		逆	:							
1	0	0	1	1	1	1	0	1	1	1	0	0	1	1	0
1	0	0	0	1	1	0	1	1	0	0	0	0	0	0	0
			te	st	:										

1	0	0	1	1	1	1	0	1	1	1	0	0	1
1	1	1	0	1		1	1	0	0	1	0	0	0
	1	1	0	0	0	1	0	0	0	0	1	1	0	1
0	1	0	0	0	0	1	1	0	1	0	0	0	0
0	1	1	0	1	0	0	0	0	0	1	0	1	0
28	15	13	17	24	25	31	26	2	16	18	30	21	4	0	5
1	0	0	0	0	0	1	0	1	0	0	0	0	0
	1	0	1	1	0	0	0	0	1	0	0	0	1
	1	0	0	1	1	1	1	0	1	1	0	0	1
	1	0	0	1	0	1	1	0	0	1	1	0	0	1
1	1	1	0	1		1	0	0	1	0	1	0	0	0
29	11	9	1	10	27	23	19	3	20	22	14	7	6	8	12

结论 Nblock(32)的 G4 图是左右对称型见图 58b,对照图 26 和图 32 也是一样的。

现在看表 47 给出的正序和 anti bit 逆序的交集,而图 58b 则会展示 antibit 序和 antibit 逆序之间可取同样的元素形成交集,这个交集几乎达到原集合的 50%。

表 47 四种序和交集研究

16	22	30		20	0	12	28	14	9	1	24	25	29	19	3
17	18	26	7	6	2	4	21	15	13	5	8	11	31	27	10
			和												
20	22	14	7	6	8	12	28	15	13	17	24	25	31	26	2
16	18	30	21	4	0	5	29	11	9	1	10	27	23	19	3
			同	样	则	标	s	:							
s	s		s					s	s					s	s
16	18	30	21	4	0	5	29	11	9	1	10	27	23	19	3
20	22	14	7	6	8	12	28	15	13	17	24	25	31	26	2
			s	s				s	s			s			
	至	少	12	个	相	同	1/3		以	上					
	去	差	异	之	后	:									
16		30				0			9	1				19	3
			7	6			15	13					31		
an	ti	bit		01	CS		的	te	st			G4			
0	0	0	0	0	0	1	0	1	1	0	0	0	0
	1	0	1	1		0	0	0	0	0	0	0	1	1
	1	0	0	1	1		0	0	1	1	0	0	0	0
1	1	1	0	1	1		1	0	0	1	0	1	0	0
15	9	1	8	11	31	19	3	17	22	30	7	6	2	12	28
0	0	0	0	1	1	0	0	1	1	0	0	0	0
	1	0	1	1	0	0	0	0	0	0	0	0	0	0
	1	1	0	0	0	0	0	0	0	0	0	1	1
	0	0	0	0	0	1	1	0	1	1	0	0	0	0

0	1	1	0	1	1	0	0	0	0	1	0	0	0	0	1
14	13	5	24	25	29	27	10	16	18	26	23	20	0	4	21

帮助理解划分的交集和其他很多序列的对比：见图58b

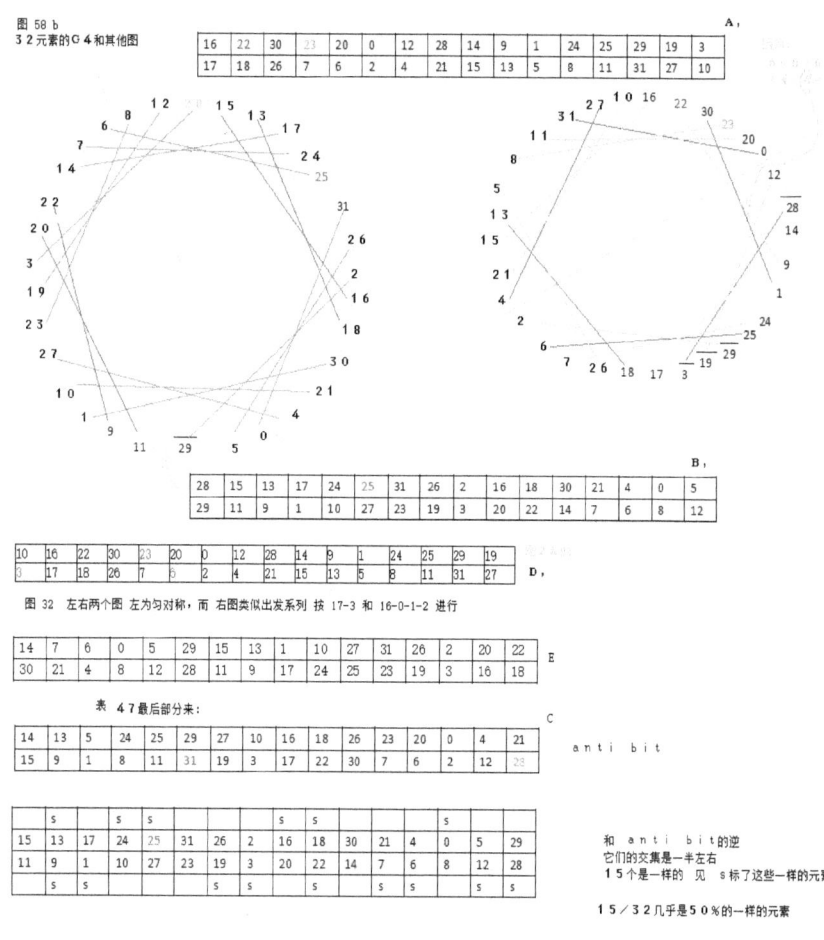

图 58 b
32元素的G4和其他图

16	22	30	23	20	0	12	28	14	9	1	24	25	29	19	3
17	18	26	7	6	2	4	21	15	13	5	8	11	31	27	10

A,

B,

28	15	13	17	24	25	31	26	2	16	18	30	21	4	0	5
29	11	9	1	10	27	23	19	3	20	22	14	7	6	8	12

10	16	22	30	23	20	0	12	28	14	9	1	24	25	29	19
3	17	18	26	7	6	2	4	21	15	13	5	8	11	31	27

D,

图 32 左右两个图 左为匀对称，而 右图类似出发系列 按 17-3 和 16-0-1-2 进行

14	7	6	0	5	29	15	13	1	10	27	31	26	2	20	22
30	21	4	8	12	28	11	9	17	24	25	23	19	3	16	18

E,

表 47最后部分来：

C

14	13	5	24	25	29	27	10	16	18	26	23	20	0	4	21
15	9	1	8	11	31	19	3	17	22	28	30	7	6	2	12

anti bit

	s		s		s		s		s	s					
15	13	17	24	25	31	26	2	16	18	30	21	4	0	5	29
11	9	1	10	27	23	19	3	20	22	14	7	6	8	12	28
	s					s				s		s	s		

和 anti bit 的逆
它们的交集是一半左右
15个是一样的 见 s 标了这些一样的元素
15／32几乎是50％的一样的元素

自呈子集的定义：和四分截投影集不同，这里不能是任意的01核心序列，用作出发的必须是很整齐且能画均匀对称的图的表，并且必须是象 8,16,32,64等本级最佳的（隔2或隔4等能过第一检测的）那种序，称为 k 层的A。如此把这个良好的 k 层或 **2的k次方**个元素的排好了的数组块本身，再在其下边再添加两层，按如下办法排，就得到了**自呈子集**，称为（k+2)层的B。

例子有隔2或隔4，从8元素A到32元素B的，这被自动呈现的是8个元素的序，为

32元素的子集（subset），也可以是比如隔4，从16元素A到64元素B的，这时被自动呈现的是16个元素的序，为64元素的子集。

自呈子集 中 gap2 而从 4 层来到 6 层的例子见表 48

表 48 k=4 则 2 的四次方=16，k+2=6，就是 16 个数从 64 个元素里抽取，它们不重复。

	3	9	15		4		13	10	12	6	0	14		8	5
		翻	译		为		01	CS	后	Te	st	:			
		0	1	1		0	0	1	1	0	0	1		1	0
1	0	0	1		0	1	1	0	0	1	1	0		0	1
0	1	1	1		0	0	0	0	0	0	1	0		0	0
1	0	0	1		0	1	1	0	0	0	0	1		1	1
	1	1	0		0	1	1	0	0	0	1	1		1	0
0	0	0	1		1	0	0	0	1	1	1	0		1	1
	10	42	45		20	26	42	41	53	21	18	22		43	37	21
	n	iii	z	42	yy	x	ii		n	iii	z		yy	x	ii

上表是个关于 16 到 64 之子集的内容表中四次出现的有 22 41 这对补数，还有 42
21 四次。而 37 和 26 一定是成对。其他标 iii，n 等的地方也都是成对的。

下面继续看 8 元素的情况，我们知道在 8 元素中有个 XXXX 1364 挺特殊。
另外还可看到某个表（省略）的结果部分是能全枚举的，就是能过第一测试的序 比如

74605132

现在隔开一代（去掉16），考虑 32 元素，从 8 元素到 32 元素，或 74605132=A 的升
32 元素=B 的自呈子集记录在表 48a：

表 48 a 但这里不用 01 核心串 而直接用十进制数字演示 g=1，表的下部分是隔 4 的

	4	6	0		1	3	2			1		6	4
6	0	5	1	3	2	7	4		0		1	1
5	1	3	2	7	4	6	0		0	1	1	0
3	2	7	4	6	0	5	1	—	1	1	0	0
7	4	6	0	5	1	3	2		1	0	0	1
		直	翻	译					0	0	1	1
29	17	27	2	23	4	14	8		6	12	25	19
>	X	y	<	b	y	X	b		x	c	x	c
G4		起	始	2	4	0	1	3	7	6	5
2	7	0	5	3	4	6	1
1	6	1	2	7	0	5	3
0	5	3	4	1	2	2	7
1	2	7	0	5	3	4	6
3	4	6	1	2	7	0	5
7	0	5	3	4	6	1	2
		直	翻	译			
1	58	7	40	28	19	52	14

小观察：G1 时 1364 变 6 12 25 19。（注：交换位需要图来定义但这里暂省略）
而 1364 得到的 6-26 和 12-19 虽然不是交换位，但也是很对称并过直径的。本节最后

对隔4的，从8到32元素的一个性质进行讨论，也就是谈有命题三。

命题三（隔4的8元素到32元素的，凑序存在定理）

定义，当选序：如果一个用隔4来排的从8元素到32元素的表，如果正序恰好是一个8->32的四分截投影集，这时若其镜像 antibit 序恰好和正序的8个数都不同，则因为这两个投影集正好有16个不同的数，而将32个元素取得一半，符合此条件的正序就称为当选序（就是选取是很适当的意思）。

定义，凑序（或对手序）：就是32个元素的一半被正序和它的 antibit 序所划定了，即被取走了后，剩下的16个元素。可以用另外一个正序来描述完全，这个后一个正序就是凑序。

命题三：如果一个32个元素的数组块 Nblock(32) 包含 0, 1 到 31 这32个数字，其中的一半元素（共16个）已经被某个 Nblock(8) 的，隔四而作的 8->32 四分截投影集所界定，也就是已经有了当选序来划走16个元素。那么，剩余的16个元素会有唯一的一个凑序可以刻画它，且有办法在所有的隔四而作的 8->32 四分截投影集的总体里找到这个凑序。

先说命题三的用途，它可以用来程序化计算将一个32元素的集合或数组块完整划分为整齐的 8+8+8+8 四块且丝毫没有遗漏。是完全的划分。对我们的研究和加密商用工程有很好的利用价值。

再说它的证明。证明的第一步就是先举一个当选序的例子，然后按解题方法得到对应的凑序。先看表49的例子，那是个成功的当选序，因为它的正序划了8个不重复的数，而其 antibit 序恰好刻画了另外不同的有8个数的集合，总计不同的16个数。而正序的逆读是正序所得的数的另一种重复，antibit 的逆读也是 antibit 的另一种重复。

表49　命题三或凑序存在定理的例子：从8元素到32元素的隔4的四分截投影集，G4，，，8->32 之能互斥的四种序的关联（例子I）

	逆	序									
1	0	0	0	1	1	0	1				
1	0	1	1	0	0	0	1				
0	0	1	1	0	1	1	0				
1	1	0	0	0	1	1	0				
1	1	0	1	1	0	0	0		和	正	者	全	同
27	3	12	13	17	22	6	24				
		正									
1	0	1	1	0	0	0	1				
0	0	1	1	0	1	1	0				
	1	0	0	0	1	1	0				
1	1	0	1	1	0	0	+				
0	0	0	1	1	0	0	1	+	加	2	层
22	6	24	27	3	12	13	17		当	选	二	分	序
		An	ti		bit						

0	1	0	0	1	1	1	0				
1	1	0	0	1	0	0	1				
0	0	1	1	1	0	0	1				
0	0	1	0	0	1	1	1				
1	1	1	0	0	1	0	0	和	正	者	全
9	25	7	4	28	19	18	14				
	an	ti	bit	逆				如	此	划 定	16 个 数
0	1	1	1	0	1	1	0				
	1	0	0	1	1	1	0				
1	1	0	0	1	0	0	1				
0	0	1	1	1	0	0	1				
0	0	1	0	0	1	1	1				
4	28	19	18	14	9	25	7				

找到的凑序就放在表 50 里，读者可仔细查验，设前一当选序的集合为 T，则凑集是变化空间里{背景全集合 32 元素}，某集合 A 的补集合，即凑集 C=A-T={0,1,2,5,8,10,11,15,16, 20，21，23，26，29，30，31}

图 50 凑集被找到，且图 50 的后半部就是看如何设计证明过程的

0	1	0	1	0	0	0					
0	0	0	0	1	0	1	0				
0	1	0	0	0	0	0					
0	0	1	0	1	0	0					
0	0	0	0	1	0	1	和	凑 集	C	的 一	半
0	30	2	16	10	1	8	5	同			
	an	ti	bit		Te	st	操 作	如	下		
1	0	1	0	1	1	1	1	01	CS		
1	1	1	0	0	1	0	1	g	a	p	= 4
1	0	0	0	0	1	0	1				
1	1	0	1	0	1	0	1				
1	1	1	1	0	1	0	到	此	凑 足	16 数	
31	11	29	15	21	30	23	26	且	和 当 选	序 不	同
	-	-	-								
	找	凑 集	后	做	凑 序	靠	shif	t	ru	le	
1	1	1	1	0	1	0	和	隔 4	fo	ld	up
1	1	1	0	0	1	0	1				
1	1	0	1	0	1	0					
1	0	1	0	1	0	1					
1	0	1	0	1	1	1					
31	30	29	26	21	11	23	15				
0	1	2	5	10	20	8	16				
V				隔 4	卷	起			Te	st	:
0	30	2	16	10	1	8	5	是	凑 序 再	演	示
0	1	0	1	0	0	0	0	1	0	1	0
0	0	0	0	1	0	1	0	0	0	1	0

0	1	0	0	0	0	0	1	0	1	0	0	0	0	1
0	0	1	0	1	0	0	0	0	0	1	0	1	0	0
0	0	0	0	0	1	0	1	0	0	0	0	1	0	1
						0	20	2	16	10	1	8	5	
另			左	8	格	和	右	8	格	一	样			
28	25	18	4	9	19	7	14							
3	6	13	27	22	12	24	17							
0	0	0	1	1	0	1	1							
0	0	1	0	1	1	1	0							
0	1	0	1	0	1	0	0							
1	1	0	1	0	0	0	0							
1	0	1	1	0	0	0	1							
	V													
	V	隔	4	fo	l	d	up	...	13	放	7	列		
1	0	1	1	0	0	0	1							
0	0	1	1	0	1	1	0							
1	1	0	0	0	1	1	0							
1	1	0	1	0	0	1	0							
0	0	0	1	1	0	0	0							
22	6	24	27	3	12	13	17							
		An	ti		bit									
9	25	7	4	28	19	18	14							

命题三的证明相对简单，其实如表 50 的第 14 行开始所解释。只要得到当选序，就可以找到凑集 C，然后机械按 shift rule 排成 8 列两两成对（ 正和 anti bit 在 32 背景下排法是唯一的，但是在 256 元素等背景下其 shift rule 排法也有多种，所以也就在集合上是唯一的，然而序上还有组合）。如此再进入卷起（ fold up)过程，就可以试验出结果，最后通过 test 反测验那个（序）也符合一种四分截投影集的生成方法所得的结果，因为肯定会一致所以排法唯一的凑序就被找到了。所以本命题虽然是存在性定理但其证明过程却是建构性的，也可被计算机所利用。证毕。最后因为这个当选序的思路或策略也可用在发现排序唯一性问题里，所以后面还会用到。从抽象的策略讲，这也是一个集合划分为二的问题。

7.4 小节 Numblocology 其他的命题选

其实 Numblocology 有大量命题，有些命题和 2 的 k 次方个二进制数的镜像特质有关，因为每一种排序如果不重复任何元素，那么其 antibit 转换（ 就是二进制每个 digital 如果是 0 就变 1，如果是 1 就变 0）也会保持特质。另外在总体上也是知道数组块全体数合适选的一半，其镜像的另一半也就确定了，因此可构成很多定理。这本书的篇幅不适合细讲。所以省略算了。另外，有一个值得一提的命题是"子圈判阶命题"。

当然因为这个命题太自然了，所以数组块学的公理可能不用也可，这样就有可能在其他文献里有这个命题或定理，而且是 k=8 到 k=无穷大都成立。所以本书给尊敬的读者的第七个练习的下半部分就是，请在中文和其他常见外语里找文献，看能找到大一些的数学家早已有的结果否，当然定理的名称一定不是叫"子圈判阶".万一找不到而您能给出 8 到无穷大的证明，也就可以直接让数学和科学方面的杂志公开发表了。

请有缘读者好好努力！

一个数组块的表面阶数可以用其个数是 2 的 k 次方来算。但这种阶数只是在计算数字的个数。而牵涉到内在规律性的判阶（即判断数组块的阶数）则会更有价值。如果用 t 分某数组块的序，让其形成的小块均分为 t 等份，**每小块（d个）**是总体的 1/t 即 t 分之一 大小。在下一章（第八章）会有子圈的定义。"子圈判阶命题"就是用子圈的性质来判断某序列可能的阶数。

如图 59a 是个唯一可能的子圈排法，让 64 阶可分为 t=8，而让 32 个元素(d X t=32)的来分则有点勉强。16 元素分 8 等分绝对没法排（无法有子圈）。但是现在是问，既然 64 已然可被用唯一方式地等分为 8 份，128 元素是否能被分为 t=16 个子圈？，更进一步，是否能一直维持着如下一个说法（即压制为），

当{元素个数}/t=d=4 被满足时，是否都能按子圈格式划分好一个（d X t 大小的）数组块？其实，未必，当然在元素个数/t=8 时，基本是可做到单纯按子圈规格，就可划分整个数组块，并且可列出的 t 个不同的序也非常好，更没有划分不了的情况。如用 元素个数除于 t=8 就可反推总体的阶数。或者 8t 可能是总数组块的大小或阶。这个命题可用表 51a 来举例解释。

表 51a 是根据补集思路来证明的。我们知道一个笛卡尔（直角）坐标当有 3 个维度或轴时，正向记为+或 1，负向记为-或 0，则三层的二进制表就可以列举，比如在第一卦限里全正+++就是 111=7，所以每个切开的挨着中心一点的空间区域的归属可用 8 个数字判明，而 4 维就 16 个数，如此几乎不用证明就知道是对的。而一个子圈因为回到原点，其实就是在 2 的 k 次方维数的空间的每个空间区域选一个点，这个点就是那个数，根据拓扑学（topology）的某个定理，会发现我们的证明愿望是"无实质性障碍的"，因为空间的每个点都可以用线连起来。如果需要分为 64（就是 32 轴）的空间，可以 8 个连在一起而让它们分作一个块，连接的办法符合子圈定义，就是连线的每个变换必须保留数组块里的 6 层有 4 层不变，必须去掉一个点，然后按 shift rule 补充一个点。所以在拓扑学间接证明这种做法没实质性障碍。关键就和四色问题一样，那些辅助图能支撑起它们的拼图相互恰好且不矛盾吗？这个我们就回到"补集思路"这个方案上来。在表 51a 里我们用 128 的元素的十六分割来作例子（64 分 8 块没问题，128 分 8 块也没问题，那 128 多分一次就是分 16 块，行吗）。

因为 16X8=128，所以 8 个数一小块，在 64 轴的笛卡尔坐标里第一组集中在 1111111=127 附近这个数代表的**片空间**附近你能走 7 步然后最后一步返回 1111111 这个超卦限（片空间）的某个点吗，就是拓扑上要走一个圈。这个在表 51a 里显示是没问题的。

表 51a 子圈判阶，128 数组块的第一个 8 元素子圈在 1111111 附近（根据对偶原则在 0000000 附近也有镜像的一个圈）

127	126	125	123	119	111	95	63	?	兼	顾	区	必	须	63
1	1	1	1	1	1	1	1	0	和	其	它	子	圈	0

1	1	1	1	1	1	0	1	配	合			0	1
1	1	1	1	1	0	1	1				0	1	1
1	1	1	1	0	1	1	1			0	1	1	1
1	1	1	0	1	1	1	1		0	1	1	1	1
1	1	0	1	1	1	1	1	0	1	1	1	1	1
1	0	1	1	1	1	1	1	0	1	1	1	1	1
0	1	2	4	8	16	32	64	这	只	有	一	种	排 法
结 论		第	一	组	子	圈		可	以				
C1	第	二	组	从	补	集	128	-	16	=	112	个	剩 的 来
从	最	小	的	被	漏	之	数	3	开	始	排		124
124	120	113	99	71	112	96	65	x		被	最	小	规 定 了
1	1	1	1	1	0	0	0	1	剩	唯	一	排	法
1	1	1	1	0	0	0	1	1					
1	1	1	0	0	0	1	1	1					
1	1	0	0	0	1	1	1	1	=	不	=》	因	重 复
1	0	0	0	1	1	1	1	1		行			
0	0	0	1	1	1	1	1	1	=1		26	和	1
0	0	1	1	1	1	1	0	0					
3	7	14	28	56	15	31	62	所	以	只	有	一	种
	再	次	剩	96	数	的	补	集	C2				

在得到补集C2后接续表51b讨论
表51b 续表

		C2	后					5					66
5	11	22	44	88	48	97	66	0	0	只	一	种	1
0	0	0	0	1	0	1	1	0	0			1	0
0	0	0	1	0	1	1	0	0	0		1	0	0
0	0	1	0	1	1	0	0	0	1	1	0	0	0
0	1	0	1	1	0	0	0	1	0	1	0	0	0
1	0	1	1	0	0	0	0	1	1		0	0	1
0	1	1	0	0	0	0	1	1	1		0	1	0
1	1	0	0	0	0	1	0	每	斜	行	都	无	别 选
122	116	105	83	39	79	30	61	所	以	只	有	一	种
127	126	125	123	119	111	95	63	124	120	113	99	71	112 96 65
0	1	2	4	8	16	32	64	3	7	14	28	56	15 31 62
5	11	22	44	88	48	97	66	121	114	101	75	23	47 94 60
12	11	10	83	39	79	30	61	6	13	26	52	10	80 33 67

2	6	5							4			
	C3	所	剩					121		四个	:	
121	114	101	75	23	47	94	60	1		0	0	1	0
1	1	1	1	0	0	1	0	1			0	1
1	1	1	0	0	1	0	1	1			0	1
1	1	0	0	1	0	1	1	1			0	1
1	0	0	1	0	1	1	1	0			0	1
0	0	1	0	1	1	1	0	0			0	1
0	1	0	1	1	1	0	1	0				0
1	0	1	1	1	1	0	0		也	唯	一	
6	13	26	52	104	80	33	67		注意	斜行	四个	
			根	据	已	学	,	01	则	CS	异	
			0	0	1	0			排	法	不重	复

以上用唯一排法轻松走到一半。更要指出的是如果是任意数 k 也能轻松排出一半（归纳法借助拓扑想象和二进制的规律性，都可以证明之），因为用通用公式比较麻烦。为了节省篇幅还是省略一下吧，这个结论是可靠的 要完整证明却真要大篇幅。那么剩下一半呢？继续看表 51c

看表 51c 续下半段，9 开始 这时的四个关节点之 01CS（10011）也和前面不同。总之如此抽象一下就是，每次在剩余的补集 Cn 里，因为第一列的数已经是剩余的那个最小数，所以和 Cn-1 等补集的数肯定不一样，按归纳法可以证明关节点象（10011）类似的新 01CS 会是前面所没有的，这样能等效地证明其排法是唯一性的。如此在剩下的一半里，我们可以在那个局部再进 50%就是总体的 50%和 0.5X50%都会被证明，如此可以进展到 75%，还剩四分之一。（当然归纳法的内容还是不写，但是这个结论是可靠的，且从 k=8 到无穷的自然数都成立）。现在开始有"封闭变门"的发生 比如某个序原先选 48，下次遇见情况就选 49 回避。但是如果 49 已出现过，则自由度自然收到压缩，这个趋势也是我们只顺畅地证明到 75%就停止的缘故。看 29 已封闭 28 了，另外封闭 59 的是 58，封闭 24 的是 25。但现在还没出现。

表 51c 续下半段，用数字说明被封闭的比例

9	19	38	76	24	49	98	68			1	0	0	1	1
0	0	0	1	0	0	1	1		注意	49 开		1	0	
0	0	1	0	0	1	1	0		始	封	闭	1	0	
0	1	0	0	1	1	0	0		48	变	门	1		0
1	0	0	1	1	0	0	0					1		1
0	0	1	1	0	0	0	1		1	1				0
0	1	1	0	0	0	1	0		封	闭	变	门		0
1	1	0	0	0	1	0	0	x		让	以	后	顾	虑	不
118	108	99	51	103	78	29	59		自	由	可	排		

10	21	42	84	40	81	34	69								
0	0	0	1	0	1	0	1								
0	0	1	0	1	0	1	0	9	19	38	76	24	49	98	68
0	1	0	1	0	1	0	0	118	108	99	51	103	78	29	59
1	0	1	0	1	0	0	0								
0	1	0	1	0	0	0	1								
1	0	1	0	0	0	1	0								
0	1	0	0	0	1	0	1	见	左	多	数	被	闭		
117	106	85	43	87	46	93	58		自	由	度	降			
闭		互	闭		闭		闭		（	3	开	5	闭	）	
12	25	50	100	72	17	35	70								
0	0	0	1	1	0	0	1	18	36						73
0	0	1	1	0	0	1	0								
0	1	1	0	0	1	0	0	（	18	还	自	由	）		
1	1	0	1	0	0	0	0								
1	0	0	1	0	0	0	1	到	目	前	为	止			
0	0	1	0	0	1	1		排	法	都	是	唯	一		
0	1	0	0	1	1	0		注	54	未	闭	:			
115	102	77	27	55	110	92	57	109	91						54
闭	闭	闭	闭		闭	闭	闭								
127	126	125	123	119	111	95	63	124	120	113	99	71	112	96	65
0	1	2	4	8	16	32	64	3	7	14	28	56	15	31	62
5	11	22	44	88	48	97	66	121	114	101	75	23	47	94	60
122	116	105	83	39	79	30	61	6	13	26	52	104	80	33	67
9	19	38	76	24	49	98	68	10	21	42	84	40	81	34	69
118	108	99	51	103	78	29	59	117	106	85	43	87	46	93	58
			75	%	为	容	易	排	的						

最后的结论是在表 51c 之最后一排（实际在上表的倒数 17 行） 有（12，25，，到 35-70）后还可能排 18，36 等下去（18 还是自由的）， 如果办法有错误，则至少这个双 8 组合成的 16 个数通过协调是可以排好的，就是 16 个是可以得到合符规范的排列。就是说，{元素个数}/t=8 时，基本是要成立的。

进行到表 51c 后，发现自由度急剧下降但是仍然留有一定自由度，这剩余的自由度可以通过估算，发现如果本来 128 本来预备是要排为大小为 8 的子圈的，现在如果自由度加倍，就是变成16大小的子圈，这是有双倍的选择（自由度大增），根据拓扑学想象，可以认为从 128/8=16， 放松到只有128/16=8级别的排法要求，这样自由度加倍。所以按照比例（用算式128/t)=d=8 的要求，以适当方法是足够让子圈划分法得到贯彻而无障碍的。这就是"子圈判阶"命题的关键意思所在。因为在"压制紧度"方面的比例降低为=8的宽松条件下，子圈必有办法排好。如果子圈都能够分割排成，那么这时的子圈个数就可以被用于估计数组块的大小。也即，凭成功排好的子圈个数，就可做"子圈判阶"的工作。命题初步的证明结束。

章尾的插诗： 四季之返校

斋舍樱花艳，三月东湖蒙。
初秋再返校，留影多鲲鹏。
夏荷晨抱诗，知了午鸣峰。
尚莽读庄子，轻鸥立雪蓬。

第 8 章 排序唯一性的追求

8.1 小节 Numblocology 论理式的研讨

定义：子圈，一般在正规按 shift rule 作的数组块的表里，在序列的首尾连接后都是圈。而子圈是选整个数组块的一个子集，（这里是取整体的 1/4），如果将子集的首尾元素邻接（比如表 53a 里 63 和 31 明显连接后维持 shift rule)，那么选好的某子集的排法能继续**维持好浮移规则**（ shift rule)，则属于构成子圈的排法。作一分为四为目的的排序，有的可以排平整而不违反规矩，而如图 53a 所示，其中第二行和第 9 行都是独立成子圈的，（注意表 53a 里只到 fold up 前一步的出发序列为止)：

图 53a 16 到 64 的双子圈与它们的镜像 anti bit，和 8 到 32 的对照（+莫比乌斯带扭曲）

第	一	个	一	半	:		看	第	2	行	就	是	子	圈
63	62	60	56	49	34	4	9	18	37	10	21	43	23	45	31
1	1	1	1	1	1	0	0	0	1	0	0	1	0	1
1	1	1	1	1	0	0	0	1	0	0	1	0	1	0
1	1	1	1	0	0	0	1	0	0	1	0	1	0	1
1	1	1	0	0	0	1	0	0	1	0	1	0	1	1
1	1	0	0	0	1	0	0	1	0	1	0	1	1	1
1	0	0	0	1	0	0	1	0	1	0	1	1	1	1
0	1	3	7	14	29	59	54	45	26	53	42	20	40	16	32
第	二	个	一	半	:									
2	5	11	22	44	25	50	36	8	17	35	6	12	24	48	33
0	0	0	0	1	0	1	1	0	1	0	0	0	1	1
0	0	0	1	0	1	1	0	1	0	0	0	1	1	0
0	0	1	0	1	1	0	1	0	0	0	1	1	0	0
0	1	0	1	1	0	1	0	0	0	1	1	0	0	0
1	0	1	1	0	1	0	0	0	1	1	0	0	0	1
0	1	1	0	1	0	0	0	1	1	0	0	0	1	0
61	58	52	41	19	39	13	27	55	46	28	57	51	39	15	30
		8	到	32										
					扭	连	带	31	接	15				
31	30	29	27	22	12	24	16	3	6	13	26	21	11	23	14
0	1	2	4	9	19	7	15	28	25	18	5	10	20	8	17
			普	通	平	带	31	和	23	连	=	8	数	
31	30	29	26	21	11	23	15	28	25	18	4	9	19	7	14
0	1	2	5	10	20	8	16	3	6	13	27	22	12	24	17

表下半段，显示了8到32的内容。 前一个序列可按莫比乌斯带扭曲，而后可以成为一个和后一个序列同效果的东西。而后者就是在表50里用到的**当选序**。

在地球上西方往中东走一点点来到和希伯来文明有关联的地方，犹太教、基督教、伊斯兰教都是一神教，这个一神教传统如果合在一起看，与希腊文明形成对照。所谓耶路撒冷对雅典，在施特劳斯那里主要指犹太文明（希伯来）与希腊文明的对照，扩大说来，是中近东文明与希腊文明的对照。

相对于东北部、南部的周边地区，希腊文明是后起的，就是是学生的意思，连文字都是借来的，希腊的知识、文明很大部分是从美索不达米亚和埃及吸收过来的。希腊人从周边学到了几何知识、天学知识，他们的神话故事也有外族来源。不过，人们求得知识，本来是要使用这些玩意儿---知识，所以，从常态说，知识是通过用途组织起来的。

希腊人超过其老师的新特点是，他们按照知识本身的性质把知识组织起来，转变成了一种**理论上的形态**。本来，我们发展关于三角形的知识，是为了测量土地，建造金字塔，但是在理论形态里，三角形的只是首先不是与各种应用相联系，而是与关于其他图形的知识相联系。三角形的定理、四边形的定理、圆形的定理、圆锥与圆柱的定理，这些定理连成一片，形成几何学这门理论。

这样依知识本身的性质组织起来的知识才是真正的知识。现在我们更多是在希腊的意义上使用"知识"这个词。 一片一片的知识如果不靠实用联系在一起，它们之间是如何连上的？是靠"纯"道理连上的。

比如欧几里得几何学设定了一些公理，关于各种几何图形的知识都联系于这些公理，由此，它们相互之间也获得了联系，构成了一个知识整体。这个知识体系里的每一片都通过一连串的推理与其他部分相联系。对待知识的这种方式，叫做 Discursive thinking，就把它翻译为"论理方式"吧。

范式革命的提出者，著名科学思想家库恩曾认为，每一个知识体系都有它自己的概念框架，即所谓基本"范式"。这些框架之间是不可公约且互不隶属的。亚里士多德的物理学正确吗？牛顿正确还是爱因斯坦正确？这是没有意义的，这三者是人类理解自然世界的三大框架。

本节我们做点基础性研究方面的追求，而倒过来说，只有能通过此途径才可让 Numblocology 这门学问得到真实用，这是实用和基础和纯理论的辩证关系。下面就来一点纯理论，为了"理论"而理论的东西。

泛泛而论，如果用表53a的方式得到64个元素（隔4读取）的序并让它开始起作用，那么必能将64元素分割为两块或四块。那么，如此也可能让128和256元素的数组块有某种唯一的正选图形和唯一正解的序，如果在理论上证明其表达二进制是7层（128）和8,9,10甚至31层的数组块，如果有某种确定的唯一决定方式，让某个层只有唯一的候选图型可用，其他都不合规则。那么，通过确定这些序的办法，就能在每层只给一个候选者，就算序列或几何图形的正解。这样 第4，第5，第6，第31,...，第N个，第 无穷大的整数，其每层的正解排法都是唯一的。这样就在理论上解决了加密技术的问题。同时也在研究整数的群体性质的各种学问中淘到了金子，也就是数字通天塔猜想（因为还未被证明，且证明难度很大，所以这个命题称为猜想。数字通天塔猜想的另一个说法，就是人或物理上或纯理论上可以设计一组庞大的规则，它能让二进制表示的数组块的每层都优选出唯一的最象对称的解，这些解都是几何上非常美丽的，现在把这些结果从最高处挂下来，第2层是Nblock(4)排在高层，然后排好的Nblock（8）的图挂在其下面，然后给下面再挂16元素的一个唯一解的美丽图案，再 32（就是5层）元素，等直到无穷层。如果能证明这一组规则是可构建的，那么这个数字通天塔也势必能造好，这就是数字通天塔猜想能成立。我们既然在纯理论上设立了这个难度不小的猜想，那么我们发现什么样的一组规则能办成这件事就是个中心任务。这任务也就是 Numblocology 终极性问题。

这个猜想基本可图示在图60里。从比云端高在高空挂数字，这些数字每层都是个圈，开始有4个数，这是算第二层，此层的唯一解就是那4个数。然后8个数挂在下面，这为第3层，如此任何自然数的层数都可挂得上，没层是对应的唯一候选序列。所以这种数字通天塔的核心就是如何找到一系列的规则，让其有规律地描述出那个序列，并解释为何这个当选序列是唯一的。

Numblocology 终极性问题分三个版本，就是"福禄寿"三人各自讲出的要点：

图60，图解数组块学的终极问题：数字通天塔猜想（Digital Tower of Babel conjecture）。

图60，图解数组块学的终极问题：数字通天塔猜想（Digital Tower of Babel conjecture）

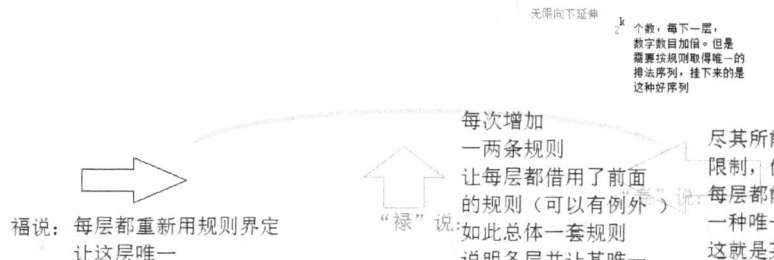

如果真能证明"数字通天塔猜想"，则是了不起的成就，如果猜到的一部分，比如在1000层里都找到了能行的某组规则，凭这规则，用在加密算法上，其保密效用也是非常杰出的，因为 Numblocology 自有对抗"频率分析"等解密方法的 Numblocological encryption methods, 稍加商业化甚至军事化，就是一种需要计算机辅助的，对方无法破解

的数组块学的加密技术（Numblocological encryption technique）。

下面就这个宏伟工程中需要用到的初步的也是必须的部分，做个适量探索和讨论。

表 53b，仿照表 53a 做表 53b 新给出一个隔 4 读取的 16 元素到 64 元素的四分截投影集

第	一	个	一	半											
63	62	60	57	50	36	9	19	38	12	24	49	35	7	15	31
0	1	3	6	13	27	54	44	25	51	39	14	28	56	48	32
0	0	0	0	0	1	1	0	1	1	0	1	1	1	1	1
0	0	0	0	1	1	0	1	1	0	1	0	1	1	1	0
0	0	0	0	1	0	1	1	0	0	1	1	0	0	1	0
0	0	0	1	1	0	1	1	0	0	1	1	1	1	1	1
0	0	1	1	0	1	1	0	1	1	1	1	0	0	0	0
0	1	1	0	1	0	0	1	1	0	0	1	0	0	0	0
第	二	个	一	半											
61	58	52	41	18	37	10	21	43	23	46	29	59	55	47	30
2	5	11	22	45	26	53	42	20	40	17	34	4	8	16	33
0	0	0	1	1	0	1	1	0	1	0	1	0	0	0	0
0	0	0	1	0	1	1	0	1	0	0	1	0	1	0	0
0	0	1	0	1	1	0	1	0	0	0	0	0	0	0	0
0	1	0	1	1	0	1	0	1	0	0	0	0	0	0	0
1	0	1	0	1	0	1	0	1	0	0	1	0	0	0	0
0	1	1	0	1	0	0	1	0	1	0	0	0	0	0	1
	上	部	整	局	平	整				被					
第	一	个	一	半	(	12	)			重					
										复					
63	62	60	57	51	38	13	27	54	45	26	53	43	23	47	31
0	1	3	6	12	25	50	36	9	18	37		40	16	32	
0	0	0	0	0	1	1	0	1	0	1	0	1	0	0	1
0	0	0	0	0	1	1	0	0	1	0	1	0	1	0	0
0	0	0	0	1	1	0	0	1	0	1	0	1	0	0	0
0	0	0	1	1	0	1	0	1	0	1	0	1	0	0	0
0	0	1	1	0	1	0	0	1	0	1	0	0	0	0	0
0	1	1	0	1	0	0	1	0	1	0	0	0	0	0	0
第	二	个	一	半			不	动	点						
							v	v							
61	59	55	46	28	56	49	35	5	10	20	41	19	39	15	30
2	4	8	17	35	7	14	29	58	53	43	22	44	24	48	33
0	0	0	0	1	0	0	0	1	1	0	1	0	1	0	1
0	0	0	1	0	0	0	1	1	0	1	0	1	1	1	0
0	0	1	0	0	0	1	1	0	0	1	0	0	0	0	0
0	1	0	0	0	1	1	0	1	0	0	0	0	0	0	0
1	0	0	0	1	1	0	0	1	0	0	0	0	0	0	0
0	0	0	1	1	0	1	0	0	1	0	0	0	0	0	1

		下	部	则	不	成	立		11	21	缺	

从上表可见因为没有根据几何图的对称性再筛选，所以符合投影集要求的组合会比较多。

其他类似的 16 到 64 之投影集的新序 则留给读者做练习（练习 6）

下面看看 128 元素的数组块 Nblock(128)，它可以直接被分解为四组，如表 54 所展示，其中 65 和 2 连成子圈。

表 54 ，总量长为 32 的子圈序的表 127 到 63 是子圈，其补数做的子圈也称 antibit 子圈是 0 到 64

127	126	124	121	114	101	74	20	41	82	36	73	19	39	78	28
0	1	3	6	13	26	53	107	86	45	91	54	108	88	49	99
56	113	98	69	10	21	42	84	40	80	33	67	7	15	31	63
71	14	29	58	117	106	85	43	87	47	94	60	120	112	96	64
		子	圈		2	-	65							.	
2	4	8	17	34	68	9	18	37	75	22	44	89	51	103	79
125	123	119	110	93	59	118	109	90	52	105	83	38	76	24	48
30	61	122	116	104	81	35	70	12	25	50	100	72	16	32	65
97	66	5	11	23	46	92	57,	115	102	77	27	55	111	95	62

因为 128/32=64/16，所以可以设计**四分截投影集**的隔 4、隔 6、隔 8、隔 12 和隔 16 等一系列排布。用记号 **Proj(g4,128/32)表示隔 4 的四分截投影集**。其中 128/32 表示从 32 阶出发并凭 16 个数字（digital)的 01 核心串到 128 阶的序。

Proj(g4,128/32)组的一个举例见表 55。

表 55 从表 54 读取隔 4 读取的 32 到 128 四分截投影集的 fold up 表，分四段表示出来但只是有两个子圈做代表 就是用 127 连 63 不用 0 连 64（不显示），用 2 连 65 其他则省略，然后从隔 8 读取换排出 Proj(g8,128/32) 四分截投影集则从第 6 行开始放置：

127	39	33	20	10	126	78	67	41	21	124	28	7	82	42	121
56	15	36	84	114	113	31	73	40	101	98	63	19	80	74	69
2	51	50	18	104	4	103	100	37	81	8	79	72	35	35	17
30	16	22	70	34	61	32	44	12	68	12	65	89	25	9	11

								2					6
	第	五	行	后		g	=	8					
127	80	98	73	114	15	42	28	41	125	33	69	19	101	31	84
56	82	124	67	10	39	74	63	40	113	36	121	7	21	78	20
2	25	122	44	34	16	35	79	37	4	50	116	89	68	32	70
30	75	8	100	104	51	9	65	12	61	22	17	72	81	103	18

从上表看见隔 4 和隔 8 都能排妥，所以用建造四分截投影集的办法一定能分一个象 64，128，256，512，1024，等数组块成四份。这些可在对抗"**频率分析**"法中用到，比如让某个集合的几分之几全对应一个高频词，而让高频词变化多端，比如兼职为"的   或 of   的代码"的孙悟空，一下变成 64 个不同代码，在一份电文里几乎用不完，很多"的"字因为代码不同就暂时无法用频率分析法解密。

8.2 小节 一些实用的唯一性刻画规则

很难建立 2 到 8 和 4 到 16 的四分截投影集。但是用 4 到 16 的某种序做**分割**却没问题（只是子圈建立难度大而已）。现在尝试建立 2 到 8 的隔 0 读取得到的四分截投影集，见表 56a。这和知名的"数字集体的子分解"问题有关，我们只研究在布尔巴基序结构之特例 shift rule 下的**子分解**。

表 56a   从 2 到 8（隐含 1 层到 3 层的二进制），gap=0   自然子圈只有 4 个元素的圈（没 2 元素的）

0	1			An	ti	bit	1	0				
G0		+	两层				G0		+	两层		
0	1						1	0				
1	0						0	1				
0	1						1	0				
2	5						5	2				
1	1	1	0									
1	1	0	1									
1	0	1	1									
7	6	5	3	自	然	子	圈	只	有	一	段	
0	1	2	4									

再尝试建立 4 到 16 的隔 2 读取得到的四分截投影集，见表 56b。

表 56b 从 4 到 16（隐含 2 层到 4 层的二进制），gap=2 的排法可能需要莫比乌斯带的（扭曲）式样，假设 gap=0 则在表的后半呈现

1	1	0	0	1	1	1	0	0	0	1	
0	1	1	0	1	1	1	0	0	1	0	
0	0	1	1	1	1	1	0	1	0	0	
1	0	0	1	1	1	1	0	0	1		

9	12	6	3		11	13	14	7		0	2	5	15		
6	3		镜	像	4	2	1	8		15	5			不	巧
只	能	在	莫	比	乌	斯	带	上	实	现	的		整	体	:
	1	0	0	1		0	0	0	0						
	0	0	1	0		0	0	0	1						
	0	1	0	1		0	0	1	1						
	1	0	1	1		0	1	1	1						
	9	2	5	11		0	1	3	7						
	9	2	5	11		0	1	3	7						
	6	13	10	4		15	14	12	8						
g	=	0	则	:											
1	0	0	0		1	0	1	0		1	1	0	0		
0	0	0	1		0	1				1	0				
0	0	1	0		1	0				0	0				
0	1	0	0		0	1				0	1				
8	1	2	4		10	5				12	9		镜	像	
7	14	13	11							3	6				

因为天然的镜像存在和局部的四分截投影集也存在，所以将一个数组块分成两组都是没问题的，二分截投影集也就容易做。那么第一个自然型的"八分截投影集"如何做，其后是否有四分截投影集那样的普遍性呢？因为四分截投影集在 8 到 32 后都畅通地能做出来。所以设计一个表 57 来看其 8 分的情况。表 49，从 8 元素到 32 元素的隔 4 的四分截投影集有序列 22 6 24 27 3 12 13 17 这八个数，根据什么把它们分作两组？当然是奇数和偶数，可叫作奇偶自然分割，割就是有点割裂的意思故比较人为，现在检查表 54，发现每组的32 个数中也恰好有 16 个是奇数而 16 个是偶数，这当然不是巧合，至少在理论上给一个数组做八分之一的分割是很容易的。下面的 57 表则尝试将 8 到 32 的作八等分，当然表 58 则是在谈 16 到 64 改成 8 到 64 的排法会如何。这个是**第二类的排法**，八分截投影集的试验，凑集的做成和不依照子圈做唯一依据是关键；其中平直正常型和莫比乌斯带的扭曲是重要的几何提示，也在 Numblocology 的理论物理应用方面给出了重要提示。

表 57 八分截投影集 Proj(g,32/4) g=0, 2, 4, 五层，不是很不成功

19	6	12	25		17	2	4	8		10	21	10	21
1	0	0	1		1	0	0	0		0	1	0	1
0	0	1	1		0	0	0	1		1	0	1	0
0	1	1	0		0	0	1	0		0	1	0	1
1	1	0	0		1	0	0	0		1	0	1	0
1	0	0	1		1	0	0	0		0	1	0	1
12	25	19	6		14	29	27	23		21	10	21	10
		镜	像									镜	像
前	面	有	16	个	不	同	的	数		下	面	更	不	对	称
0	1	3	7		22	13	26	20					
31	30	28	24		1	0	1	1					
					0	1	1	0					
		非			1	1	0	1					
					1	0	1	0					

			0	1	0	0					
			9	18	5	11	莫	比	乌	斯	扭	连

和表 57 相反，表 58 很正常。按对称的正序和 antibit 镜像序连在一起的原则，8 分就是做出正序的 4 分，如果正序的某段是 8 则可成。表中确实有四个子圈，连其 antibit 就是 8 个子圈，所以如下就是八分截投影集 Proj(g,64/8) 其中 g=0,2,4,6,(也许 8 而 12,16 则超过)。其中第九行后面的各子圈也是奇数 4 个而偶数 4 个所以要 16 等分一个数组也自然可以办到。第一行的后 8 个所成子圈也是奇占一半。这里一切都对称和正常了！

表 58 八分截投影集 Proj(g,64/8) g=0，2，4，6

63	62	60	57	51	39	15	31	61	59	54	45	27	55	45	30
1	1	1	1	1	1	0		1	1	1	0	1	1	0	0
1	1	1	1	1	0	0		1	1	1	0	1	1	0	1
1	1	1	1	0	0	1		1	1	0	1	1	1	1	1
1	1	1	0	0	1	1		1	0	1	1	1	0	1	1
1	1	0	0	1	1	1		0	1	1	1	0	1	1	1
1	0	0	1	1	1	1		1	1	1	0	1	1	1	0
0	1	3	6	12	24	48	32	2	4	9	18	36	8	16	33
		第	9	行	开	始		4	个	子	圈	都	奇	半	
5	11	23	46	28	56	49			10	21	43	22	44	25	50	37
0	0	0	0	1	0	1		0	0	0	1	0	1	0	0
0	0	0	1	1	0	0		0	0	1	0	0	1	1	0
0	0	1	1	0	0	0		0	1	0	0	1	0	0	0
1	0	1	1	1	0	0		0	1	0	1	1	1	0	0
0	1	1	1	0	0	0		1	0	1	0	0	0	1	0
1	1	1	0	0	0	1		0	1	1	0	0	0	1	1
58	52	40	17	35	7	14			53	42	20	41	19	38	13	26

下面表 59 则是八分截投影集 Proj(g,128/16)。

表 59， 128 个元素本身内容

127	126	124	121	114	101	74	20	41	82	37	75	23	47	95	63
0	1	3	6	13	26	53	107	86	45	90	52	104	80	32	64
125	123	119	110	92	57	115	102	76	24	49	99	71	15	31	62
2	4	8	17	35	70	12	25	51	103	78	28	56	112	96	65
5	10	21	42	84	40	81	34	69	11	22	44	88	48	97	66
122	117	106	85	43	87	46	93	58	116	105	83	39	79	30	61
7	14	29	59	118	108	89	50	100	73	18	36	72	16	33	67
12	11	98	68	9	19	38	77	27	54	10	91	55	11	94	60

| 0 | 3 | | | | | | | 9 | | 1 | | | |

表 59a 是让读者特意刻对一遍，看 16 个一行 其首尾连后可循环成圈，即子圈，共 8 个子圈。

表 59 则是八分截投影集 Proj(g,128/16) g=0，2，4，6，8，12 等，

127	126	124	121	114	101	74	20	41	82	37	75	23	47	95	63
1	1	1	1	1	1	1	0	0	1	0	1	0	0	1	0
1	1	1	1	1	1	0	0	1	0	1	0	0	1	0	1
1	1	1	1	1	0	0	1	0	1	0	0	1	0	1	1
1	1	1	1	0	0	1	0	1	0	0	1	0	1	1	1
1	1	1	0	0	1	0	1	0	0	1	0	1	1	1	1
1	1	0	0	1	0	1	0	0	1	0	1	1	1	1	1
1	0	0	1	0	1	0	0	1	0	1	1	1	1	1	1
0	1	3	6	13	26	53	107	86	45	90	52	104	80	32	64
125	123	119	110	92	57	115	102	76	24	49	99	71	15	31	62
1	1	1	1	0	1	1	1	0	0	1	1	0	0	0	0
1	1	1	0	1	1	1	0	0	1	1	0	0	0	0	1
1	1	0	1	1	1	0	0	1	1	0	0	0	0	1	1
1	0	1	1	1	0	0	1	1	0	0	0	0	1	1	1
1	0	1	1	1	0	1	1	0	0	0	0	1	1	1	1
0	1	1	1	0	0	1	1	0	0	0	1	1	1	1	1
1	1	1	0	0	1	1	0	0	0	1	1	1	1	1	0
2	4	8	17	35	70	12	25	51	103	78	28	56	112	96	65
5	10	21	42	84	40	81	34	69	11	22	44	88	48	97	66
0	0	0	0	1	0	1	0	1	0	0	0	1	0	1	1
0	0	0	1	0	1	0	1	0	0	0	1	0	1	1	0
0	0	1	0	1	0	1	0	0	0	1	0	1	1	0	0
0	1	0	1	0	1	0	0	0	1	0	1	1	0	0	0
1	0	1	0	1	0	0	0	1	0	1	1	0	0	0	0
0	1	0	1	0	0	0	1	0	1	1	0	0	0	0	1
1	0	1	0	0	0	1	0	1	1	0	0	0	0	1	0
122	117	106	85	43	87	46	93	58	116	105	83	39	79	30	61
7	14	29	59	118	108	89	50	100	73	18	36	72	16	33	67
0	0	0	0	1	1	0	1	1	0	0	1	0	0	0	1
0	0	0	1	1	1	0	1	0	0	1	0	0	0	1	0
0	0	1	1	1	0	1	0	0	1	0	0	0	1	0	0
0	1	1	1	0	1	1	0	0	1	0	0	1	0	0	0

1	1	1	0	1	1	0	0	1	0	0	1	0	0	0	0
1	1	0	1	1	0	0	1	0	0	1	0	0	0	0	1
1	0	1	1	0	1	0	0	1	0	0	0	0	0	1	1
120	113	98	68	9	19	38	77	27	54	109	91	55	111	94	60

这就是有解，就是容易的到一个 128 元素八分截投影集，而 256 的十六等分的子圈也自然有。就是十六分截投影集 Proj(g,256/16) 等都能做表。限于篇幅这些就省略了。

8.3 小节 因唯一性而做的图

将本章的表 58 简化为表 58b 如下：

63	62	60	57	51	39	15	31	61	59	54	45	27	55	47	30
0	1	3	6	12	24	48	32	2	4	9	18	36	8	16	33?
5	11	23	46	28	56	49		10	21	43	22	44	25	50	37
58	52	40	17	35	7	14		53	42	20	41	19	38	13	26

因为这个表只有唯一的排法，也就是说如果不象此表的排法是，则都会不能构成 8 个子圈。所以因为这个唯一性值得向做一个隔 3 排的几何图，然后看隔 7 排的几何图会是什么样子。，在几何图例第一种构型会是象表 60 那样排，其图就画在图 61 里。

表 60， 64 元素分子圈唯一性 g=3 做图的构型一（补数之间连线错开 5 格）

63	7	32	34	62	14	0	5	60	29	1	11	57	58	3	23
51	52	6	46	39	40	12	28	15	17	24	56	31	35	48	49
61	38	33	37	59	13	2	10	54	26	4	21	45	53	9	43
27	42	18	22	55	20	36	44	47	41	8	25	30	19	16	50
		g	=	3		8	节	排							

下面是构型一的示意图

图 61 一个示意图 其中 34 那对不接续 10 那对 它们在图的另一侧。另外 33 在回头时另排未接续才形成长线型：

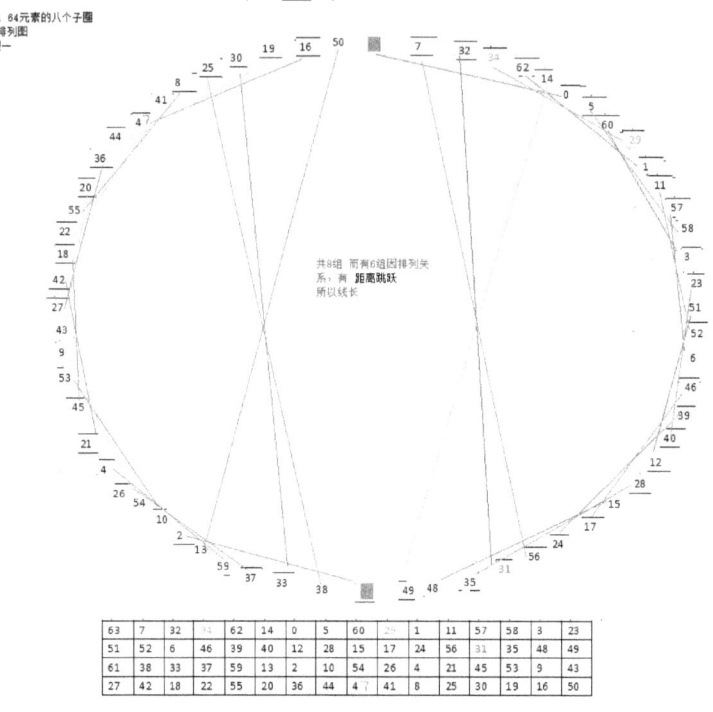

图61 64元素的八个子圈
隔3排列图
构型一

63	7	32	41	62	14	0	5	60	29	1	11	57	58	3	23
51	52	6	46	39	40	12	28	15	17	24	56	31	35	48	49
61	38	33	37	59	13	2	10	54	26	4	21	45	53	9	43
27	42	18	22	55	20	36	44	4	7	41	8	25	30	19	16	50

下面用表61来排图62，这是个更正规的做法，因为g=7让粒度=8就和8组吻合，

表61 为64元素的八分截 g=7的排法（部分是错位11格而排列）和即图62

63	37	29	61	32	53	34	3	62	10	58	59	0	42	5	2
60	21	52	54	1	20	11	4	57	43	40	45	3	41	23	9
51	22	17	27	6	19	46	18	39	44	35	55	12	38	28	36
15	25	7	47	24	13	56	8	31	50	14	30	48	26	49	16

当然改变表61，可将图调到符合完全对称的图
图62，这是隔7而排的

图62根据表61的隔7排列64元素的8分

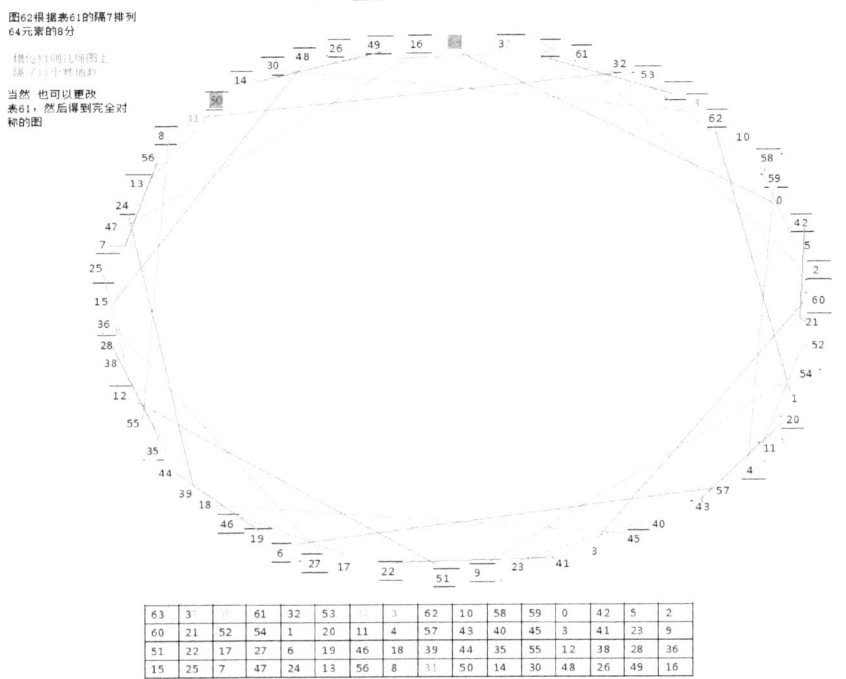

63	3		61	32	53		3	62	10	58	59	0	42	5	2
60	21	52	54	1	20	11	4	57	43	40	45	3	41	23	9
51	22	17	27	6	19	46	18	39	44	35	55	12	38	28	36
15	25	7	47	24	13	56	8	31	50	14	30	48	26	49	16

图63B 32元素例子

圖83 - A
32个音的等程排列图式
样

等是这类的图，例子1。

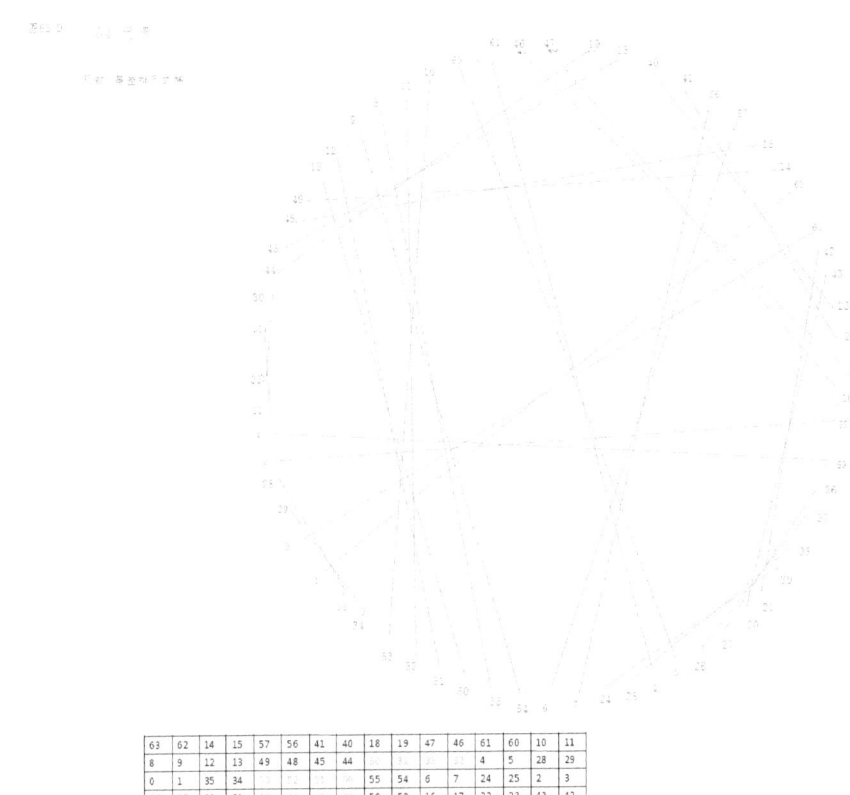

63	62	14	15	57	56	41	40	18	19	47	46	61	60	10	11
8	9	12	13	49	48	45	44					4	5	28	29
0	1	35	34					55	54	6	7	24	25	2	3
26	27	20	21					59	58	16	17	22	23	43	42

可以把表 7 称为第一出发序列 A，现在看序 B 且录入表 62 看看。

表 62 是和表 7 类似的 128 元素的第一出发序列，在表下部称为 B：

64	0	1	3	7	14	28	57	115	102	77	27	55	110	92	56
63	127	126	124	120	113	99	70	12	25	50	100	72	17	35	71
112	97	66	4	8	16	33	67	6	13	26	53	107	87	47	95
15	30	61	123	38	111	94	60	121	114	101	74	20	40	80	32
65	2	5	10	21	42	84	41	82	37	75	22	44	88	49	98

62	125	122	117	106	85	43	86	45	90	52	105	83	39	78	29
69	11	23	46	93	59	118	109	91	54	108	89	51	103	79	31
58	116	104	81	34	68	9	18	36	73	19	38	76	24	48	96
				改											
65	2	5	10	21	42	84	41	82	37	75	22	44	88	49	98
69	11	23	46	93	59	118	109	91	54	108	89	51	103	79	31
62	125	122	117	106	85	43	86	45	90	52	105	83	39	78	29
58	116	104	81	34	68	9	18	36	73	19	38	76	24	48	96
64	0	1	3	7	14	28	57	115	102	77	27	55	110	92	56
112	97	66	4	8	16	33	67	6	13	26	53	107	87	47	95
63	127	126	124	120	113	99	70	12	25	50	100	72	17	35	71
15	30	61	123	38	111	94	60	121	114	101	74	20	40	80	32
			第	一	出	发	序	列	B						

表 63 是前面提到的**自呈子集**的另一个例子，也是用 64 元素圈的 6 层下面增加 2 层的办法。它会被用在下章 9.2 小节 的解说中。

表63，以图彩形式画的表 63，以 128 个元素的大圈为目标的 gap=4 的 自呈子集（出发于符合规律的 64 元素的某个序 g=4），内容： 65 79-31 96 32 64 127 126 0 1 1

0	1	0	1	0	0	0	0	1	1	1	1
0	1	0	0	0	1	1	1	1	0	0	1
0	1	1	1	0	1	0	0	1	1	0	0
1	1	0	0	1	0	0	0	0	0	0	0
1	1	0	0	0	0	0	0	0	0	1	0
0	1	0	0	0	0	1	0	0	1	1	1
0	0	0	0	0	0	0	1	1	0	0	0
12	126	16	81	24	124	33	35	49	121	66	71	98
6		8	40	10	12	62	16	17	21	24	33	35	49
1	0	0	1	0	0	0	1	0	0	0	0
1	0	0	0	1	0	0	0	0	1	0	0
1	0	0	0	0	1	0	1	1	1	1	1
0	0	1	0	1	1	1	1	0	1	1	1

0	1	1		1	1	0	1		0	1	0	1		1	1
1	0	1		0	1	0	1		1	1	1	0		1	0
1	0	1		1	1	1	0		1	0	1			0	1
115	4	15		69	103	9	30		11	78	19	61		22	29
57	2	7	23	34	51	4	15	46	5	39	9	30	28	11	14

0		0	0	1		1	1	0			0	1	0
1		1	1	0		0	1	0			1	1	1
0		0	1	0		1	1	1			1	0	1
0		1	1	1		1	0	1			0	1	0
1		1	0	1		0	1	0			1	0	1
1		0	1	0		1	0	1			1	0	0
0		1	0	1		1	0	0		0	1	1	1
38		45	58	77		91	110	26			55	105	53
19	64	56	22	29	38	59	48	45	58	13	54	32	27	22	26
									101				>

	0	1	1	1		0	1	2	1		0	0	1	0	
	0	1	0	1		0	0	1	0		0	1	0	1	
	0	0	1	0		0	1	0	1		0	1	0	0	
	0	1	0	1		0	1	0	0		0	1	1	1	
	0	1	0	0		0	1	1	1		1	1	0	0	
	0	1	1	1		1	1	0	0		1	1	0	0	
	1	1	0	0		1	1	0	0		0	0	0	1	
	1	111	82	106		3	95	36	84		6	62	72	41	
11	,0	55	11	53	25	1	47	18	42	50	2	31	36	20	37
														<	

第 9 章 圈性代数函数的开发和加密技术

9.1 小节 三种有效的 Numblocological 加密技术的简单介绍

现在介绍三种有效的 Numblocological 加密技术。如果在理论上排序唯一性的追求能得到某种程度的正结果，那么这些结果可被用于商业加密或偶尔作为一种方言也被揉进军事加密中，即能让对方无法破解，除非对方的人员也偶然接触了数组块学加密技术（Numblocological Encryption Technique）。

推动现代密码学不断向前发展的例子：

如果清晰人类语言的文字或符号的传输是在公开信道里进行交换，目前还没有真安全的办法，比如，根据终消息来源于胡予濮教授圈子的报道，西安电子科技大学综合业务网理论及关键技术国家重点实验室的胡予濮教授与他的博士研究生贾惠文，对加密方案里的 GGH 映射本身以及基于 GGH 映射的各类高级密码应用进行了颠覆性的否定。2015 年 3 月 15 日，为了最后确认已经攻破了 GGH 密码方案，胡予濮将描述了攻击过程的手稿，发给了提出该方案的 3 位原作者。4 天后，该方案第三作者塞·哈勒维代表 3 人回函称："感谢您发送的手稿，您描述的攻击方式，似乎的确打破了我们在 GGH 一文中提到的多方密钥协商机制。"

找到了 GGH 的漏洞，原作者也承认了胡予濮提出的攻击是有效的，但密码学领域的这场智力较量却才刚刚开始。

2015 年 4 月，胡予濮和贾惠文提出组合精确覆盖问题的概念，对精确覆盖这一 NP 完备问题进行弱化，同时利用改进的编码/零测试工具，又将基于 GGH 的证据加密方案攻破了。

"方案的作者提醒说，我们只是在编码工具公开的情况下才攻破的，这一方案还可以在编码工具隐藏时进行。"胡予濮回忆说，"我们进一步深入研究，把编码工具隐藏的那种方案也给出了有效的密码分析，真正做到了无论在什么情况下，基于 GGH 的证据加密都不安全。"

胡予濮将修改后的论文再次给原作者发过去，对方长时间沉默。

"我们的研究成果，是对 GGH 密码映射方案的一次釜底抽薪式的攻击。"胡予濮表示，几乎可以断言，在编码工具公开的情况下，任何基于 GGH 映射的密码应用都是不安全的；在编码工具隐藏的情况下，至少有一个基于 GGH 映射的密码应用是不安全的；GGH 映射很难进行简单修改来避开我们的攻击。

密码技术是信息安全的核心技术。胡予濮打了个比方，如果把信息安全当作一个有大门、有围墙的院子。要想进院子，办法有多种，可以翻墙进去，也可以推倒墙进去，还可以挖个洞爬进去，但正常合理的办法是把门上的锁打开，然后推开门走进去。密码技术就是大门上的那把锁，锁的质量好不好，虽然决定不了院子是否安全，但却是合法通行的关键。密码技术的不断研究，推动着信息安全技术的发展。

"现代密码学的发展，就是密码编码学和密码分析学'相互打架'的过程，也就是设计密码和破解密码两拨人的较量。"设计密码的人，希望自己的密码体制难以被对手攻破；破解密码的人，希望自己可以破解对手的所有密码体制。

"学术研究上，破解的目的是帮助原有密码变得更加完善，推动现代密码学向前发展。"GGH 方案的提出，似乎让人们看到的解决多方密钥交换的曙光。但胡予濮教授的研究成果，证明其存在严重的漏洞，以致其后续无法成为多方密钥交换的标准。有学界关注者认为，"这也意味着，多方密钥交换协议可能又要向后推迟不可预测的时长，才可以出现新的方案。"

但同时，这一发现也意味着人们可以不再继续花费时间和精力，去建造基于 GGH 方案这一密码原语级别的协议，去构建加密标准、拓展出更多的密钥交换使用场景、设定各种流程及业务逻辑，甚至将其运用于商业、金融、军事等一系列领域。"如果这些成本被投放下去、此方案的漏洞才被发现，社会的损失会非常巨大。"

再有一个例子也很著名：就在那时的不久前美军新掌握可破解日军密码的方法，这为日军最后的挫败埋下种子。1942 年，太平洋战争正酣之际，美国海军从截获的日军密码电报中经常发现有"AF"两个字母，很明显，"AF"就是日本下一次的攻击目标。但是"AF"究竟指的是哪里，美国太平洋舰队情报处却与华盛顿海军情报部有着不同的认识，前者认为是中途岛，后者认为是夏威夷或美国西海岸。忽然，美军太平洋情报处处长想出一个绝妙办法，故意用明码发出电文称中途岛的水塔坏了。此计马上见效，不出 24 小时，美军即截获一份日军密电，"AF 缺乏淡水"。由此，美军证实了"AF"就是中途岛。由于美军掌握了日军的战略意图，结果，中途岛大海战中，美国海军只损失了一艘航空母舰、一艘巡洋舰和 147 架飞机，而日本山本五十六联合舰队的 4 艘航空母舰、一艘巡洋舰、280 架飞机、2000 多名水兵和大量有经验的飞行员葬身鱼腹，日本海军从此一蹶不振。

下面继续介绍基于 Numblocology 的加密办法。因为自然语言一般的功能可保的用字或词才几千个几乎就够了，前面提到的 AF 例子，就是已经在自然语言那一层被了解了，但是这是个黑话代号，需要继续确认才知物理真意，而破解基础已经可以在自然语言里解出了。通常在电文足够的情况下可用**频率分析法**攻破一个密码系统。如果根据本书前面谈到的比如 256 个数，可以被分为 16 等分或 32 等分，对 1024 个数也一样。如果假设有大约 100 个超高频词，比如"的或 of"可以用被 32 或 128 等分后的小集合（这也有很多数）中的某个数来代替。走随机取数加避免重复双规则的路子，可以将"的"在第一处用 36，第二处用 20 78，第三处用类似而不同的数代替，等等，结果是对方没法用频率分析法直接攻破。当然这种同类方案可以是人为制造的表，但是接受方也必须知道这个表的全部（库）。用 Numblocology 办法则有算法直接用，甚至不用带库，接受方了解约定和有内置算法就可以了。这个第一种方法就跳过，因为密码学的内行很明白是怎么回事。

第二法，基于两本混合书的系统，也许是两本小说的叠加，这个也可以用其他方法建造，但都符合常见字会在不同位置（比如第一页的 4 行第 7 字是"的"、第三页的第 5 行第 15 字也是"的"）重复出现。现在有一份待加密的一份电文在全文有 11 个位置都是"的"，这时发送方开始加密第一步把那个混合书拿来，把 1-4-7 当坐标翻译，选取下来，如此随机再取另外一个"的"字之坐标比如 103-12-5，再随机取的，27-18-14 等共 11 个"的"自坐标，发电文后接受方则做逆过程，他们也有一本同样的人造书，看到 1-4-7 后就查书得到是"的"，如此凭借书的媒介转为物理坐标发送，这时截获电码的对方，是无法用频率分析法解开：因为虽然是同一个"的"字，但其几乎每次都不同，用过一段后那两本混合书还可以更换，也就无法破解。这个也是密码行业的人一定知道的 ABC，太基础了也没必要细说。下面说第三法，这个会稍微详细点。

第三法简介：如果有一个未知的数字带子 A，而明文也化为数字了，如果将数字化了的待加密电文（B）之每个"数=number 不是 一位的 digital"，和带子 A 齐头并进，成对相加（或其他运算），结果得到长长的数字串 C（可以是 C=A+B），这个长串在换码为合适的用 digital 组成的 D 就发出去。对方截取后，就无法破解，因为那个未知的数字带子 A 是没法知道的（虽然 D 被截取）。而借助于约定、实用性圈性代数函数和辅助办法，三位一体地计算机化处理，在电文的接受方，因为也有 A 带子的自动生成部件，还有其他协调解码办法协助，所以肯快就能恢复明文。这个加密和解密的整体架构的核心部分就是如何设计已计算机化的"实用性圈性代数函数"，它的基础理论部分则和 Numblocology 直接相关。

现在本章还要插叙一下奇变类函数。如果对 256 元素的整圈，照模 4 的浮升规则可形成另外不相矛盾的另类子圈。之前用函数实现的"普通的浮升规则"是 X2 即倍数关系，外加新添在数组块表底下一行的是在原基础上去+0，或+1 的关系。现在的"模 4 的浮升规则"变成 X4（相当于表里某列的二进制数被提升两层）再加上"待加数"在底部倒数第一和倒数第二层，这待加为：或+0，主流用+1，或+0，偶尔用+1+2+3（例子里还有细则）。见表 65 那个"模 4 的"例子，通常+0 或+1 是先用，而+0 和+1+2+3 只用作承接为圈的时候。如此表 65 的第一行是很怪的排法十进制，但实际很有规则，可写成计算机代码，按算法实现，当然有时序列里会出现多种选择。比如第 2 竖栏可补 1 而成终于做成 754...序列而不是象表 65 里的 740...。

表 65， 模 4 的浮升规则用于 8 元素隔 0，最后一格或数格偶尔浮升两层后+3（或+2 或+1）解释在第 6 行开始，7 变第 2 列的"4"是因为底部那个 1 升 2 行，然后 7 的上部的 11 被顶掉，补 0 在最后一行所得

7	4	0	1	5	6	2	3		8		0		
1	1	0	0	1	1	0	0		栏		1	顶	掉
1	0	0	0	0	1	1	1	详	解：	升	=》	0	1	补
1	0	0	1	1	0	0	1			补		1		
补	补	补	补	补	补	补	补				0	1	1	
1	0	0	1	1	2	2	3							
8	1	2	3	4	5	6	7		3		1		补
栏	栏	栏	栏	栏	栏	栏	栏						
升	升	升	升	升	升	升	升		升	是	底	部	那
补	补	补	补	补	补	补	补		层	升	两	行	
1	0	0	1	1	2	2	3		的	意	思		

按类似计算思想，函数化后对 256 元素的进行处理，要求在此类模 4-shift rule 函数下得到 8 的子圈是可能的。而标准子圈办法则是不可能的，见表 66a。

比如表 51a 的局部就显得规律性太强，所以，在密码攻防里，很容易被对手猜出来：

（局部：）

127	126	125	123	119	111	95	63
1	1	1	1	1	1	1	0
1	1	1	1	1	1	0	1
1	1	1	1	1	0	1	1
1	1	1	1	0	1	1	1
1	1	1	0	1	1	1	1
1	1	0	1	1	1	1	1
1	0	1	1	1	1	1	1
0	1	2	4	8	16	32	64

而另类些的表 65 等类似的表就例外了。现在看表 66a,这个表是会引起矛盾的，也就是说标准 shift rule 下的子圈在 256 元素排不到 8 元素子圈（对照表 65 却排好了 8 元素的子圈）。

如果看到将 256 元素分成大小为 8 元素的子圈的试验是不成功的，那么我们就间接地知道符合 256/32=8 时（8 层表的一种可实现的子圈分割）会成功。但 256/32=8 时的情况并没被制表。

表 66a，标准 shift rule 下，（参见 7.4 小节，）本表上部是个数 t=8 的子圈之试验一，显示 256/8=32 组的会出矛盾，下部是 256/16，暂时可以而不矛盾：

255	254				191		254			X	X
1	1				1	1	1				0
1	1			1	0	1	1			1	
1	1		1	0	1	1	1		1		
1	1	1	0	1	1	1	1	1			
1	1	1	0	1	1	1	1	1			
1	1	1	0	1	1	1	1	1			
1	1	0	1	1	1	1	1				
1	0	1	1	1	1	1	0				
0	1				64						矛
	256	连	不	上	191						盾
下	部					可	接				
255	254										127
1	1				1	0					0
1	1				1	0				0	1
1	1			1	0	1			0		1
1	1		1	0	1			0			1
1	1	1	0	1			0				1
1	1	1	0	1		0					1

1	1	0	1				0						1
1	0	1				0							1
0	1												

接下来给一个按模 4 shift rule 来排的 8 元素子圈，接头成圈规则：必须+0 在最先，然后+1+2+3 都有的排列算是合规则排列的。见表 67。

表 67，另类的子圈是这样排的，256/8 之模 4 shift rule 法排序，可成子圈：

255	252	240	193	6	27	111	191						
1	1	1	1	0	0	0	1	X					
1	1	1	1	0	0	1	0						
1	1	1	0	0	0	1	0						
1	1	1	0	0	1	0	1						
1	1	0	0	0	1	1	1						
1	1	0	0	1	0	1	1						
1	0	0	0	1	1	1	1						
1	0	0	1	0	1	1	1	X					1
0	3	15	62	249	228	144	64		下	面	为	注	解 :
补3了	补0了	补0了	补1了	补2了	补3了	补3了	补3了						

插叙完这个特例后我们会再次讨论密码、圈性代数和稍合符 Numblocology 本意的圈性代数、加密技术等。当然读者需要继续看下一节。

9.2 小节 圈性代数(Numblocological cycle- algebra)函数的开发与理论

圈性代数函数的开发和加密技术有其理论基础，请看图 64a。

图 64a 很多层的圈的示意图

图 64a 很多层的圈的示意图

设想图景：是算一个圈是一个孤岛呢，但实际也许不是。也许是第N层和N+d层之间有特定关系。
典型是 128的圈和来自32元素圈的自呈子圈有一个对应关系，就是128个元素里有32个是和另一层的那32个数有一一对应关系的，这还是纯孤岛型的关系吗？

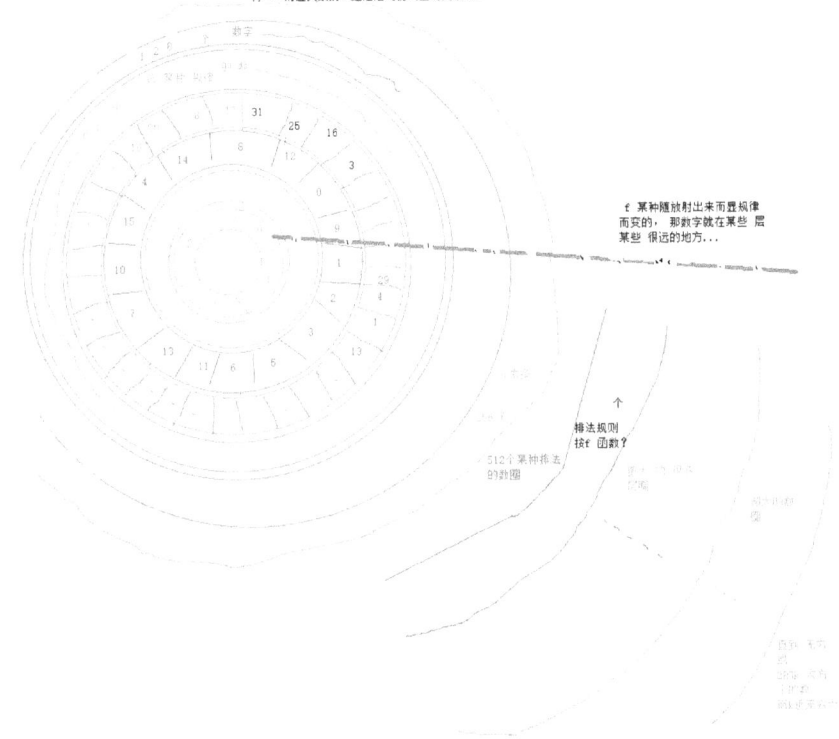

图 64a 可以展示某些东西，研究者可以认为，每个圈都是孤岛，就是比如内圈的 2013 可以是人为排列，第四层的圈是随机 64 个数随意排，当然也有规整的。某些层可以是符合 test 或因为能过中系公理规定的第一检测过程而排成那个样子（比如按 g=1 取的八个元素 72645031）。另一些层可能是因为符合第一出发序列而排成那样的。这个观点就是（无统一规划的）孤岛图景。和此相反的是认为从第 N 圈开始外跑到 N+h 圈为止，因为这些圈符合某个特定规定，而显得有联系。这种联系是可以用一个函数来表达的，也许这就是圈性代数函数名称的由来。

如果这个 N 是 2，而 h 是无穷大，则"能概括它行为的"就是有一种统一的划分法，让处在每层的圈都得到"唯一"或 01 核心串意义上唯一的正解排序。因为这种正解排序在每个圈（即 2 层到无穷大层）都是只有唯一的解（或唯一选择），所以，这也隐函数地表达了一个深奥函数，这种函数刻画了这个唯一排法的内在规定性。虽然我们还不知道具体内容是什么。

如此理论上我们会有一种唯一排法。还会有一些全局范围的带变异的排法，它们能构成实用性的强函数。然后退而求其次，可发现在如图 64a 中所示的从 N 层到 N+h 层中，它们符合着"某些特定数学规律",至少,这特定的 h 层就可以用对应的弱函数来刻画。最后达到什么效果呢,虽然在弱函数的条件下,我们不知道某层比如 N+5 或 N+c 层(其中1<c<h)的全体如何排。但是我们却知道某些特定的数字或元素在 N 层到 N+h 层的"通式",了解那个"抓取这 h 个层都带有的特征"是如何具体地被函数刻画了后,加上实用变异的掺杂,就有思路去构建可计算机化的函数。通过这些所谓的圈性代数函数的开发。可建造模块,让其造出任意层的大圈里某特定的数字序列,用于充当我们在本章第一节提到的序列:一个未知的数字带子 A(当然,开发好的函数还可排上其他用场)。如此虽然我们还未掌握 Numblocology 中各阶数组块的很多内容,但是已经能应用它到加密技术里面了。当然这不但是个理论研究课题,也是未来数组块加密技术实用部分的中心内容之一。本书因为兴趣不在于此,所以也不更多披露。因为这也有个好处,当商用型密码技术需要商业化时,它被实现后,对手破解它的可能性很低,因为我们都**未曾披露**过。

总之,Numblocological Encryption Technique 相关的研究是很有前途的,其要点是计算化、不取整个圈而取其一部分、变异等技术。当然理论研究的突破也是其基础,有了基础后,应用化则非常容易实现。

章尾的插诗： 旦（上阙） 吴国强作

沁园春

夜断霄空
云璧雕穹
旭彩染屏。
配霞冠露履
腾衣渺渺;
游天晨子
并日盈行。
松剀寒涛
风扬朝气
无数神驹贯野鸣。
起城中
别车龙人潮
已得新思。

第 10 章 Numblocology 终极问题

10.1 小节 上下自印集和它的叠合

前面我们定义了几分截投影集，**自呈子集**等，现在作定义上下自印集的准备。这里所用的是中系公理，就是如果是 8 则隔 2 而排，（但依照隔 1 排也能成一个参考序列，）如果是 16 则隔 4 为正排（隔 3 是参考序列），等等。其中上自印集是由带 8 元素的乾卦（或二进制 111=7）作代表，其它大小的数组块 Nblock(M)是用 "k 层的其二进制每层都为 1 的那个数"，也就是 M-1 做代表，比如 16 时取 15（二进制=1111）为上自印集元素。而下自印集是用固定的（xxx...x11）就是十进制的 2 做代表，自印集也是降阶的，可用符号 **Prin(2M/M-1)表示上自印集**，而符号 Prin(2M/2)表示下自因集。可参照第二章的上半旋和下半旋。

上自印集的定义：相当于在 2M 个数中（比如 32 个数中）选 M 个数。将上自印集 Prin(2M/M-1)，比如 Prin(32/15)表示为一个数组块的表格，其中出发点是 16 元素 Nblock(16)的第一出发序列（注：第一出发序列的描述见 3.4 小节），因为其左右各一半，或上下各一半是半独立的，(在物理学弦论里当上半开弦分开后)，这个闭环如果不按十进制而是按其 01 核心串来作制表动作，按 g=1 读取而增加两层（注意不是 1 层）造新表就是**上自印集**。如表 68a 所示，就成为 32 元素的一种特殊序列，这个序列可被定义为 Prin(32/15)。

下自印集的定义：相当于在 2M 个数中（比如 32 个数中）选 M 个数。将下自印集 Prin(2M/2)，比如 Prin(32/2)表示为一个数组块的表格，其中出发点是 16 元素 Nblock(16)的第一出发序列（注：第一出发序列的描述见 3.4 小节），因为其左右各一半，或上下各一半是半独立的，(在物理学弦论里当下半个开弦分开后)，如果闭合则自己成为一个闭环，这个闭环如果不按十进制而是按其 01 核心串来作制表动作，按 g=1 读取而增加两层（注意不是 1 层）造新表就是**下自印集**。如表 68b 所示，就成为 32 元素的一种特殊序列，这个序列可被定义为 Prin(32/2)。其中或许带有 2X2X2=8 这个元素。

如表 68a 上自印集 Prin(32/15)共 16 个元素，是通常 32 元素的一个**子集**：造此表时，出发序列用 16 元素的第一出发序列，选几何图形中会带 15 的那一半做成闭圈（那时只剩下 8 个数了），然后在表底部根据顶部的 01 核心串（01CS）自然添加补成全表（这是自动化过程），最后一行，即最后返翻译每竖栏的二进制成十进制就结束。而表 68b 也类似，只是含有 2（和 M-1-2=13 补数）在待添加的序列中。

表 68a ， Prin(32/15),隔 gap=2

第	一	出	发	序	列	注	意	其	首	尾	连	城	圈		
8	0	1	3	6	13	10	4	9	2	5	11	7	15	14	12
		改	等	效	圈	并	15	开	头	共		8			
15	14	12	8	0	1	3	6		下	一	行	翻	译		
1	1	1	1	0	0	0	0	参	G	a	p	=	1		
1	1	0	0	0	0	1	1		有	5	层				

0	0	0	0	1	1	1	1					
0	0	1	1	1	1	0	0					
1	1	1	1	0	0	0	0					
24	25	19	19	6	6	12	12					
G2												
1	1	1	1	0	0	0	0	正	G	a	p	= 2
1	0	0	0	0	1	1	1	有	5	层		
0	0	1	1	1	1	0	0					
1	1	1	0	0	0	0	1					
0	0	0	0	1	1	1	1					
26	18	22	20	5	13	9	11		正	解		

表 68b，Prin(32/2),隔 gap=2

第	一		出	发	序	列		注	意	其	首	尾	连	城	圈	
8	0	1	3	6	13	10	4	9	2	5	11	7	15	14	12	
		改	等	效	圈	并	13	开	头	共	八	数	带	2		
13	10	4	9	2	5	11	7			下	一	行	翻	译		
1	1	0	1	0	0	1	0	参	G	a	p	= 1				
0	1	0	0	1	0	1	1			有	5	层				
0	0	1	0	1	1	0	1									
1	0	1	1	0	1	0	0									
1	1	0	1	0	0	1	0									
19	25	6	19	12	6	25	12									
G2																
1	1	0	1	0	0	1	0	正	G	a	p	= 2				
1	0	0	1	0	1	1	0	有	5	层						
1	0	1	1	0	1	0	0									
1	1	0	0	0	0	0	1									
0	0	1	0	1	1	0	1									
30	16	7	28	1	15	24	3		正	解						

下面通过表 68c 来看补集，看通过**叠**合能求到对称的"反粒子"否。

表 68c,补集隐藏的反粒子： set of [Prin(32/15)+Prin(32/2)]的补集={0，2，4，6，8，10，12，14，17，19，21，23，25，27，29，31}={0-31, 2-29, 4-27, 6-25, 8-23, 10-21, 12-19, 14-17}

26	18	22	20	5	13	9	11	30	16	7	28	1	15	24	3
2	4	8	17	圈	10	0	25	19	6		10	21			
0	0	0	1	0	0	1	1	0		0		1	不	对	称
0	0	1	0		1	0	1	0		0		0			
0	1	0	0		0	0	0	1		0		1	邻	位	反
1	0	0	0		1	0	1	1		1		0			
0	0	0	1		0	0	1	1		0		1			
29	27	23	14		21	31	6	12	反		21	反			

总结，自印集合被取走后它们的补集，就留下一个子圈，而另外一个不对称的子集反而留下高阶联通的圈性代数函数的构造线索。可以在密码学上用来构造那种需要随机插入的序列来填充的地方，比如两数字（Numbers）之间的空挡。另一个结论是在 Prin(32/?)的阶数里没有发现叠合现象，是否 Prin(64/?)也一样呢，这需要把 32 元素的出发序列再"抄"一遍参照，如表 69 中。以上叙述借用了一些物理和弦论里的名词，但这里其实就是数之圈而也许和物理无关。

表 69，Prin(64/31) 和 Prin(64/2) 的合表，此表用 gap=4

16	0	1	3	6	13	27	23	14	29	26	21	11	22	12	24
			改	31	领	先									
							16	0	1	3	6	13	27	23	14
29	26	21	11	22	12	24									
			上	自	印	集	G	A	P	=	4	翻	译	:	
							16	0	1	3	6	13	27	23	14
1	1	1	1	1	0	0	1	0	0	0	0	0	1	1	
0	0	1	0	0	0	0	1	1	1	1	1	1	1	1	1
0	0	0	1	1	1	1	1	1	1	1	0	1	0	0	
	1	1	0	1	1	0	1	0	1	1	0	0	0	0	0
1	0	1	0	0	0	1	0	0	0	0	0	0	1	0	0
0	0	0	0	1	1	1	1	1	1	1	0	1	0	0	
34	36	52	46	45	5	8	41	29	27	11	17	18	58	55	26
			下	自	印	集	G	A	P	=	4	翻	译	:	
29	26	21	11	22	12	24									
1	1	0	1	0	1	0	1	0	0	1	0	1	0	0	
0	1	1	0	0	0	1	0	1	0	0	0	1	0	0	
0	1	0	1	0	1	0	1	0	1	0	0	1	0	0	
0	1	0	0	0	0	1	0	0	0	0	1	0	0	0	
1	0	1	1	0	0	1	0	0	1	0	0	0	1	0	
0	1	0	0	1	0	0	0	1	0	1	0	1	0	0	
34	60	55	14	33	4	56	47	29	3	8	49	30	59	7	16
X		X					X		X						

查看有四个 X 叉叉。果然是有 4 个叠合，当然其比例是 4/32，即为 12.5%。

接着造表 70a 上隔 g8 和表 70b 下还有表 70c 上隔 g4 来源本书的表 11。

表 70a，Prin(128/63) 圈的实质是 32 个格子，Gap=8

32	0	1	3	7	14	29	58	52	41	19	38	13	27	55	47
30	61	59	54	45	26	53	42	20	40	17	35	6	2	24	48
33	2	4	9	18	37	10	21	43	23	46	28	57	51	39	15
31	63	62	60	56	49	34	5	11	22	44	25	50	36	8	16
			上	32	个		是	31	开	始					
31	63	62	60	56	49	34	5	11	22	44	25	50	36	8	16
32	0	1	3	7	14	29	58	52	41	19	38	13	27	55	47

			分	行		翻	译		共	32		G8		
0	1	1	1	1	1	1	0	0	0	1	0	1	1	0	0
0	1	0	1	1	0	0	1	0	0	0	0	0	0	1	1
0	0	0	0	0	1	1	1	0	1	0	0	1	1	0	1
1	0	0	1	1	0	1	1	1	1	1	1	0	0	0	1
1	1	1	0	0	0	1	0	1	1	0	0	1	0	0	0
1	0	0	1	0	0	0	0	0	0	1	1	1	0	1	0
0	1	1	0	1	0	0	1	1	0	1	1	1	1	0	1
14	101	69	107	104	81	92	56	13	29	74	11	87	81	35	57
												重			
1	0	0	0	0	0	0	1	1	1	0	0	0	0	1	1
1	0	1	0	0	1	0	0	1	1	1	1	1	0	0	0
1	1	0	1	1	0	0	0	0	1	0	0	0	1	0	0
0	1	1	0	0	1	0	0	0	0	0	0	1	1	0	0
0	0	0	1	1	1	0	1	0	0	1	0	0	1	1	1
0	1	0	0	1	1	1	1	1	0	0	0	0	1	0	1
1	0	0	0	1	0	1	1	0	0	1	0	0	0	0	0
113	26	58	20	23	46	35	71	122	98	53	116	40	46	92	70
						重							重	重	

可见当 Gap=8 为设定时，会有 12.5%重复现象，而不再能全枚举本表应当给的分量，趋势是**干涉**和不清晰会出现。这和波的特点非常相似。量子在物理里暂时是符合很好的波，猜猜：它会在未来更精确的试验里需要借助本书此章此节所提到的"波"的方法来解释真物理试验吗，这竟然是人类在研究**整数群体时**给出的现象。重复相当于在一个时空点，那个时间段的空间所得的能量被抵消。这里干涉也是借用物理名词，算一种创造学里常见现象。现在，在表 70b 里改用 Gap=4。

表 70b， Prin(128/2) 圈的实质是 32 个格子，Gap=4

			下	32	个		是	30	开	始					
30	61	59	54	45	26	53	42	20	40	17	35	6	12	24	48
33	2	4	9	18	37	10	21	43	23	46	28	57	51	39	15
			分	行		翻	译		共	32		G4			
0	1	1	1	1	0	1	1	0	1	0	1	0	0	0	1
0	1	1	0	1	0	0	0	0	1	1	0	0	0	0	0
0	1	0	0	0	1	0	0	0	0	1	0	0	0	1	0
1	1	0	0	0	0	1	0	0	1	0	0	1	1	1	1
0	1	0	1	0	0	1	1	1	0	0	0	1	1	0	1
0	1	0	0	1	0	0	1	1	1	0	0	1	1	0	0
1	0	0	1	1	1	0	1	1	1	0	1	1	0	0	0
9	126	96	67	103	19	125	64	7	79	38	123	0,	15	30	76
1	0	0	0	0	1	0	0	1	0	1	0	1	1	1	0

1	0	0	1		1	0	1	1		0	1	1		1
1	0	1	1	1	0	0	1		1	0	1	0		1
0	0	1	1		1	0	1	1	0	1		0	0	0
1	0	1	1	0	1		1	0	0	0	1	1	0	0
1		1	0	0	0		1	1	0	0	0		0	1
0	1	1	0	0	0	0		1	0	0	1		1	1
118	1	31	60	24	108	2	63	120	48	89	4	127	112	97	51
				很	对	称									
9	126	96	67	103	19	125	64	7	79	38	123	0,	15	30	76

结果这个表无一点干涉或重复（意思是 G4 创造经典物理而 G8 创造量子波的物理），能量 100%被保持，用理论物理的术语就是 100%的粒子性。补表 70c 就也是改 Gap=4 来排前面的表 70a。

表 70c, G=4 的 Prin(128/63) 即 128 元素圈的上自印集

		上	32	个		是	31	开	始			改	G4	
31		62	60	56	49	34	5	11	22	44	25	50	36	8	16
32	0	1	3	7	14	29	58	52	41	19	38	13	27	55	47
			分	行		翻	译		共	32		G4		
0	1	1	1		1	0	0		1	0	1	1	0
1		1	0	0	0	1	0	1	0		1	0	0	0
1	0	1	1	0	0	1	0	0	0		0	1	1	1
0	1	0	0	0	0		0	1	1	0	1	0	0	1
0		0	1	1	0					0	1		1	1
1	0	1	0	1	0	0	1	1	1	1		1	0	0
0		0	1	1	1	0	1	0		0	0	1	0	1
51	105	82	85	69	103	83	37	43	10	78	38	75	86	21	29
X									X						
1	0	0	0	0		0	1		1	0		1	0	1	1
0		0	1	1	1	0		1	0	0		1		1	1
0		1	0	0	0	1		1	1	1		1	0	0	0
1	0		1	1	0		1		0	0		1	0	1	0
1		1	0	0	1		0		1	0		0	0	0	0
0	1	0	1	1	0		1	0	0	0		1	1	0	1
0		1	0	0	0		0		1	1	1		0	1	0
76	22	45	42	58	24	44	90	84	117	49	89	52	41	106	98
X									X						
118	1	31	60	24	108	2	63	120	48	89	4	127	112	97	51
				很	对	称									

9	126	96	67	103	19	125	64	7	79	38	123	0,	15	30	76
												Y			Y

见 X 标记，是 4/64=6.25%有上下之间的**叠合**。是比较少，可能当唯一当选的序列有道理。

表 71a ，关于另一个"第一出发序列的问题"之上 prin(128/63)，64 元素的另一个第一出发序列（表 22）是来源

表 22 的内容：

63	62	60	57	51	39	14	29	58	52	41	18	36	8	16	33
2	4	9	19	38	13	26	53	42	20	40	17	35	7	15	30
61	59	54	44	25	50	37	10	21	43	23	46	28	56	48	32
0	1	3	6	12	24	49	34	5	11	22	45	27	55	47	31
	改						异								
32	0	1	3	6	12	24	49	34	5	11	22	45	27	55	47
31	63	62	60	57	51	39	14	29	58	52	41	18	36	8	16
33	2	4	9	19	38	13	26	53	42	20	40	17	35	7	15
30	61	59	54	44	25	50	37	10	21	43	23	46	28	56	48
				上											
32	0	1	3	6	12	24	49	34	5	11	22	45	27	55	47
31	63	62	60	57	51	39	14	29	58	52	41	18	36	8	16
		翻	译			按	g	=	4						
1	0	0	0	0	0	0	1	1	0	0	0	1	0	1	1
0	0	1	1	0	0	0	1	0	1	1	0	1	1	1	1
0	0	1	0	1	1	0	1	1	1	1	1	1	0	0	1
1	0	1	1	1	1	1	0	0	1	1	0	1	0	1	0
1	1	1	0	0	1	1	0	1	0	1	0	1	0	1	1
1	0	1	0	0	1	1	0	0	0	0	0	0	0	1	1
0	0	1	0	0	0	0	0	1	0	0	0	0	0	1	0
78	6	63	40,	26	28	12	126	80,	53	57	24	124	32,	107	114
		扭 v													
0	1	1	1	1	1	1	0	0	1	1	1	0	1	0	0
1	1	0	0	1	1	1	0	1	0	1	0	0	0	0	0
1	1	0	1	0	0	0	0	0	0	0	0	0	1	1	0
0	1	0	0	0	0	0	0	1	0	0	0	0	1	0	0
0	0	0	1	1	0	0	0	1	0	1	0	0	1	1	1
0	0	0	1	0	1	1	0	1	1	1	1	1	0	1	0
1	1	0	1	1	1	1	0	0	1	1	1	0	1	0	1
49	121	64	87	101	99	115	1	47	74	70	103	3	95	20	13
iv 扭	sj		viii	v	jj	s		ix	vi	jjj	s		x	vii	

78	6	63	40,	26	28	12	126	80,	53	57	24	124	32,	107	114

表71b，关于另一个"第一出发序列的问题"之下 prin(128/2)

33	2	4	9	19	38	13	26	53	42	20	40	17	35	7	15
30	61	59	54	44	25	50	37	10	21	43	23	46	28	56	48
翻	译			按	g	=	4								
1	0	0	0	1	0	0	1	1	0	1	0	1	0	1	0
1	0	0	1	1	1	0	1	0	0	0	1	1	1	1	1
1	1	0	1	0	0	1	1	1	1	0	1	1	0	0	0
0	0	1	1	1	1	0	1	0	0	0	0	1	0	1	1
1	1	0	0	1	1	0	0	0	1	1	1	0	0	1	0
0	1	1	0	0	1	1	1	0	0	0	0	1	0	0	1
1	1	0	1	0	0	0	1	1	0	1	0	1	0	0	0
101	19	13	60	40	74	38		124	80		77	54	121	32	43
0	1	1	1	1	1	0	1	0	0	0	0	1	0	1	0
1	1	1	0	0	0	1	0	0	1	1	0	0	1	1	0
1	0	1	1	0	1	0	0	0	0	0	1	0	0	0	1
1	0	1	0	1	1	1	1	0	0	0	1	0	1	0	1
0	0	0	1	1	0	0	1	1	0	0	1	0	0	0	1
1	1	1	0	0	1	1	1	1	1	0	1	1	1	1	0
0	0	1	1	1	0	1	0	0	0	1	1	0	0	0	0
26	108	114	65	87	53	89	100	3	47	106	50	73	6	95	84
X	X			X			X				X	X			

总重复为 2X6/64=18.75% 这个叠加比例比较大。也许应该**不选**这个为那个"唯一选项"，当然，要看这样挑选是否恰当，还需要看更多性质或相关数据。曾在前文第六章的很多地方笔者假定过一种人为的规则，可以确定是否选某个被评估序列。但是这里似乎有个方法和前面的相反。

因为Prin（256/128）的问题是128有多种排法，这实际是个讨论如何鉴别**唯一性**的机会。

正好在下节继续研究。

定义几何型的同态：如果一个 s 阶的 01 串，在某些特例下，其排列的序符合性质 I；**性质 I**：2s 阶的此 01 串和此串对应的配合 01 串，可以生成独立成圈的两个 s 阶的子圈，这个子圈所得到的在 2s 级别生成的序列被称为 As 序列，这是依照同样的 01 串，如果在 4s 水平再获得一个序列（一般隔 g 取数，其取数方法会有某种限制），称为 B4s 序列。那么因为都同同一个 01 串（01string）有关，虽然各自的序列是在不同水平生成的序列，那么定义序列 As 序列和 B4s 序列之间存在几何型同态关系。注意**性质 I** 的意义。

补充一下，是否可以多层的问题。就是说是否同一个 01 串可以再产生一个 8s 阶的序列，那 C8s 还称为和 As 有同态关系吗？其实可以这样叫并且称为二次的同态，只是本来的同态和二次的同态在数学关系上几乎不同，或者说被稀释得只有一点点类似了。勉强还能在普通语言词汇意义下带些"同态"的意思。因此，除非需要，否则不用 8s 阶的和 s 阶关联。

数组块学是一门**研究数组群体行为或数学特征的小型学科**，它和数论会有些类比。就整体同态的变动协调关系而言，各圈之间如果用几何型同态关系为主流联系因子，那么在各层之间其 01 串的 0 和 1 的模式的变换，就可形象地称为 Numblocological "**同态浪**"。在这个意义上，"同态浪"的分布规律可以和著名的解析数论中的黎曼函数类比。这是个宏大的课题，等着读者注意！

10.2 小节 数组块学（Numblocology）的终极问题试研究

我们在上节刚刚接触有关数字群体的研究的整体图景的看法，其中的规律也许稀有。或能成为读者的瑰宝。现在笔者卑微，只谈论些自己的个人看法。在本书前文里的图 60 有个形象的图解，现在具体谈谈。请看图 60，六十为甲子数（一个甲子的时间或"三代完整的人过去了"而产生了严重的"钱学森之问"，因为需要读者对创新的支持，所以用 60 来纪念。）图中没说 A B 或甲乙而改用福禄等汉字，其实只是学说中某情形的代号。

"福"说的比较容易，因为几乎把每层看作独立，只是基数扩大了，所以用通式加变异的办法可以得到一定的正结果。"禄"说的层间关系深奥，但是正因为其严实，所以可能反而能得到一个数学上的证明（"如果假设有**那些**规律的话"则可行）。"寿"的意思是随便用什么办法都可，只要每个层都能"拿到"一些道理，让某个序列最有理而被选上，就行。算是最实用的。当然"寿"说之证明方法就更难。但是找每层的"最优"序列变成可能了。三个不同之说的事情暂时就谈到这里。而如何用计算机找则有算法先被思考的问题，我们应当给些线索。

首先，终极问题看名字就比较难，要知道一个数学图论里的 NP 问题（货郎担问题（TSP 问题）是一个组合优化问题。该问题可以被证明具有 NPC 计算复杂性）就不知道难住多少人和多少计算机。这小节只当是一些方法的提示，相当于说，这个终极问题似乎可以走下去，不会一下下脚的地方都没有。当然，力量强劲的方法只能等待未来的数学天才。那时整数之群体的性质研究必然很高深地发展起来了。这些当然不是本书的任务。

其次，利用 prin() 集合的建构可以帮我们做比较多的工作。比如后文的表 84 也是一例。现在开始比较 128 元素的第一出发序列的 A 和 B 在 Prin(256/127)或下自印集 Prin(256/2)制表内容的不同和叠合比例的差别。作评估启示用。

表 72， A 和 B 之比较

64	0	1	3	7	14	28	57	114	100	72	17	34	69	11	22
44	89	50	101	74	20	41	82	36	73	18	37	75	23	47	95
63	127	126	124	120	113	99	70	13	27	55	110	93	58	116	105
83	38	77	26	53	107	86	45	91	54	109	90	52	104	80	32

65	2	4	8	16	33	67	6	12	25	51	103	78	29	59	118
108	88	48	97	66	5	10	21	42	84	40	81	35	71	15	31
62	125	123	119	111	94	60	121	115	102	76	24	49	98	68	9
19	39	79	30	61	122	116	10	85	43	87	46	92	56	112	96
65	2	5	10	21	42	84	41	82	37	75	22	44	88		
69	11	23	46	93	59	118	109	91	54	108	89	51	103		11
62	125	122	117	106	85	43	86	45	90	52	105	83	39	78	29
58	116	104	81	34	68	9	18	36	73	19	38	76	24	48	96
64	0	1	3	7	14	28	57	115	102	77	27	55	110	92	56
112	97	66	4	8	16	33	67	6	13	26	53	107	87	47	95
63	127	126	124	120	113	99	70	12	25	50	100	72	17	35	71
15	30	61	123	38	111	94	60	121	114	101	74	20	40	80	32
		第	一	出	发	序	列	B							

表 73 A 的 prin 自印集 在 gap=4 时有 2 个叠合的（重复数字）在 64-0 那一半, 也有 2 个叠合的在 65-2 那另一半:

甲，表 72A,（128 第一出发序列 A 绿色部分）的 64-0-1 那一半, 按隔 4 取, G4 排出如下 有 3%叠合

64	0	1	3	7	14	28	57	114	100	72	17	34	69	11	22
44	89	50	101	74	20	41	82	36	73	18	37	75	23	47	95
63	127	126	124	120	113	99	70	13	27	55	110	93	58	116	105
83	38	77	26	53	107	86	45	91	54	109	90	52	104	80	32
		G4			题	评									
1	0	0	0	0	0	0	0	1	1	1	0	0	1	0	0
0	0	0	1	1	1	0	0	1	0	0	0	1	0	1	1
1	0	0	1	0	0	0	1	0	1	1	0	0	1	0	1
0	0	1	0	1	1	0	0	1	0	1	0	0	1	0	0

1	0	0	1	0	1	0	0	1	0	0	1	0	1	1	1
1	0	0	1	0	0	1	0	1	1	1	1	1	1	1	0
0	1	0	1	1	1	1	1	1	0	0	0	1	1	1	0
1	1	1	1	1	0	0	0	1	1	0	1	1	1	0	1
173	3	17	111	83	90	6	34	223	167	180	13	69	191	76	105
0	1	0	1	1	0	0	1	0	1	0	0	1	0	0	1
0	0	1	0	1	0	0	1	0	0	1	0	1	1	1	1
0	0	1	0	0	1	0	1	1	1	1	1	1	1	0	0
1	0	1	1	1	1	1	1	0	0	0	1	1	0	1	0
1	1	1	0	0	0	1	1	0	1	1	1	0	1	0	0
0	0	1	1	0	1	1	1	0	1	0	0	1	0	1	0
1	1	1	0	1	0	0	1	0	1	0	0	1	0	1	0
0	0	1	1	0	1	0	1	0	1	1	0	1	0	0	0
26	138	127	157	210	53	20	255	59	164	107	41	254	119	72	214
0	1	1	1	1	1	1	0	0	0	1	1	0	1	0	1
1	1	1	0	0	0	1	1	0	1	0	1	0	1	0	0
0	1	1	0	1	1	0	1	0	0	1	1	0	1	0	1
1	1	0	1	0	0	1	1	0	1	0	1	0	1	1	1
0	1	1	0	1	0	1	1	0	1	1	0	1	0	0	0
0	1	1	0	1	1	0	1	0	0	0	0	0	0	0	1
1	0	1	0	0	0	0	0	0	0	1	1	1	0	0	1
0	0	0	0	0	1	1	1	0	0	1	0	0	1	1	0
82	252	238	144	172	165	249	221	32	88	75	242	186	64	177	150
1	0	1	0	0	1	1	0	1	0	1	1	0	1	1	0
1	1	0	1	0	1	1	0	1	1	0	1	0	0	0	0
1	1	0	1	1	0	1	0	0	0	0	0	0	0	1	1
0	1	0	0	0	0	0	0	0	1	1	1	0	0	1	0
0	0	0	0	1	1	1	0	0	1	0	0	0	1	0	1
1	1	0	0	1	0	0	0	1	0	1	1	0	1	0	0
0	0	0	1	0	1	1	0	0	1	0	1	0	0	1	0
1	1	0	0	1	0	0	0	0	0	0	0	1	0	1	1
229	117	128	98	45	202	235	0	196	91	148	214	1	136	183	41
											x				x

发现 214 和 41 重复了，叠合。

乙，省略其原序列共 32 个十进制数的处理，而直接用翻译好的 01 串开始：乙部分表

72A 的另一半 65-2-4...　　翻译如下（01CS）后按隔 4 而排　　，此 G4 排法的叠合比例是 2/64（142 和 113）

1	0	0	0	0	0	1	0	0	0	0	1	1	0	0	1
1	1	0	1	1	0	0	0	0	1	0	1	0	1	0	0
0	1	1	1	1	1	0	1	1	1	1	0	0	1	1	0
0	0	1	0	0	1	1	1	0	1	0	1	0	1	1	1
	G4														
0	0	0	0	0	0	1	0	0	0	0	1	1	0	0	1
0	1	0	0	0	1	1	0	0	1	0	1	1	1	1	1
0	1	1	0	0	1	1	0	1	1	0	1	0	0	1	1
1	1	1	0	1	1	0	0	0	0	1	0	1	1	0	0
1	0	0	0	0	1	0	1	0	1	0	0	0	1	1	1
1	1	1	0	1	0	0	0	1	1	1	1	0	0	1	0
0	0	0	1	1	1	1	0	1	1	1	1	0	0	0	0
1	1	1	0	1	1	1	0	0	1	0	1	0	0	0	1
157	113	53	2	23	59	227	107	4	46	119	199	214	8	92	239

1	1	0	1	1	0	0	0	1	0	1	0	1	0	0	0
0	0	0	0	1	1	0	1	0	0	0	0	1	1	1	0
0	1	0	1	0	0	0	1	1	1	1	0	1	1	1	0
0	0	1	1	1	1	0	1	1	1	1	0	0	1	1	1
1	1	0	1	1	1	0	1	1	1	0	1	1	0	1	0
1	1	0	0	1	1	0	0	0	1	0	1	1	1	1	0
1	0	0	0	1	0	0	1	1	1	0	0	0	1	0	0
0	0	1	1	1	1	0	0	1	0	1	1	1	0	0	0
142	172	17	185	223	29	88	35	114	191	58	177	71	229	126	116
x															
0	1	1	1	1	1	0	1	1	1	0	0	1	1	0	1
1	0	1	1	1	1	0	0	1	1	0	0	0	1	0	0
1	0	0	1	1	0	0	0	1	0	0	1	1	1	0	0
0	0	0	1	0	0	1	0	1	1	0	0	1	0	0	1
0	1	1	1	0	1	0	1	0	1	1	0	0	0	0	0
0	1	0	1	0	1	1	1	0	0	0	0	0	1	0	0
1	1	1	0	0	0	0	1	0	0	0	0	0	1	1	0
0	1	0	1	0	0	0	1	0	0	0	0	1	1	0	0
98	142	202	253	232	196	28	148	251	209	136	56	41	247	163	16
0	0	1	0	0	1	1	1	1	0	1	0	1	0	1	1
1	1	1	1	0	1	0	1	0	1	1	1	1	0	0	0
1	0	1	0	1	1	0	0	0	0	0	0	1	0	0	0
1	1	0	0	0	0	0	1	0	0	0	0	1	1	0	0

0	0	1	0	0	0	0	1	1	0	0	1	1	1	0	1
0	0	1	1	0	0	1	1	1	0	1	1	0	0	0	0
0	1	1	1	0	1	1	0	0	0	0	1	0	1	0	1
1	1	0	0	0	0	1	0	1	0	1	0	0	0	1	1
113	83	238	70	32	226	167	220	141	64	197	78	184	26	129	139
x	2	/	64	=	3%										

而另外一个序即 B 第一出发序列则没有这么好的结果：

表 73 B, 几个表, 分**丙丁和戊**表达, 序列 B 的一半和其翻译出的 01 串。

65	2	5	10	21	42	84	41	82	37	75	22	44	88	49	98
69	11	23	46	93	59	118	109	91	54	108	89	51	103	79	31
62	125	122	117	106	85	43	86	45	90	52	105	83	39	78	29
58	116	104	81	34	68	9	18	36	73	19	38	76	24	48	96
			翻	译											
1	0	0	0	0	0	1	0	0	0	1	0	0	1	0	1
1	0	0	0	1	0	1	1	1	0	1	1	0	1	1	0
0	1	1	1	1	1	0	1	0	1	0	1	1	0	1	0
0	1	1	1	0	1	0	0	0	1	0	0	1	0	0	1
64	0	1	3	7	14	28	57	115	102	77	27	55	110	92	56
112	97	66	4	8	16	33	67	6	13	26	53	107	87	47	95
63	127	126	124	120	113	99	70	12	25	50	100	72	17	35	71
15	30	61	123	38	111	94	60	121	114	101	74	20	40	80	32
		翻	译												

丙, prin(256/2)G4 或表 73 B, 的一半序（65-2-5...）的 G4 排。很多明显重复：

				G4		8	层								
1	0	0	0	0	1	0	1	0	1	0	0	1	0	1	
0	1	0	1	0	1	0	0	1	1	1	0	0	0	1	
1	0	0	0	1	1	0	0	0	1	0	1	1	1	0	
1	1	0	0	0	1	0	1	1	0	1	0	1	1	1	
1	0	1	1	1	0	1	0	1	0	0	1	0	1	1	
0	1	1	0	1	0	0	1	1	1	1	0	0	0	0	
1	0	0	1	1	1	1	1	0	1	0	1	0	1	0	

1	1	1	0	1	0	1	1	0	1	0	0	1	1
187	85	13	106	15	118	171	26	213	31	236	87	52	170	63	217
1	0	0	0	1	0	1	1	1	0	1	0	1	1	0
0	1	1	1	0		1	0	1	1	0	0	1	1	1
		1	0	1	1	0	0	1	1	1	1	0	1	0	1
0	0	1	1	1	1	1	0	1	0	1		1	1	0	1
1	1	0	1	0	1	1	1	0	1	0	1	0	1	1	1
1		1	1	0	1	0	0	1	1	1	0	1	0	0	0
1	0	0	1	1	1	0	1	0	0	0	1	0	1	0
1	0	1	0	0	0	1	0	1	0	0	1	0	0
175	104	85	126	178	94	209	170	252	101	188	162	85	249	202	120
		x			x				xy		
0	1	1	1	1	1	0	1	0	1		1	0	1	0
1	0	1	0	0		1	1	0	1	0	0	1	1	0
	1	1	0	1	0	0	1	1	1	0	1	0	0	0	1
0	0	1	1	1	0	1	0	0	0	1	0	1	0	0	0
0	1	0	0	0	1		0	1	0	0	1		0	0	0
1		0	1	0	0	1		0	0	0	0		1	0	1
0	1		0	0	0	0		1	0	1	0		0	0	1
0	0		1	0	1	0		0	0	1	0		1	0	0
68	170	242	149	240	137	84	229	42	224	19	168	203	85	192	38
	x												x
0	1	1	1	0	1	0	0	0	1		0	1	0	0	1
1	0	0	0	1		0	1	0	0	1	0	0	0	0
	0	1	0	0	1	0	0	0	0		1	0	1	0
1	0	0	0	0		1	0	1	0		0	0	1	0
0	0	1	0	1	0		0	1	0	1	1	0	0	0
0		0	0	1	0	1	1	0	0	0	1	0	1	1	1
0	1	1	0	0	0	1	0	1	1	1	0		1	0	1
0	1	0	1	1	1	0		1	0	1	1		0	1	1
80	151	170	129	77	161	46	85	3	154	67	93	170	6	53	135
		x			xz					x

丁，Prin（256/127）或表 73 B 的另一半序的 G4 排。先把表 73 B 的序列翻译成 01 串就直接 G4 排：

64	0	1	3	7	14	28	57	115	102	77	27	55	110	92	56

112	97	66	4	8	16	33	67	6	13	26	53	107	87	47	95
63	127	126	124	120	113	99	70	12	25	50	100	72	17	35	71
15	30	61	123	138	111	94	60	121	114	101	74	20	40	80	32
1	0	0	0	0	0	0	0	1	1	1	0	0	1	1	0
1	1	1	0	0	0	0	1	0	0	0	0	1	1	0	1
0	1	1	1	1	1	1	1	0	0	0	1	1	0	0	1
0	0	0	1	1	1	1	0	1	1	1	1	0	0	1	0
				G4		8	层								
1	0	0	0	0	0	0	0	1	1	1	0	0	1	1	0
0	0	0	1	1	1	0	0	1	1	0	1	1	1	0	0
1	0	0	1	1	0	1	1	1	0	0	0	0	1	0	0
0	1	1	1	0	0	0	0	1	0	0	0	0	1	1	0
0	0	0	1	0	0	0	0	1	1	0	1	0	1	1	1
0	0	0	1	1	0	1	0	1	1	1	1	1	1	1	0
0	1	0	1	1	1	1	1	1	1	0	0	0	1	1	0
1	1	1	1	1	0	0	0	1	1	0	0	1	0	0	0
161	19	17	127	103	66	38	34	255	207	132	76	69	254	158	8
1	1	1	0	0	0	0	1	0	0	0	0	1	1	0	1
0	0	1	0	0	0	0	1	1	0	1	0	1	1	1	1
0	0	1	1	0	1	0	1	1	1	1	1	1	1	0	1
1	0	1	1	1	1	1	1	1	0	0	0	1	1	0	0
1	1	1	1	0	0	0	1	1	0	0	1	0	0	0	1
0	0	1	1	0	0	1	0	0	0	1	1	1	1	0	1
0	1	0	0	0	1	1	0	1	0	1	1	1	1	0	1
1	1	1	1	0	1	1	1	0	0	1	0	0	0	0	0
153	139	253	60	16	51	23	251	123	32	102	47	246	247	64	204
				x		x		x			x			x	
0	1	1	1	1	1	1	1	0	0	0	1	1	0	0	1
1	1	1	0	0	0	1	1	0	0	1	0	0	0	1	1
0	1	1	0	0	1	0	0	0	1	1	1	1	0	1	1
1	0	0	0	1	1	1	1	0	1	1	1	1	0	0	1
1	1	1	0	1	1	1	0	0	1	0	1	0	0	0	0
1	1	1	0	0	1	0	1	0	0	0	0	0	0	0	1
1	0	1	0	0	0	0	1	0	0	1	1	1	0	0	1
0	0	0	0	0	1	1	1	0	0	1	1	0	1	1	1
94	236	238	128	152	189	217	221	0	48	123	179	186	1	97	247
0	0	0	1	1	1	1	0	1	1	1	1	0	0	1	0

1	1	0	1	1		1	0	0	1	0		0	0	0	0
	1	0	0	1	0		0	0	0	0	0	0	0	1	1
0		0	0	0	0		0	0	1	1	1	0	0	1	1
0	0	0	0	1	1	1	0	0	1	1	0	1	1	1	0
1	1	0	0	1	1	0	1	1	1	0		0	0	1	0
1	0	1	1	1	0		0	0	1	0	0		0	1	1
0	0	0		0	1	0		0	1	1	0	1	0	1	1
102	116	2	194	232	203	4	132	223 y	25	208	9	8 y	191	51

发现这个表(丁表)也有很多叠加处。

戊, 同序隔 8 结果也不好：G8 后**叠合**比例 8/64=12.5%

65	2	5	10	21	42	84	41	82	37	75	22	44	88		
69	11	23	46	93	59	118	109	91	54	108	89	51	103		
62	125	122	117	106	85	43	86	45	90	52	105	83	39	78	29
58	116	104	81	34	68	9	18	36	73	19	38	76	24	48	96
		翻	译												
1	0	0	0	0	0	1	0	1	0	1	0	0	1	0	1
1	0	0	0	1	0	1	1	1	0	1	1	0	1	1	0
0	1	1	1	1	1	0	1	0	1	0	1	1	0	1	0
0	1	1	1	0	1	0	0	0	1	0	0	1	0	0	1
		G8		8	层										
	0	0	0	0	0	1	0		1	0		1	0	0	
0	1	0	0	1	0	1	0	0	0	0	1	0	1	1	1
0	0	1	0	1	1	0	0	1	0	1	0	1	1	0	1
1	0	1	1	0	0	1	1	1	1	0	1	1	0	1	0
1	1	0	1	0	1	0	1	0	1	0	1	0	1	1	1
0	1	0	0	1	1	1	0	1	0	0	0	1	0	0	1
0	0	0	1	0	0	1	0		1	0		0	0	0	0
1		0	0	0	0	1	0	1	0		1	0	1	0	
153	77	48	26	100	44	246	89	188	51	154	97	52	208	89 x	236
1	0	0	0	1	0	1	1	1	0	1	1	0	1	1	0
0	1	1	0	1	1	0	0	1	1	1	1	1	0	1	0
1	1	1	1	0	1	0	1	0	1	1	0	0	1	0	1
1	1	0	0	0	0	1	1	0	1	0	0	0	0	1	0
0	1	0	0	0	0	1	0	0	0	0	0	0	0	0	0
0	0	1	0	0	0	0	0	1	0	1	0	1	0	0	0

1	0	1	0	1	0	0	1	0	1	1	0	0	0	1	0
1	1	0	0	0	1	0	1	1	1	0	1	1	0	1	1
179	121	102	52	194	105	144	179	217	103	242	205	104	132	211	33
			x				x								
0	1	1	1	1	1	0	1	0	1	0	1	1	0	1	0
1	0	1	1	0	1	0	0	1	1	1	1	0	0	0	0
1	1	0	1	0	0	1	0	0	1	0	0	0	1	1	0
0	1	0	0	1	1	0	0	0	0	0	1	1	0	1	1
0	0	1	0	0	1	0	0	1	0	1	1	1	0	0	0
1	0	1	1	0	0	0	1	1	0	1	1	0	1	1	0
1	1	0	1	1	0	1	1	0	0	1	1	1	1	1	1
0	0	1	1	1	1	0	1	0	1	0	1	1	0	1	1
102	178	207	229	155	211	9	166	67	204	101	158	203	55	166	19
x			x												
0	1	1	1	0	1	0	0	0	0	1	0	1	0	0	1
1	0	0	1	0	0	1	0	0	1	0	1	0	1	1	0
0	0	0	1	0	1	1	0	0	0	1	1	1	1	0	0
1	1	1	1	0	1	1	0	1	1	1	0	0	0	1	1
1	1	0	0	1	1	1	1	0	1	0	1	1	0	1	1
0	1	0	1	0	1	0	0	0	0	1	0	1	1	0	1
0	0	1	1	1	0	1	0	0	1	0	0	0	1	0	0
76	134	153	203	61	140	111	76	38	152	13	50	150	59	44	222
		x	x											x	

因为表甲和表乙似乎还有继续变好的可能，就是 A 序列非最佳。可能还能找到更好的序列。如此就要看 128 数组块的另外一个新"第一出发序列 C"。接着可以模仿粒子物理和量子力学的现象，用费米子和包利不相容原理来指导一个 Engineering 计算机过程：即通过表 74 那样的标上印迹 "/"，若要改/处则其 antibit 的 113 绿色部分也必须改。改后就成表 76。这些**表的形象显示**可在图 65 和图 66 里找到。

表 74 表示叠合的回避：改 128 元素的数组块的第一出发序列 C 上半作 prin(256/127) G4 注意把 113 绿色改小于 64，今后 01 串就能翻译为 0，将 51X4=204 的地方改成 205 就和 255-204=51 不叠合了。（这实际记录了一个改进方法。）

表 74，这里只在 128 元素中用了 64-到 95 那一半

1	0	0	0	0	0	0	0	1	1	1	0	0	1	1	
1	0	0	0	1	0	0	0	0	0	1	1	0	1	0	1
0	1	1	1	1	1	1	0	0	0	0	1	1	0	0	0
0	1	1	1	0	1	0	1	0	1	1	1	0	1	1	0
	G	=	4										改		
64	0	1	3	7	15	30	60	12	11	10	78	28	56	11	98

							1	5	3				3	
1	0	0	0	0	0	0,	0	1	1	1,	0	0	1	
0	0	0	1	1		1	0	0	1		1	0	0	1
	1	0	0	1		1	0	0	0	1	0	1	0	1	0
	1	0	0	0	1	0	1	0	1	0		0	1	0	0
1	0	1	0	1	0		0	1	0	0		0	1	1	1
0		0	1	0	0		0	1	1	1	1	1	1	0
0		0	1	1	1	1.	1	1	1	0	0		0	1	1
1	1	1	1	1	0	0.		0	1	1	0/		0	1	1
185	51	9	71	107	114	102	18	142	215	229	204	36	28	175	203
69	10	21	42	84	40	81	34	68	9	18	37	75	23	47	95
1,	0	0	0	1	0	1	0	1	0		0	1	0	0	
0	1	0	1	0		0	1	0	0		0	1	1	1	1
	0	1	0	0		0	1	1	1	1	1	1	0	0
	0	1	1	1	1		1	1	0	0		0	1	1	0/
1	1	1	1	0	0		0	1	1	0/		0	1	1	1
0		0	1	1	0/		0	1	1	1	0		0	1	0
0/		0	1	1	1	0	1	0	1	0	1		1	0	1
1	0	1	0	1	0	1		1	0	1	1		1	0	0
153	72	57	94	151	50	145	115	189	46	101	35	230	123	92	202
			改	0				?							
63	127	126	124	120	112	97	67	6	12	24	49	99	71	14	29
0	1	1	1	1,	1	1	1	0	0 '		0	1	1	0'/	
1	1	1	0	0		0	1	1	0/		0	1	1	1	0
	0	1	1	0/		0	1	1	1	0	1	0	1	0	1
	0	1	1	1	0	1	0	1	0	1		1	0	1	1
0	1	0	1	0	1		1	0	1	1		1	0	0	0
1		1	0	1	1		1	0	0	0	0		0	0	1
1	0	1	0	0	0	0		0	0	1	1		1	0	0
0	0	0	0	0	1	1		1	0	0	1		1	0	0
70	204	246	18	148	141	153	237	113	40	26	51	219	227	80	52
	x				x			x							
58	117	106	85	43	87	46	93	59	118	109	90	52	104	80	32
0	1	1	1	0	1	0	1	0	1		1	0	1	1	0
1	0	1	0	1		1	0	1	1		1	0	0	0	0
	1	0	1	1	0	1	0	0	0	0		0	0	1	1

0	1	0	0	0	0	0	0	0	1	1		1	0	0	1
0	0	0	0	1	1	1	1	0	0	1	1	1	0	0	0
1	1	1	0	0	1	1	1	0	0	0	1	0	1	0	1
1	1	1	0	0	0	1	0	1	0	1	0		0	1	0
0	1	0	1	0	1	0		0	1	0	0	0	0	1	1
102	183	198	161	104	205	110	140	66	209	254	220	25	132	163	53
x															

表 75 是序列 C 它和另一个第一出发序列 D（在表 76 里）有类似排斥的现象。

表 75，串好的 128 元素之第一出发序列 C （上：64-0 到 95 和下：含 65-2）图 65

64	0	1	3	7	15	30	60	121	115	103	78	28	56	113	98
69	10	21	42	84	40	81	34	68	9	18	37	75	23	47	95
63	127	126	124	120	112	97	67	6	12	24	49	99	71	14	29
58	117	106	85	43	87	46	93	59	118	109	90	52	104	80	32
下															
65	2	4	8	16	33	66	5	11	22	44	89	51	102	77	26
53	107	86	45	91	55	110	92	57	114	100	73	19	39	79	31
62	125	123	119	111	94	61	122	116	105	93	38	76	25	50	101
74	20	41	82	36	72	17	35	70	13	27	54	108	88	48	96

表 76， 第一出发序列 D，见图解的图 66, 128 元素的数组块的第一出发序列 D 第一半 64-95 和另一半 65-31：

		第	一	出	发	序 列	C	64	-		95		
64	0	1	3	6	13	26	52	104	81	35	70	12	24	49	99
1	0	0	0	0	0	0	0	1	1	0	1	0	0	0	1
0	0	0	0	0	0	0	1	1	0	1	0	0	0	1	1
0	0	0	0	0	0	1	1	0	1	0	0	0	1	1	0
0	0	0	0	0	1	1	0	1	0	0	0	1	1	0	0
0	0	0	0	1	1	0	1	0	0	0	1	1	0	0	0
0	0	0	1	1	0	1	0	0	0	1	1	0	0	0	1
0	0	1	1	0	1	0	0	0	1	1	0	0	0	1	1
63	127	126	124	121	114	101	75	23	46	92	57	115	103	78	28
71	14	29	58	117	106	85	43	86	45	90	53	107	87	47	95

1	0	0	0	1	1	1	0	1	0	1	0	1	1	0	1
0	0	0	1	1	1	0	1	0	1	0	1	1	0	1	0
0	0	1	1	1	0	1	0	1	0	1	1	0	1	0	1
0	1	1	1	0	1	0	1	0	1	1	0	1	0	0	1
1	1	1	0	1	0	1	0	1	1	0	1	0	0	1	1
1	1	0	1	0	1	0	1	1	0	1	0	0	1	1	1
1	0	1	0	1	1	0	1	0	0	1	1	1	1	1	1
56	113	98	69	10	21	42	84	41	82	37	74	20	40	80	32
另	一	半	65-	2-	.	.	31	:							
65	2	4	8	16	33	66	5	11	22	44	89	51	102	77	27
1	0	0	0	0	0	1	0	0	0	1	0	1	1	0	
0	0	0	0	0	1	0	0	0	1	0	1	1	0	0	
0	0	0	0	1	0	0	0	1	0	1	1	0	0	1	
0	0	0	1	0	0	0	1	0	1	1	0	0	1	1	
0	0	1	0	0	0	1	0	1	1	0	0	1	1	0	
0	1	0	0	0	1	0	1	1	0	0	1	1	0	1	
1	0	0	0	1	0	1	1	0	0	1	1	0	1	1	
62	125	123	119	111	94	61	122	116	105	83	38	76	25	50	100
55	110	93	59	118	109	91	54	108	88	48	97	67	7	15	31
0	1	1	0	1	1	0	1	1	0	1	1	0	0	0	
1	1	0	1	1	0	1	1	0	1	1	0	0	0	0	
1	0	1	1	0	1	1	0	1	1	0	0	0	0	1	
0	1	1	0	1	1	0	1	1	0	0	0	0	1	1	
1	1	0	1	1	0	1	1	0	0	0	0	1	1	1	
1	0	1	1	0	1	1	0	0	0	0	1	1	1	1	
1	0	1	1	0	1	1	0	0	0	0	1	1	1	1	
0	1	1	0	1	1	0	0	0	0	1	1	1	1	1	
72	17	34	68	9	18	36	73	19	39	79	30	60	120	112	96

这些做法（工程算法的里的子过程）在今后用在"评价方方正正的某一序列"时，就可能被启用，这里只是短暂而顺便地提及一下。请读者继续第三小节，也可跳跃不读 10.3 而直接去看第 11 章。

10.3 小节 更加"正"的序列和相关讨论

排序唯一性的追求，虽然总体是从高阶着手，但是在七层八层九层附近可以尝试需要一个**彩绘**的交代。，增加颜色可帮识别，下面先看 128 数组块的新第一出发序列 C 和 D 的模 4 符色图。

画图 65 的表就是这种 mod4 着色，每个数按和四除后余数 0，1，2，3 之不同而标色 0 即黑，1 红　2　黄　3 蓝。这种方法有一定的统摄作用，可能对 64 元素和 128 元素的会有用。其他更多元素的数组块则不好说。

表 75b，一个 128 元素第一出发序列 C　的着色表（上：64-0 到 95 和下：含 65-2）用在图 65

64	0	1	3	7	15	30	60	121	115	103	78	28	56	113	98
69	10	21	42	84	40	81	34	68	9	18	37	75	23	47	95
63	127	126	124	120	112	97	67	6	12	24	49	99	71	14	29
58	117		85	43	87	36	93	59	118	109	52	104	80	32	
65	2	4	8	16	33	66	5	11	22	44	89	51	102	77	26
53	107	86	45	91	55	110	92	57	114	100	73	19	39	79	31
62	125	123	119	111	94	61	122	116	105	83	76	25	50	101	
74	20	41	82	36	72	17	35	70	13	27	54	108	88	48	96

图 65 这是第一序列 C 的**模四双色线**图，能统摄一点点，至少让人看出和图 66 的不同。

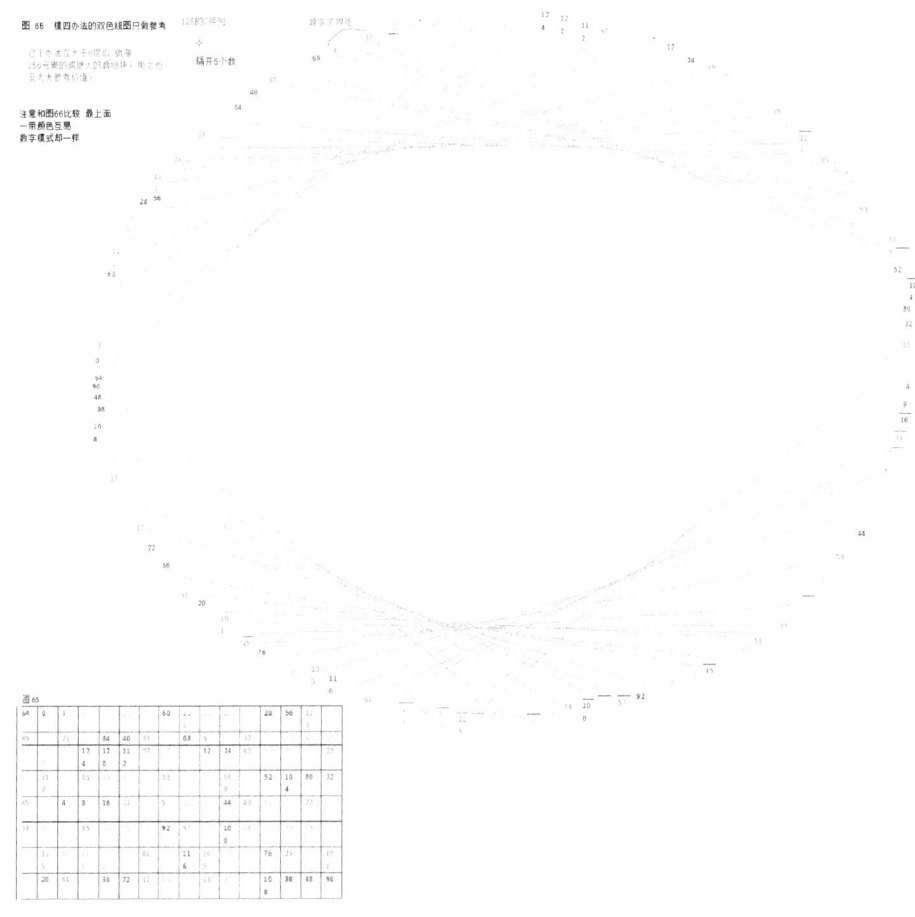

图 66 每个数按和四除后余数 0，1，2，3 之不同而标色 0 即黑，1 红 2 黄 3 蓝
表 76b 按表作图，即图 66 用的第一序列 D 已经上色

64	0	1	3	13	52	104	81		12	24	49	99
71		29	117	85	43		45	53	107	87	47	95
63	127		124	121	101	75	23	92	57	115	103	28
56	113		69		21	84	41		37	20	40	80	32
65		4	8	16	33	5	17	44	89	51		77	27

											2			
55	11	93	59	11 8	10 9	91	54	10 8	88	48	97	67	7	15	31
	12 5	12 3	11 9	11 1		61			11 6	10 5	83		76	25		10 0
72	17		68	9		36	73	19		79		60	12 0	11 2	96

图 66 双色线图画法之一（还有其他画法不用模 4 而是其他思想）。

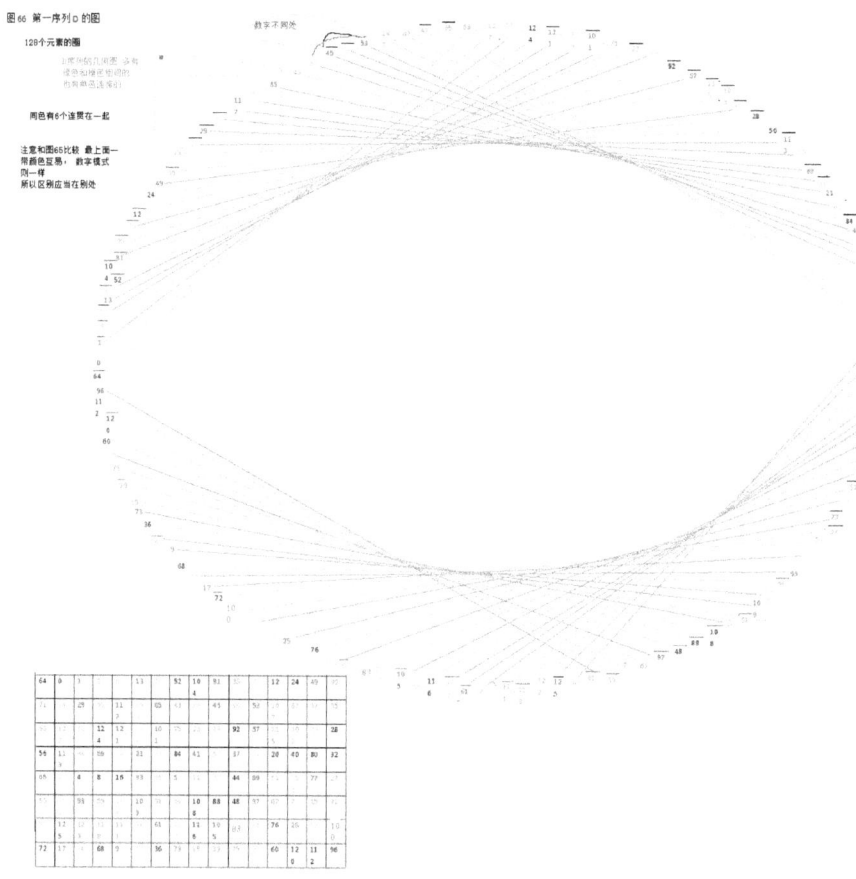

除了 mod4 的办法，还有另一个多色图办法：图 67 是着色方案；图 67，仿射系颜色设计图（一种着色方案）用于 128 元素的即七层二进制

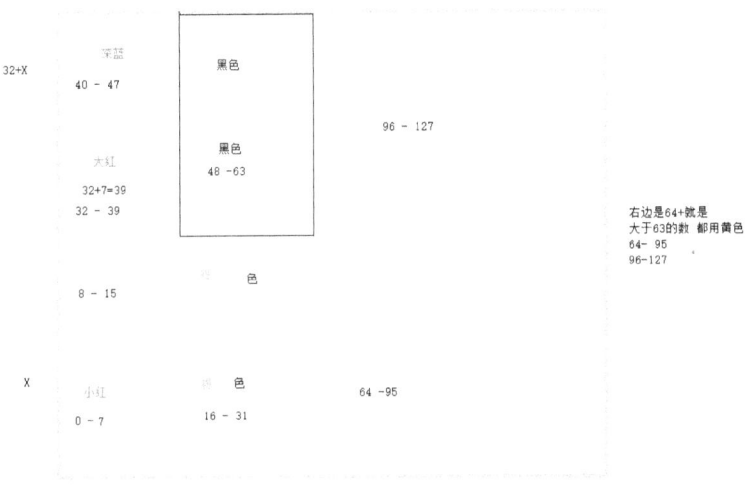

图 67 一种着色方案

继续图68和图69等。因为三色凝数表 16元素的 16/4=4-1=3；8+16/4-1=11；8+16-1=23

3= 0，3；1，2；11=4，7；5，6；23=8+15；9+14；10+13；11+12。

所以表78,第一凝数红，第二凝数蓝，第三凝数黄 见图68a

	0	1	3					2			
	0	1	2	3							

表79,32元素的 0-7 红，8-15 蓝， 16-31 黄 图69a

	0	1	3	6		11			11	12		
	2	5	10		7	15				4	8	
16	0	1	3	6	13	27	23	14	29	26	21	11	22	12	24
17	2	5	10	20	19	7	15	31	30	28	25	18	4	8	

下面是相应的图68a:

图68a 8元素和16元素的第一出发序列的 色图

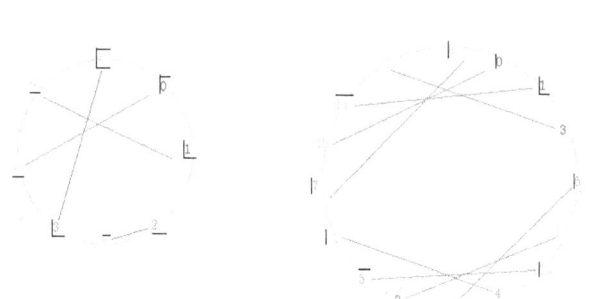

类似于太极调配

图 69a 和图 69 凝数连线的 32 三色图，注意图中汉字标注。
图 69a, 32 的双色作图和十进位的色系子串，暖色 0，冷色 1 也可看特点

图69a

32元素的0-7 红，8-15 蓝，16-31 黄 图69a

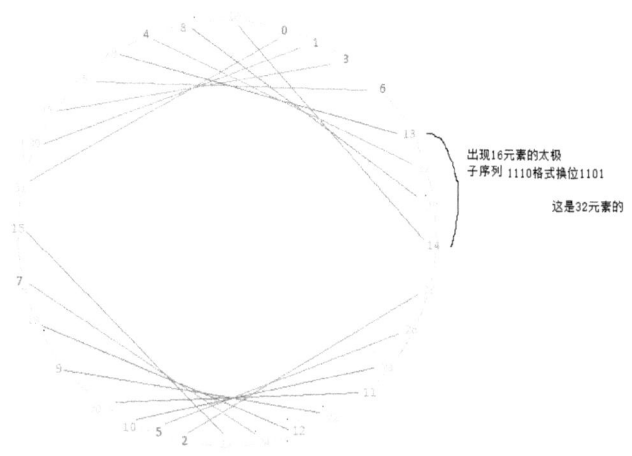

出现16元素的太极
子序列 1110格式换位1101

这是32元素的

对照凝数如下（图69）：

图 69 32元素的潜数分色图

n/4 -1=32/4-1=7 为第一个潜数
排他性地восстанов第二个潜数
31 30 29 28 27 26 25 (24) 23 22 21 20 19 18 17
16+7=23↓   设为 第二个潜数

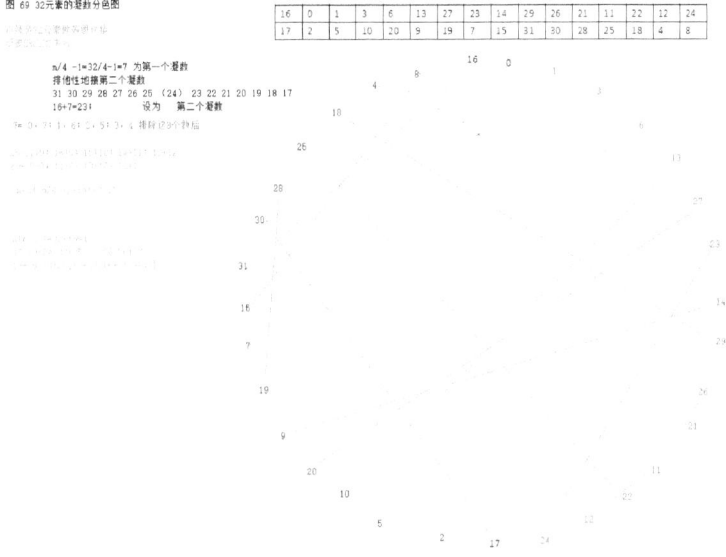

我们将这 32 阶的对 64 的 a 序列比较一下，可认为还是选 0-1-3-6 为好，其为正选或唯一候选。理由在下面两图里有解释，圈图中同样的地方就不要评比，注意局部和整体，另外人为分 8 份来看就是依照 8 个为一组先看，然后再整体看看。让变异协调者当选。

表 80， 64 元素 a 序列

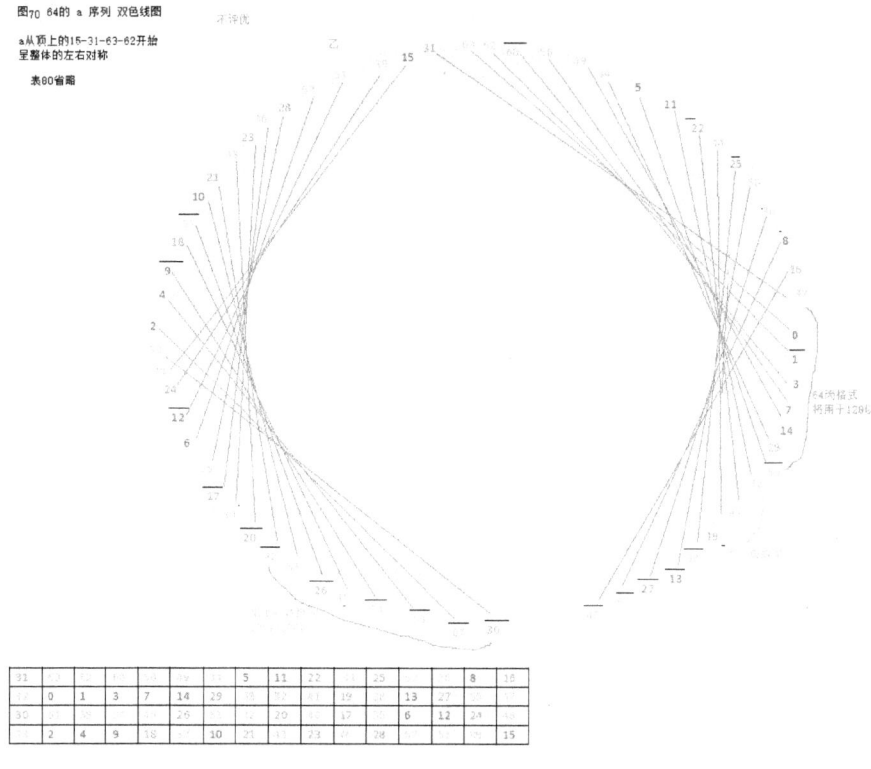

图70 64的 a 序列 双色线图

a 从顶上的15-31-63-62开始 呈整体的左右对称

表80省略

表81的对应图，注意这图内照表81排的圈旁有文字解说，64元素 b 序列（把 b 当唯一候选，并附理由）

表81，上色的64元素的b序列

图71：
从 顶上的47-31-63-62 开始
为整体上下对称

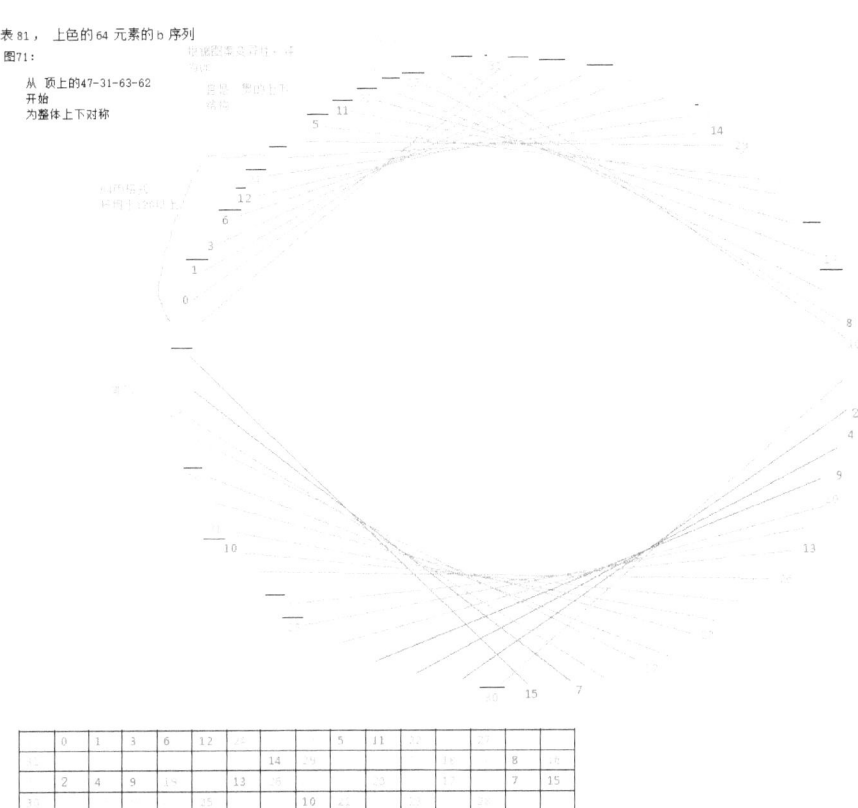

表82，128元素数组块的A序列着色表

	0	1	3	7	18	28	57		17	34		11	22
44		50			20	41		36		18	37		23	47
63							27	55			58		
	38		26	53		45		54		52			32
			8	16	33		12	25	51		29	59	
		48			21	42		40		35			31
62				60				24	49			9

19	39	79	30	61			85	43	87	46	92	56		

落选理由举例：图 72 是说 A 序列因为缺少连续 5 根单线而和图 71 表现的 64 元素的结构不同，所以应当落选。

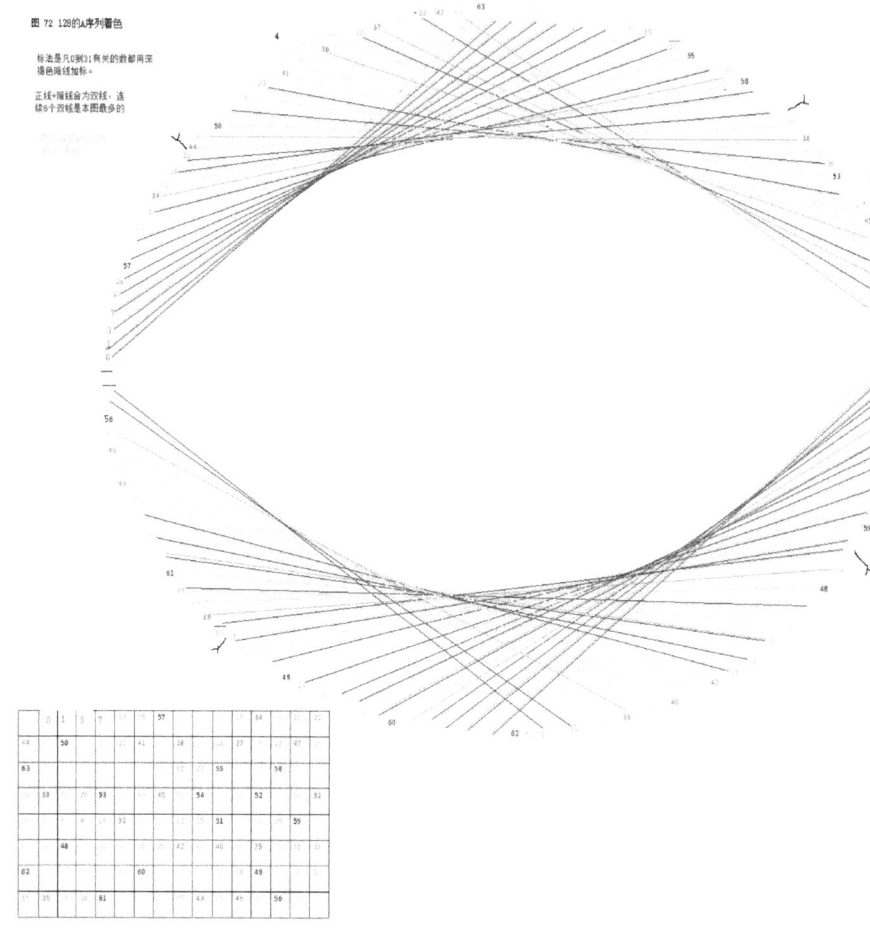

图 72 128的A序列着色

表 83, 新的 128 元素数组之 E 序列

64	0	1	3	7	14	29	59	118	108	89	50	100	73	18	36
72	17	35	71	15	30	61	122	116	105	82	37	75	23	47	95
63	127	126	124	120	113	98	68	9	19	38	77	27	54	109	91

55	110	92	56	112	97	66	5	11	22	45	90	52	104	80	32
65	2	4	8	16	33	67	6	12	25	51	103	78	28	57	114
101	74	20	40	81	34	69	10	21	42	84	41	83	39	79	31
62	125	123	119	111	94	60	121	115	102	76	24	49	99	70	13
26	53	107	87	46	93	58	117	106	85	43	86	44	88	48	96
				14	29	59				50				18	36
	17	35			30	61				37			23	47	
63							19	38		27	54				
55			56			5	11	22	45		52				32
	2	4	8	16	33	6	12	25	51			28	57		
		20	40		34		10	21	42		41		39		31
62					60						24	49			
26	53			46		58				43		44		48	

图 73 为表 83 的 128 第一出发序列 **E 的上色方案**图。基本符合 5 连单线在一起的要求，可被留下，但也必须继续筛选。

图 73 ，128 第一出发序列 E 的上色方案图

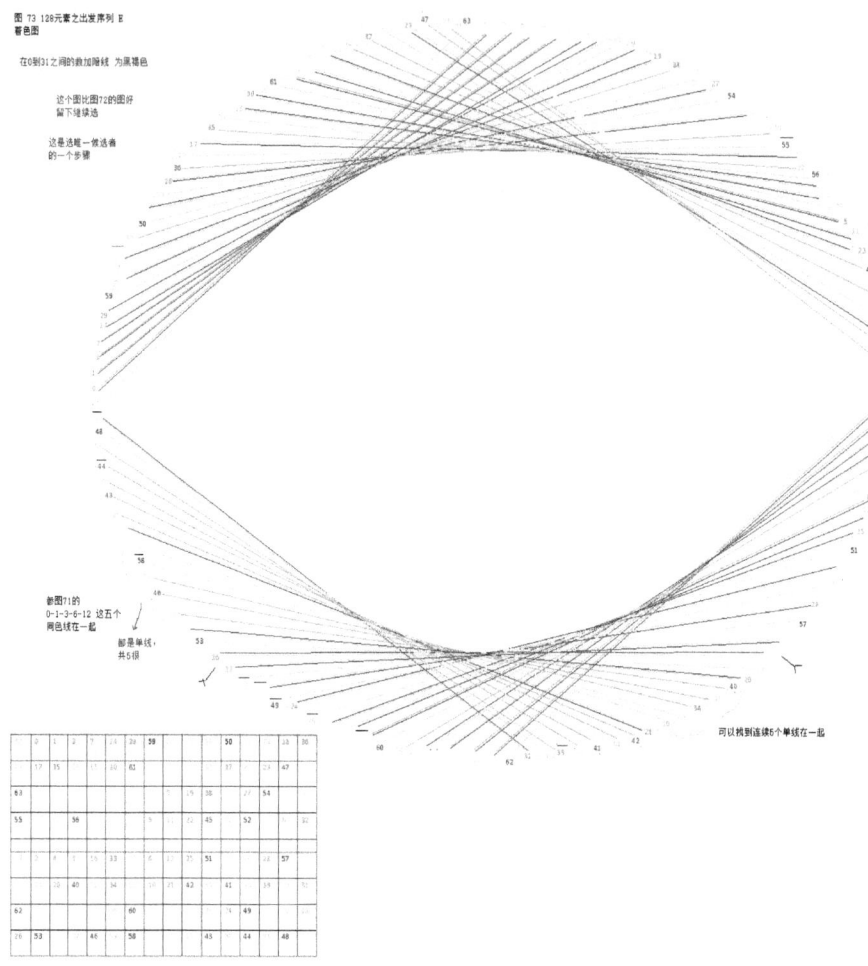

图 73 128元素之出发序列 E
著色图

10.4 小节，方法附议

图 74 是一种设想的投射机制，能让三维的一个排序（比如一定要让最大数 7 和其他次大的数比如 6，5，4 相邻，是三维的一条规则，等等），变成 1 维轴的，这个整数的序列如果成圈就是一个 Numblocological 序列。类比一下，容易知道 N 维超正方形也可变一个一维的序列。因为会有对应性，将立体的扁平化。所以，按道理，在高维空间为整数设定规则。特别是如果设定显得规矩的话，则相当于可以描述一维的数组序列。若让它成圈，则就有一种获得新序列答案的办法，而其建构理由却可能是先针对高维空间的。所以，高维空间的设想也可以用到 Numblocology 研究里来。

在数学上讲还有很多方法可以用来划定一个序列。所以在解决数组块学终极问题时，会有很多数学技巧被广泛利用。并通过计算机程序将这些巧妙的序用在加密等领域。因为篇幅关系，在结束这个小讨论后，我们开始看低维的情况对理论物理的提示。

— — — — — —

章尾的插诗：　心会冬季（十三行新汉诗，吴国强））

错愕心
挂柔雪
古今如一
纯晶真诀
枝外梅花展
茫地条绿缺
遥想下季晨笋
工笔怪石伴蕨
无吟囊者天然诗
纷扬转静人间觉
洁净处
生绝学
寒冻之地从头越。

第 11 章 Numblocology 对称和不对称新说

11.1 小节 非基本哲学的虚层壳理论

和现代粒子物理的标准模型的哲学有点差别，标准模型认为粒子几乎平等（当然性质完全各异）而有基本粒子之"基本"。但是**非基本哲学的虚层壳理论**则会认为 generation（世代）之间因为衰变转化现象，所以就世代而言至少已经是"虚的不基本"了。就是象图 75 那样的元素周期表，其周期性和分层壳性是有物理结构的原子作"实"支持的，而本理论则认为至少在"虚"的方面，可以认为有一个虚层壳存在，让第一世代的（比如普通电子）粒子和周期表的氢/氦的地位一样，桀（charm）夸克等和氧/氟那层地位一样，目前认为的最后一层（能级高）的则和硫/氯的地位一样，再下面因为化学元素周期表猛然添加了副族，而特质大异。类比地"那个理论"上虚的层壳也经历激变。目前的实验还没发现那个层对应的粒子，而其实它们是存在的，不过可能寿命短。这个在非基本哲学的虚层壳理论之上被添加的多世代标准模型（Multigeneration Standard Model），就有参数能够解释第 4 代"基本费米子"为何特别不稳定。这种设想也可包括在广义的"虚层壳理论"中。另一个出现第 4 代"基本费米子"缺失的基本机制可能从另一个角度被找到，也就是它们不存在不是因为能量问题，而是时空已经变得不适合它们稳定了。

这个天才的设想基本领先潮流 100 年，这个设想是认为时空不适合"养"那么多基本粒子，并认为某个芬斯勒几何版的导航波理论（Pilot wave theory）有适合解释"时空不适合"养"那么多基本粒子"关键，只是目前的芬斯勒几何研究的水平和非主流的导航波理论还结合得不成熟，也就是很多工作没作。

下面再用表 85 和表 86 来演示目前的标准模型，并附上一个超对称 SM 的图在图 76：

图 75

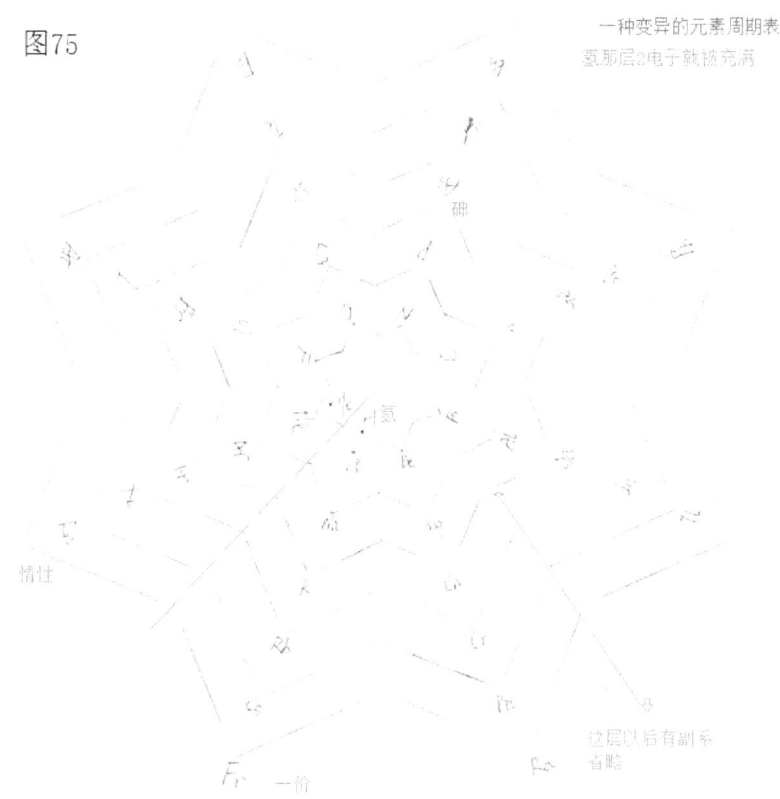

图75 一种变异的元素周期表
氢那层2电子就被充满

在标准模型有61种基本粒子，注意最大的世代（generation)是3，为何不能有更多的世代，这是标准模型理论本身所无法解释的。另外加进中微子振荡的试验结果，也叫 standard model,那时中微子有质量。参见表85 标准模型和费米子扩展

表85 标准模型，扩为4代则有61+12+4=77个以上（这个和圣经吻合的数）

名字	种类	世代	反粒子	色	总计		扩为	4代
夸克	2	3	成对	3	36			48
轻子	2	3	成对	无色	12			16
胶子	1	1	自身	8	8			

	W粒子	1	1	成对	无色	2			
	Z粒子	1	1	自身	无色	1			
	光子	1	1	自身	无色	1			
	希格斯粒子	1	1	自身	无色	1			

模型基本依照 quantum chromodynamics(QCD),量子色动力学为基础

表86 详细

分类	世代	粒子中文名	粒子英文名	符号	质量	电荷	自旋
夸克	第一代	上夸克	up quark	u	2.4 MeV	2/3	1/2
		下夸克	down quark	d	4.8 MeV	-1/3	1/2
	第二代	粲夸克	charm quark	c	1.27 GeV	2/3	1/2
		奇异夸克	strange quark	s	104 MeV	-1/3	1/2
	第三代	顶夸克	top quark	t	171.2 GeV	2/3	1/2
		底夸克	bottom quark	b	4.2 GeV	-1/3	1/2
轻子	第一代	电子	electron	e^-	0.511 MeV	-1	1/2
		电子中微子	electron neutrino	ν_e	<2.2 eV	0	1/2
	第二代	谬子	muon	μ	105.7 MeV	-1	1/2
		谬子中微子	muon neutrino	ν_μ	<0.17 MeV	0	1/2
	第三代	陶子	tau	τ	1.777 GeV	-1	1/2
		陶子中微子	tau neutrino	ν_τ	<15.5 MeV	0	1/2

第4代为统一的命名，（v）Upsilon子和Upsilon中微子是轻子，本Upsilon夸克和影Upsilon夸克，如此添加这些费米子后就有77种以上的基本粒子。

再看超对称的搞法，它是让很多粒子有s开头的粒子，如此粒子数增加很快
图76 超对称的SM susy_spectrum

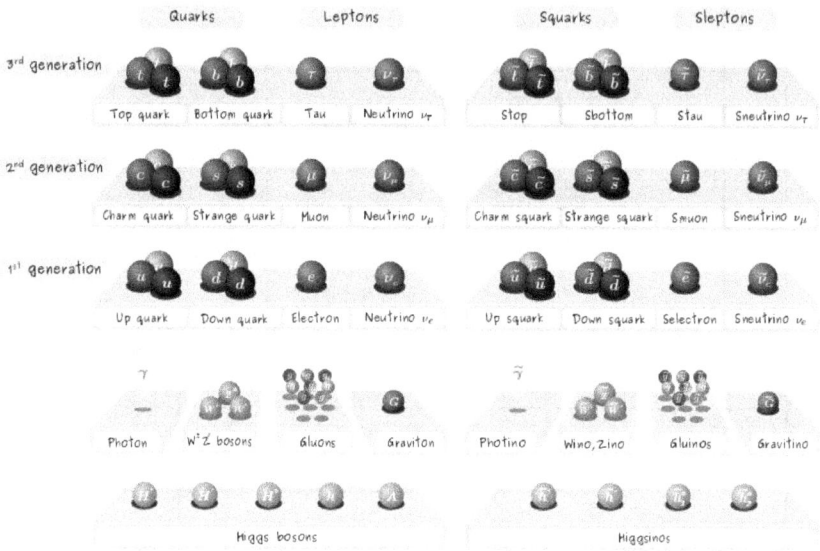

下面看 Numblocology 本身的对称和对称破缺，未必和物理学有对应，但是其实蕴藏着巨大的启示。这也算新学科 Numblocology 的一种用途。

11.2 小节 数组块学里的对称破缺和对称被破坏

本节给出了"存世为数不多的"不对称的起因解释，还给了独特的具象支持。另外，本书肯定有的两方面的直接应用，第一个就是高阶方面的，那些内容加上工程化就是数组块学加密工程（Numblocological Encryption Engineering）了。另一个方面就是低阶方面的特殊内容，可以提供前所未有的对理论物理和对称性新启发。这种启发是很深刻的。低维数的和低阶的 Numblocology 对如何才会引起不对称性有形象和抽象都俱佳的解释，请读者留意后文。"明"拾纸墨之一二将阅读来的写进了博客网文里，他说"也读过易经，没有读出什么来，最多是以为包涵很初浅的世界是按一定的规则变化的意识。李政道就不一样。能读出宇宙的全部动力学产生于似乎是静态的阴阳两极对峙这样的心得。就是说易经已经点出了宇宙最本质的东西。

今天，人们再回过头来研究儒家，也是因为人们发现，现代社会在发展中，可能已经失去了最本质的最可贵的东西。而这些最本质的最可贵的东西，就在儒学里面可以找到。只有在最本质最基础上建立的文明，才可能源远流长。

世界如何发展，科技如何发达，永恒不变的只有人性。任何社会，任何个人，最后都需要面对。"其实除了周易和儒家和其他家的体系在社会伦理等方面的大内容外，小内容的那个卦系符号和数学也是不容小觑。

首先我们已知道六个以上的解释，可说明什么样的情况或地方会导致不平衡或不对称出现。下面分别介绍如下这种不对称启示理论。

第一种情况：

表 87 是很多序列的展示，下面逐条逐行介绍。

子圈的定义是说整体的　　也能在该部分首尾相连时也能符合浮移规则（shift rule）。第一行是四个数字的序列，0132 可整体成子圈，但分开后　1-3 不能让 3 接 1，只是突变；2-0 也不能让 0 接 2，也是突变（突破浮移规则的限制）。若改为 0123 则只有 1-2 可行所以整体跳跃，也不合 shift rule。

再看第二行和第三行的 8 元素。第二行是顾上了整体的成圈，为 40125376-而 6 可连回

4 也符合　shift rule。4012 也符合子圈的定义,看表的右边知道 5376 也是子圈，唯一缺点是这个排列的几何构型不对称。这是 8 元素的"两律背反"现象之一。也就是说子圈正解的序偏偏不是几何对称的正解。

第三行的序算是能作一个几何对称的，见图 77。虽然，子序列（6　　5　　3　7）当然也是子圈，即 7-6 连后能循环，但是 4012-6537 整体没符合那么多规则，比如从 7 到 4 不合符 shift rule 而不能成子圈，可见表 87 里的二进制数块部分。当然这时此新序的几何图是对称的。这种两途径的解不能相同就是不协调的"二律"背反。表 87 和图 77 着重显示了用 8 元素的圈来表示"二律"背反的道理：

在 8 个元素的数组块里，**或者**得到几何图不正的，而一个整体圈协调的两个子圈；**或者**可得到一个不协调整体而各自成为子圈的排序，却几何图对称的排序。*不可兼得*。

表 87，　数组块的数字个数为 4、8、16 的情况，特别是 8 元素时的二律背反

0	1	3	2	-			5	3	7	6					
4	0	1	2	5	3	7	6	1	0	1	1				
4	0	1	2	6	5	3	7	0	1	1	1				
				1	1	0	1	1	1	1	0				
八	元	素		1	0	1	1				>	5			
展	示	子	圈	0	1	1	1								
					>	6	=	6	5	3	7	6			
16	有	子	圈	几	何	图	正	的	:						
8	0	1	3	6	13	10	4		9	2	5	11	7	15	14	12
	16	的	突	变				突	变	:					
15	14	12	6	0	1	3	9	2	5	11	8	13	10	4	7

图 77，第一种情况：

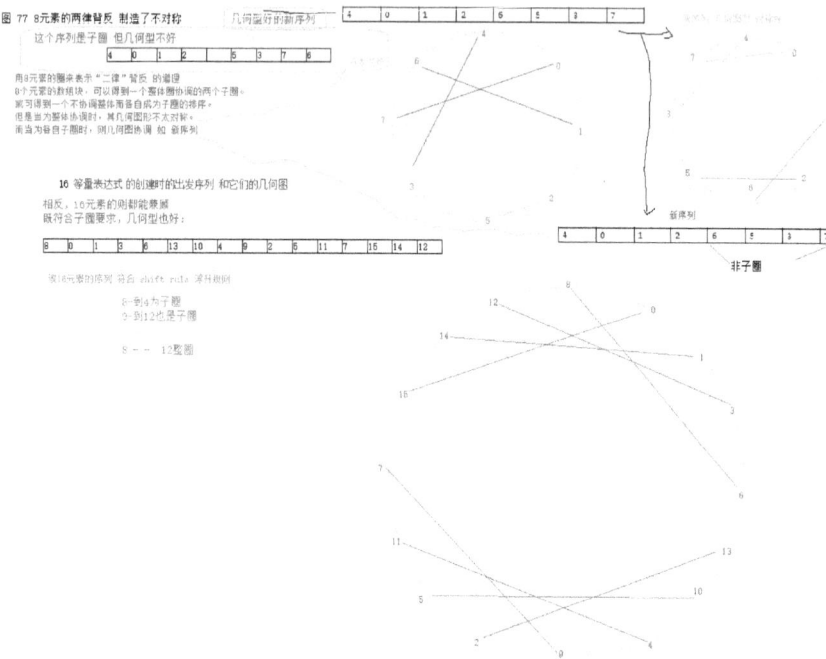

第二种情况：

这是一种伴装引起的的解释：如果只看数组块的表而忘记数组块的序的首尾要连为圈，则可伴装成是线性排列的，则如下排法最能回避对称破缺的显然化 （或显化）。

伴装成可以**临时忽略圈**的样子 如下表 88 就是遵循了 shift rule 规定后所得到的最对称的排法，两种序列是符合的。在表 88 第一行下面的是合符在 1 和 3 之间画线，按镜像颠位对称，就是 1 的（001）和 3 的（011）是斜对称，而其外的 0 和 7 也是正好 antibit 对称，再 4（100）和 6（110）就算是另一种斜对称。最后 2 和 5 明显 0 和 1 分量上"不对称"，因为 2 的二进制有两个 0 而 5 有一个 0，虽然是 anti bit 对称但是有杂合的感觉。这样就把它们排在最外面。这是第一行。

另外六行是另一个排法，也有道理，其中 3 和 1 还是斜对称，只是位置不同，总体和第一行的一样，是 4-6 混 3-1 得到某种总体的均匀平衡。最后要提的是这两个序都是合符 shift rule

表 88 先伴装是线性的 从 2 排到 5 或从 5 排到 2，仿佛 2 和 5 **没有连接**在一起，这样排明显是对称的，只是 2 和 5 有点欠缺。

2	4	0	1	3	7	6	5	A		
0	1	0	0	0	1	1	1			
1	0	0	0	1	1	1	0			
0	0	0	1	1	1	0	1			
5	3	7	6	4	0	1	2	B		

1	0	1	1	1	0	0	0				
0	1	1	1	0	0	0	1				
1	1	1	0	0	0	1	0				

为了印证这种伴装其实离实际对称只有一步之遥。那么可将这第二种解释另一个侧面展现：就是关于隔一对 A和B序作隔一的（gap=1）全排列，排好后显出令人惊讶的对称。可在 和图78展示。

，通过本表画图78但省略A序列 24013765 的数据

5	3	7	6	4	0	1	2		B		
2	4	0	1	3	7	6	5		A		
								做	gap=	1	卷起
4	5	0	3	1	7	2	6		B/		
2	3	4	7	0	6	1	5		A/		
B	5	3	7	6	4	0	1	2	开始轮排		
4	5	0	3	1	7	2	6		Aa		
2	5	4	3	0	7	1	6		Ab		
1	5	2	3	4	7	0	6		Ac		
0	5	1	3	2	7	4	6		Ad		

图 78 ，虽然24013765数据和作图都省略了，但是其图形几乎是重复图78里的，在图78里主要有 序列 53764012 的展示

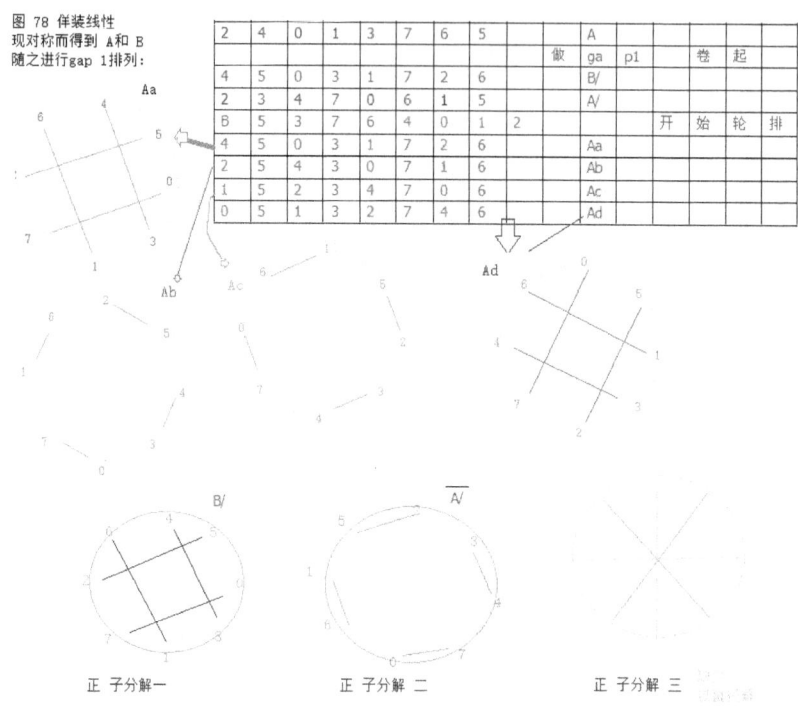

图 78 伴装线性现对称而得到 A和 B 随之进行gap 1排列：

正 子分解 一   正 子分解 二   正 子分解 三

上述图 表明 伴装线性得到的序其实蕴含了很多对称信息，如得到了子分解里的均对称和邻位型对称，只缺过直径解没出现

一方面，伴装的线性排法是明显对称的，另一方面其变化在隔1而排的条件下显出很好的对称性，只有一个可惜，当这个8元素的A序列和B序列都首尾相连时，其几何图就不能四个方位都对称。这是因为8元素只有3个二进制数组成。而2和5正好不平衡5中的1多过2里的1。因此可以认为这是8元素的特质或2和5是8元素里的不可协调因素（特质），而这种特质在16元素和32元素的圈里就没有了，所以这种不平衡的一对元素造成了8元素图整体的对称破缺。这是不对称之第二种情况的介绍。

第三种情况：

莫比乌斯带扭转被认为是一种不对称或不平衡。在表53a里取一小部分，然后改为扩展的表89，可以看见第四行里从31到23是八个数而继续看还有八个数在后面，是15到14那一段。如果把第四行和第五行内容分割为4个序列且每个含8个元素。可以看见一种拓扑学上的平顺单面关系，现在在拓扑上造一个莫比乌斯带，就是一张长方形较修长些的小纸条有ABCD四个角，现在不是把A粘上C 而是扭转纸条的正面和另一边的反面，并让A和D连同时B和C连粘，如此就将两面的平圈改成另一种拓扑：莫比乌斯带。要找表89里的莫比乌斯扭转，就要到表的第一行和第二行。

平常 15（01111）可按 shift rule 连接 31（11111），而 23（10111）也能 shift rule 顺接上 15。但是在第一行和第二行里 15 只能扭到另一边去和 31 连，就是 15 和 31 在不同的行，考虑到**第一行的镜像**是第二行，比如 31-30 的 antibit 是 0-1，象表 89 里上半部分

（第1到第5行）显示的关系就是因为莫比乌斯扭转的关系（至少可以人为地这么认定）。现在可认为第四行和第五行是平衡的，而第一行和第二行所决定的序就是一种破坏了对称的序。

下面看表89的下半部分（第六 行到第 二十一 行），下半部分是试图给32个元素做八分截投影集Proj(g,32/4),就是本书表57里解说的情况，注意表58是给64元素作的类似工作，它不需要莫比乌斯带扭曲。从0,1到31共32个整数开始，将其按本书前文说的办法分组，每组得到4个数，排在表89的第六行到最末尾。每个小块都企图形成子圈（首尾能连），其中，0,1,3,7是突变也就是7连回0后没法成子圈，对应的antibit 31,30,28,24也同。这样32数里有8个失去资格，也就是分截投影集是不可能的。当然17,2,4,8是真正的子圈，表里彩色部分是多余的可忽视。问题是表89的快结束的部分是一种扭转，把底下即 antibit 的11和上边的22连也能成子圈，不过不是平圈（22-13-26-20）意义上的而是莫比乌斯带扭曲上的子圈。当然这是一种不对称。不但做8分截投影集会有，其实做Prin()的都会有莫比乌斯带扭曲带来的不对称。另外第6行的8字能接12行的14这个数（扭转成圈）。

表89 莫比乌斯带所带来的扭转不对称的例子

31	30	29	27	22	12	24	16	3	13	26	21	11	23	14
0	1	2	4	9	19	7	15	28	25	18	5	10	20	8	17
			普	通	平	带	31	至	23	连	=	8	数	:
31	30	29	26	21	11	23	15	28	25	18	4	9	19	7	14
0	1	2	5	10	20	8	16	3	6	13	27	22	12	24	17
19	6	12	25	=	17	2	4	8		10	21	10	21		
1	0	0	0		1	0	0	0		1	0	1	0		
0	0	1	0		0	1	0	0		1	0	1	0		
0	1	1	0		0	0	1	0		0	1	0	1		
1	1	0	0		0	1	0	0		0	1	0	1		
1	0	0	1		1	0	0	0		1	0	1	0		
12	25	19	6	=	14	29	27	23		21	10	21	10		
				镜	像							镜	像		
前	面	有	16	个	不	同	的	数		下	面	更	不	对	称
0	1	3	7		22	13	26	20							
31	30	28	24		0	1	1								
					0	1	1	0		扭	后	11	能	接	22
	非	子	圈		1	1	0	1							
					1	0	1	0							
					0	1	0	0							
					9	18	5	11		莫	比	乌	斯	扭	连

所以Brain   Storm 一下，就可能认为几何上的拓扑结构也是对称性破缺的对象。

表90是和自印集Prin()有点关系的莫比乌斯带扭曲例子，其中128元素的例子是省略很多数的，注意1和2行与7和8行的不同。其中 65到96确实可以排妥当，称为K链，如果**不求互补数的几何连线的美丽**，则K中其实96和65是可以子圈的，就是两数接好后会符合 **shift rule** 。但是要求那种美丽则必须如表里的第11行说的那样接。

在表 90 ，128 元素是可以自然排好一个莫比乌斯扭曲型的，32 元素受到约束而出现强制干涉，这也间接反映量子化是一种跳跃，而跳跃（突变）的出现是本来可在平圈里避免的，而另一种莫比乌斯拓扑圈上则不可避免。这隐含着量子化也是受某种约束导致不对称而产生的物理现象。

表 90，展示一种强制干涉现象，可能有物理解释

65												31
62												96
63												32
64												95
正	常	:	65	-	31	63	-	32	64	-	95	62	-	96
扭	曲	:	K	在	第	八	行	L	在	9		
65												96
62												31
64												32
63												95
	65	扭	让	31	接	63		等	等	63	扭	让	32	接	64
64	扭	让	95	接	62		62	扭	让	96	接	65	等
16				23				32	元	素	的
14				24							
17				7							
15				8				改	为	扭	曲
16				24							
14				23							
17				8				强	制	干	涉
15				7				^	^		
16	1	2	5	11	22	12	24	14	28	31	21	6	13	27	23
1						1	0	1	1	1	0	0	1	1
						1	1	1	1	0	1	1	1	0
						0	1	1	1	1	1	0	0	1
						0	1	0	0	1	0	1	1	1
						0	0	1	1	0	1	1	1
						17	3	0	10	25	18	4	8
17	3	0	10	25	18	4	8	15	30	29	26	20	9	19	7
						0	1	1	1	1	0	1	0
						1	1	1	1	0	1	0	0
						1	1	1	0	1	0	0	1
						1	1	0	1	0	0	1	1
						1	1	0	1	1	0	1	1
						16	1	2	5	11	22	12	24

第四种情况：

不对称之成因分析说也关注成因的规束、和成因范围的扩展，一般认为初始条件是决定 对称 还是 破缺的关键。

如果出发序列不对称，则可能各种隔 g 变化法得到的序也是画出不对称的；如果出发序列为对称，则可能各种隔 g 变化法得到的序也是画出对称的。这个可以用图 79a 和图 79 b 来显示说明。当然因素还不限制于此，某些条件满足则成因会趋势显露。

图 79a 种对称 得对称

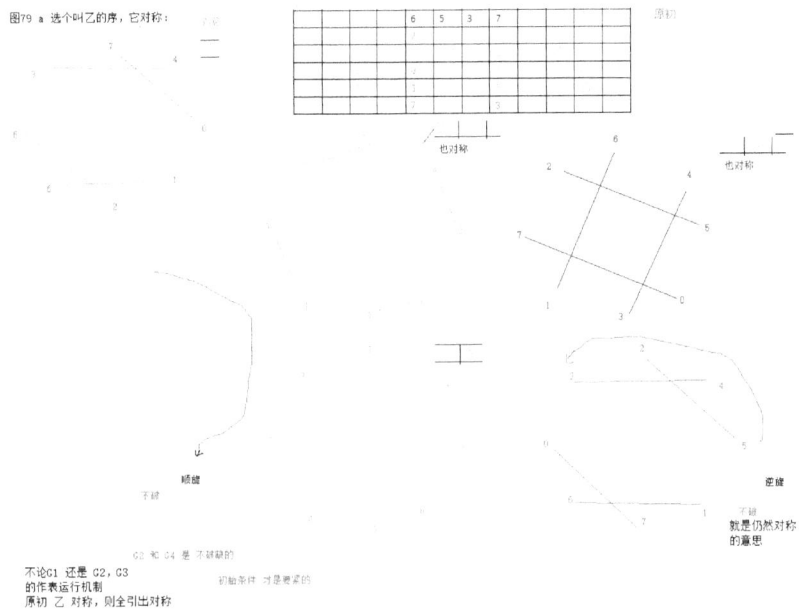

图 79b 种不对称 得 不对称

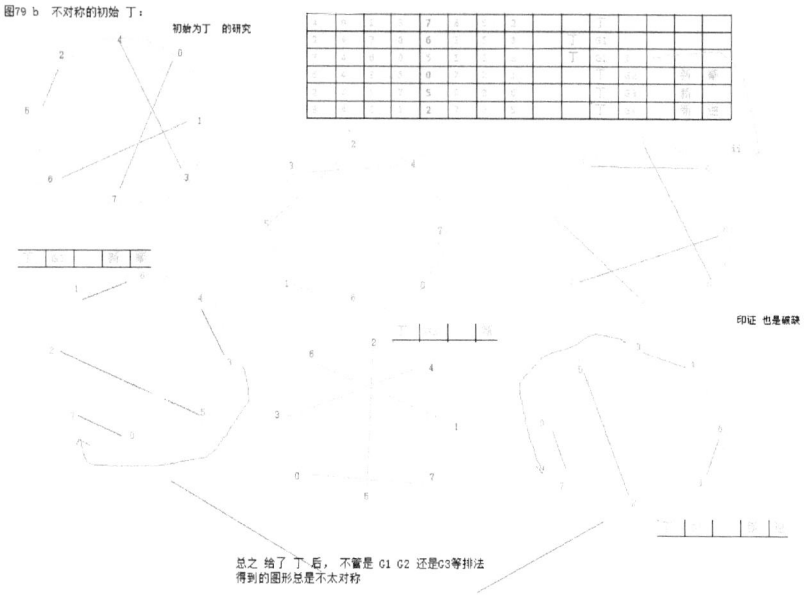

图79 b 不对称的初始 丁：初始为丁 的研究

总之 给了 丁 后，不管是 G1 G2 还是C3等排法
得到的图形总是不太对称

第四种解释的成因扩展部分可以把读取办法当重点，在第二章和第三章里我们介绍了 Numblocology 里的很多基础内容，包括什么是检测程序(test)，如何画几何图和如何作数组块的表格，表格的约定是如何的。但是读者中某些人也许忘记了，所以在做完解释后我们会给出本书的最后一个练习。希望读者能得到正结果，如果那个题目做不出来，则可去愉快地参考本书的第二章和第三章。

在一个数组块表的第一行也许是十进制数，也许是01核心串，但是接下来按01自扩张码的特点，基本是要进行"决定读取的间隔"这步骤，读取法可以是一个接一个读取，那种程序就叫隔0读取，或 gap=0 有时简化为 G0,同样也有读一个接着忽略一个，当然隔完这个忽略的有需要都取并填到表里。这样就是隔1跳读。还可以是隔开 g 来跳读，g 可以是小于等于数组块 M (m) 的个数 m 的任何正整数。一般 g= 2,4,6 等偶数时，左右对称的多，例外是当元素总数为 8，即数组块 M (8) 比较特别。在第二种情况里我们说过隔1提取的办法都是四方位对称的。而隔2就是 gap=2 时反而出现了不对称。这现象在大约等于M (16) 后又消失了。其原因还是 8 元素数组块的特质问题，就是因为**其出发序列的原始几何图形就是对称破缺的**。现在就当作对称破缺起源的第四种解释。

在表 91 里，我们有两个 8 元素的序列：A 和 B，然后按本节下面的解说补充表里后续的内容。

前面提到 A 和 B 如果做隔1 或 gap=1,则产生的图都是对称的。但是如果将 76524013 就是 A 做隔2 或 G2 处理，排出的数序列作的几何图就不那么对称，同样 B 序列作 G2 处理也是不对称，这个可称为 G2 的 8 元素数组块的对称性破缺，将表 91 画成图 80 就可见其不对称性。

当然，如果对 G1 却不用卷起操作而是做表时做收缩性的 foldup 逆运算。那么也是个不对称图，见序列 C 两个可能都是不太对称的图。

再看看 G3,假设不用 A 和 B 那样的序列。（要避免之是因为 A 和 B 的原初之序就有不对称因素）。现在用新的序比如 H，7 4 6 0 5 1 3 2。这个序则本是可画对称图形的，但是如果（对称的 H）做隔 3 的 G 3，则反而回到了不对称的样子。换句话强调，H 本是均匀对称几何图，H 出发的序作 G3 办法的列表就得到对称破缺的 2 7 6 5 3 4 0 1 了，这是因为 6 那个地方发生突变了---是因 G3 而引起的。所以一个几何图不对称的原因可以是因为原初的出发序列引起，也可能是隔取机制（比如 G3 有打乱排序的突变性）所引起的。这就是说第四种情况就是 特质论（8 元素特别）、初始条件论、和运行机制（隔 1 还是隔 2？）论的广泛展示。

表 91，8 元素的 A、B 序的隔 2 等研究，考察对称性和不对称现象

	4	0	1	3	7	6	5	A			
4	0	1	2	5	3	7	6		B		
			作	隔	2	卷	起	,	则		
3	4	2	7	0	5	6	1		B	隔 2	, G2
6	4	3	5	0	7	2	1		A	,	G2
					用	B	逆	到	C		
4	1	5	7	0	2	3	6				
3	6	0	2	7	4	1	5		C		
						用	隔	三			
7	4	6	0	5	1	3	2		H		
2	7	6	5	3	4	0	1		H	G3	
			突变	突II	突III						
					三	个	突	在	一	起 成 尖 峰 部	

图 80 第四种情况的扩展部分图解

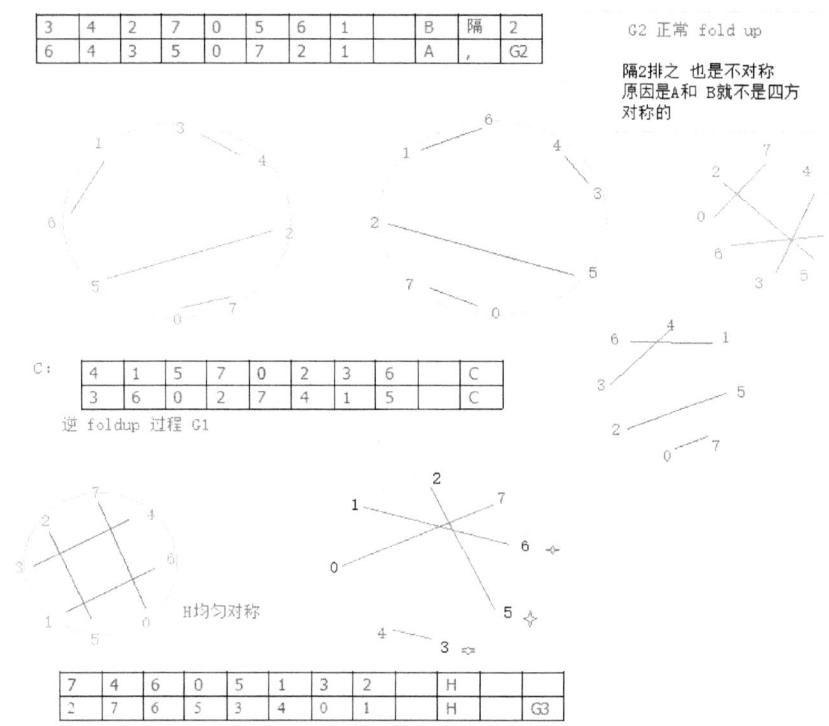

给读者的练习题（本书正文里的**最后一个练习题**）：请读者阅读如下文字，看是否能看懂 90%以上 "研究 Numblocology(数组块学)会用到本书定义的检测程序（**test**）。一个检测程序是从 01 核心串(01 core string) 出发， 在读第一个数后，按隔开规定的数目的数字不读，而读取该读的一部分数。这部分被读好的数再按顺序写成二进制竖排列（结尾就是二进制最后一行的下面）用十进制总结。论到逆读的问题，10111 的逆读是 11101。如果有 16 个 0 或 1 字符，每隔开 2 数就读取一个数则可以得到一个顺排的测试（检测程序，test),如果数组块表的最后一行的十进制数都不相同，则为**全枚举**，不重复。称为**通过了测试**。如果一个通过了测试的 01 core string 从最后一个字符开始逆读到最先，则为逆读，如果这个新的 01 core string 也能通过测试，就是逆读有效。比如，可以排出 16 元素的一个序（1 0 1 1 1 1 1 0 0 0 0 0 1 1

0   1   0   0），其顺读也是可以，其逆读也是可以。

但是例外发生在 8 元素且使用十进制做逆读时：01CS   即 二进制对 8 元素也行，对 8 个元素的 01 水平发生的逆也会有效。请先观察一下：01 core string gap=1 读取
1   0   1   1   1   0   0   0
但是现在看 8 元素十进制水平 逆序则无效，其表现主要在顺读是一种几何图型图，逆则变另一种几何型。比如 G3 能生出 "对称的顺图"，且"有不对称的逆图"（反之也行，不对称的顺图和对称的逆图），此处省略做例子的序列。"

读者如果确实已懂，则判为正确。否则需要复习第 2 和 3 章。
练习题结束。

第五种情况：

01 自扩码下可过检测的码数粒度排法针对三代即停的三种解释：

写在这个题目中的，不是个简单明了的用词。不过没关系，读者可以在读完下面的内容就可以知道其所指。物理中有很多是"倒过来"的东西。夸克禁闭是一种物理现象，描述夸克不会单独存在。由于强相互作用力，带色荷的夸克被限制和其他夸克在一起（两个或三个组成一个粒子），使得总色荷为零。夸克之间的作用力随着距离的增加而增加，因此不能发现单独存在的夸克。要知道普通电荷正负电之间的吸引力是随距离增加而衰减的。而夸克的色荷的强力是倒过来，这些反而吸引力大。基本模型的费米子只有三代，其对应的"倒过来"的解释就有一种是如下文所说的。

图 81，本图是解释"三代即停"里所涉及名词的解释，比如 G-1 和 G0 是什么意思。

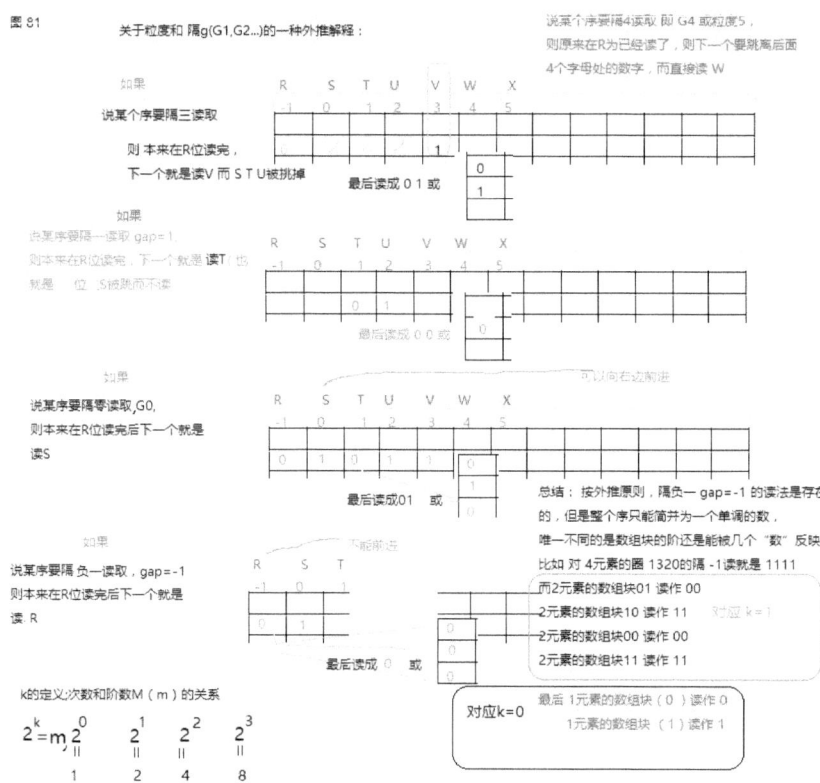

图 81 关于粒度和隔g(G1,G2...)的一种外推解释

如果承认上图的外推，则已经选好了偶数粒度的情况中，"三代即停"里必然当选的是隔1和隔3（G1即粒度2，G3即粒度4）。而需要竞争的是G-1（粒度0）和G5（粒度6）。

表 92　　，在隔1而读时，8元素的符合能过第一检测的两个序列（G1）可列出如下表：8元素拆分成2部的问题，兼问唯一性和隔1成两组的组合问题，结果是可以分成两组或子圈。

4	0	1	2	5	3	7	6	45				
1	0	0	0	1	0	1	1	1				
0	0	1	0	1	1	1	1	0				
0	0	1	0	1	1	1	0	?				
4	0	1	3	7	6	5	2	X				
4	0	1	2						组	1		
5	3	7	6						组	2		
4	5	0	3	1	7	2	6	D				
4	6	0	5	1	3	2	7	E				

4	7	0	6	1	5	2	3	F	
4	3	0	7	1	6	2	5	G	
				翻	译				
1	1	0	0	0	1	0	1	D	G1
0	0	0	1	0	1	1	1		
0	1	0	1	1	0	0	0		
4	5	0	3	1	7	2	6		
1	1	0	1	0	0	0	1	E	G1
0	1	0	1	0	1	1	1		
0	0	0	1	1	1	1	0		
4	6	0	5	1	3	2	7		
			ant	i	bit				
0	0	1	1	1	0	1	0	=	E
0	0	1	0	1	1	1	0	=	D

只有两种独立的序，另外在表 92 里"翻译"两字后面的部分可证明这两个序是可过 the first test 的。现在就计这两种序（D 和 E）为当选的。配合此表的关于 8 元素 G1 的图为图 82。

图 82 是 8 元素的符合能过第一检测的两个序列所画的图

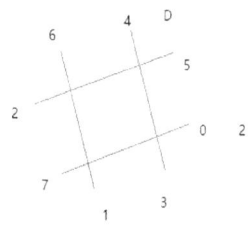
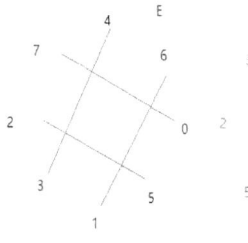
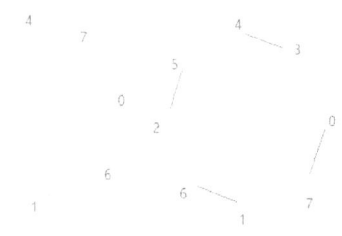

图 82 8 元素 过 test 的问题

处理单一步 分 4 0 1 2 和 5 3 7 6 两组
第二步 D 和 E 可选
第三步 翻为 01 串开始 test
第四步 选过 test 者算最佳

表 92 证明了只有两种优选序可过 the first test 所以对称的就是 D 和 E

研究中需要否更多 g1，16 元素的都列在表 93 中，表 93 为 G1 的 16 元素分组（需要二份并各为子圈），有两个可能解。找好后，可以轮排，选出对称图和过 test 的候选者

表 93，用 G1 取法的 16 元素的正解图而作的表

1	0	0	1	0	1	1	0	1	0	0	0	0	1	1	1
0	0	1	0	1	1	0	1	0	0	0	0	1	1	1	1
0	1	0	1	1	0	1	0	0	0	1	1	1	1	1	0
1	0	1	1	0	1	0	0	0	1	1	1	1	0	0	0
9	2	5	11	6	13	10	4	8	0	1	3	7	15	14	12
		第	1	种	序	结	束								
1	0	0	0	0	1	1	0	1	0	1	0	1	1	1	1
0	0	0	0	1	1	0	1	0	0	1	0	1	1	1	1
0	0	0	1	1	0	1	0	0	1	1	1	1	1	1	0
0	0	1	1	0	1	0	0	1	1	1	1	1	0	0	0
8	0	1	3	6	13	10	4	9	2	5	11	7	15	14	12
		第	2	种	序	结	束								
8	9	0		1		3		6		13		10		4	
8	12	0	9	1	2	3	5	6	11	13	7	10	15	4	14
8	14	0	12	1	9	3	2	6	5	13	11	10	7	4	15
8		0		1		3	9	6		13		10		4	
8		0		1		3		6	9	13		10		4	
8		0		1		3		6		13	9	10		4	
8		0		1		3		6		13		10	9	4	
8		0		1		3		6		13		10		4	9
		也	可	轮	排	出	正	解		对	称				
	符	合		能	过	tes	t								

要知道下面的解说需要用表 93a,如前面所说，将 16 个数分为两份是没问题的。而 16 个数按子圈办法来分 4 个子圈则是不成功的，见表 93a。

表 93a ，表的右侧见 16 元素不太好分成四份，其中有一份不成子圈（有突变，没照着 shift rule 规矩）

1	1	1	1	0	0	1	0		0	0	0	1
1	1	1	0	0	1	0	1		0	0	1	0
1	1	0	0	1	0	1	1		0	1	0	0	1
1	0	0	1	0	1	1	1		1	0	0	0	份
15	14	12	9	2	5	11	7		1	2	4	8
		an	ti	bi	t	否						
0	0	0	0	1	1	0	1		1	1	1	0
0	0	0	1	1	0	1	0		1	1	0	1	2
0	0	1	1	0	1	0	0		1	0	1	1	份
0	1	1	0	1	0	0	0		0	1	1	1
0	1	3	6	13	10	4	8		14	13	11	7
	另	一	序	:								
1	1	1	1	0	1	0	0		1	0	0	1
1	1	1	0	1	0	0	1		0	0	1	1	3
1	1	0	1	0	0	1	1		0	1	1	0	份

1	0	1	0	0	1	1	1		1	1	0	0	
15	14	13	10	4	9	3	7		9	3	6	12	
0	0	0	0	1	0	1	1		0	0	1	1	4
0	0	0	1	0	1	1	0		0	1	0	1	份
0	0	1	0	1	1	0	0		0	0	1	1	
0	1	0	1	1	0	0	0		0	1	0	1	
0	1	2	5	11	6	12	8	缺	点	部	0	5	10	15

另外还有较详细的比较放在表 94 中，此表可反映在图 83 中。

表 94，根据子分解规则，会有两个是跨度适合的几何型。比如图 83 里的 ii 和 iii。本表先翻译 ii、iii，然后作 test（G1，粒度 2），发现两个序都能过 the first test。

8	12	0	9	1	2	3	5	6	11	13	7	10	15	4	14
1	1	0	1	0	0	0	0	0	1	1	0	1	1	0	1
0	1	0	0	0	0	1	1	0	1	1	0	1	1	1	1
0	0	0	0	0	1	1	0	1	1	0	1	1	1	0	1
0	0	0	1	1	0	1	1	0	0	1	1	1	1	0	0
8	12	0	9	1	2	3	5	6	11	13	7	10	15	4	14
8	14	0	12	1	9	3	2	6	5	13	11	10	7	4	15
1	1	0	1	0	0	0	0	0	1	1	0	1	0	0	1
0	1	0	1	0	0	0	0	1	0	1	0	1	1	1	1
0	1	0	0	0	1	1	0	1	0	0	1	1	0	0	1
0	0	0	1	1	0	0	1	0	1	0	1	1	0	0	1
8	14	0	12	1	9	3	2	6	5	13	11	10	7	4	15

图 83 是在隔 1 而读时，16 元素的符合能过第一检测的序列（G1）所画的图

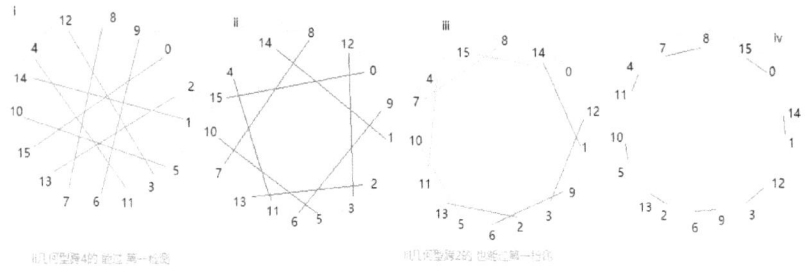

图 83．16元素的过 test 之几何图

8	9	0	2	1	5	3	11	6	7	13	15	10	14	4	12	i
8	12	0	9	1	2	3	5	6	11	13	7	10	15	4	14	ii
8	14	0	12	1	9	3	2	6	5	13	11	10	7	4	15	iii
8	15	0	14	1	12	3	9	6	2	13	5	10	11	4	7	iv

仍然按规道8元素的要求，则ii是16元素的正确候选

参见表93和表94

对第五种情况的第一种解释：依照隔3排（G3），就是按粒度四来做数组块。一般，128元素数组块可以做成G3，64的也可以作G3，32元素同样可以做G3(参考表95和图85)，这已经三代了，那为何到此就停止呢，因为32减少一半为16元素时，其分拆为四份后就没有符合"能过test"的属性了（见表93a，a在隔3而读时，16元素却不能过第一检测的序列（G3））。因此解释"三代即停"了。

降到16元素则G3（粒度为4）的排分就无法符合 the first test 要求，因而有重复的数字在表里。这就是对称性破缺并让在第四代无法为继。

最后补上第一种解释离需要的32元素的性质，并显示在在表95中。
表95,隔3取的32元素可过检测（test)的一个序（G3,粒度为偶数4）

21	19	5	22	11	7	10	12	23	14	20	24	15	28	8	17
1	1	0	1	0	0	0	0	1	0	1	1	0	1	0	1
0	0	0	0	1	0	1	1	0	1	0	1	1	1	1	0
1	0	1	1	0	1	0	1	1	1	1	0	1	1	0	0
0	1	0	1	1	1	1	0	1	0	1	0	0	0	1	0
1	1	1	1	0	0	0	0	0	0	0	0	0	0	0	1
21	19	5	22	11	7	10	12	23	14	20	24	15	28	8	17
31	25	16	3	30	18	0	6	29	4	1	13	26	9	2	27
1	1	1	0	1	1	0	0	1	0	1	0	1	0	0	1
1	1	0	0	1	0	1	0	1	0	0	1	1	0	1	1
1	0	0	0	1	1	0	1	1	0	0	0	0	0	0	0
1	0	1	1	1	0	1	0	0	0	0	0	0	1	0	1
1	1	1	0	0	0	0	0	1	1	0	1	0	1	0	1

| 31 | 25 | 16 | 3 | 30 | 18 | 0 | 6 | 29 | 4 | 1 | 13 | 26 | 9 | 2 | 27 |

表95明显是无重复。且第一行的十进制数和七行的十进制数一样，就是数字写在原位。所以符合第一检测（the first test）所定义的特点。因此表95的序是能通过第一检测的。

另外将此表画成图84就是四方向都呈现对称的几何图：

图84. 在隔3而读时，32元素的符合能过第一检测的序列（G3）所画的图，很对称，漂亮。

图84 在隔3而读时，32元素的符合能过第一检测的序列（G3）所画的图：

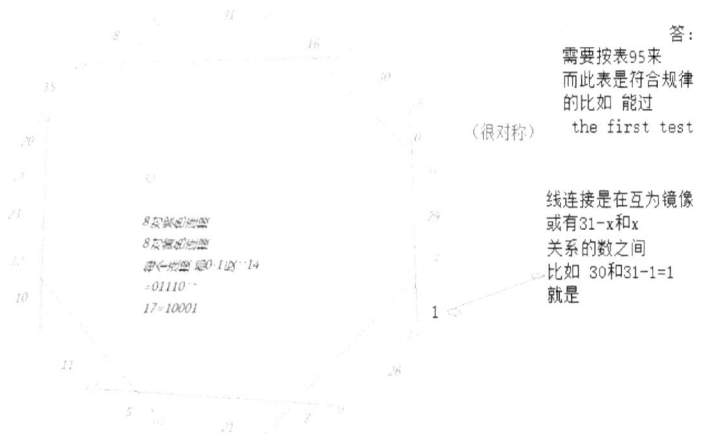

（很对称）

答：
需要按表95来
而此表是符合规律的 比如 能过
the first test

线连接是在互为镜像
或有31-x和x
关系的数之间
比如 30和31-1=1
就是

因为成图的粒度为4是偶数，排法不唯一，因此，可逆过程拆分为4组每组基本独立。但是只有这组是能过 the first test
所以这组是最佳候选

21		5	22	11		10	12	23		20	24	15		8	17
31	25	16	3	30	18	0	6	29	4	1	13	26	9	2	27
		拆	分			子	圈	四	个						
21	11	23	15	31	30	29	26								
5	10	20	8	16	0	1	2								
22	12	24	17	3	6	13	27								

疑问：这种拆为4子圈的办法 是否还有另一种排法？

下面开始为第二种解释准备材料。表96，在隔1而读时，4元素的有能过第一检测的序列（G1）吗？首先看是否能分两部分，将 0 1 2 3 这四个数分成两组后，1，2 可以是子圈，但 0，3 则肯定不是。所以 G1 下让 4 元素的去做 test，其不可能通过。

表 96，四元素无子圈，或本来就是突变

0	1	3	2			1	2		0	2	
				子	圈 :						
0	0	1	1			0	1		0	1	
0	1	1	0			1	0		0	0	
						可			不	可	

如此这个表的图也无法画。这样就有另一个解释。

第二个解释：按照 G1（粒度 2）的排法，对 32 可以在 G1 或粒度为 2 时，做出过 the first test 的序（数组块表）来，同样 G1 的 16 元素也行（选择多些），再有就是 G1 办法下 8 元素的过 the first test 的序就是前面图 82 里的两种（D，E），如此三代，但是也就结束了，因为 G1 下 4 元素无法得到适当解（表 96，的对称破缺），所以也就没有第四代出现，这样就是不对称性了。

第三个解释，如果是需要解释 Higgs 子的特殊性，或需要应对白洞和黑洞那种信息被掩藏的情况，则选粒度为零（或隔负一、G-1），排的做假想的解释比较好。否则这第三种解释还是依照 G5 或粒度六来研究比较好。

从表 97 开始是专门讨论隔五 G5 排列版本的"三代即停"解释，比较特别。

先了解什么是隔负二排列（偶数）隔负一排列，隔 0 排列（偶数）等，隔（g=）外推认为以四为周期，排 0 位后排 3 没问题（3<4），排 4 就相当于排 0 位置（周期重新开始），排 6(6>4)也相当于排在 2 位，实际就是 g5=g1 (6-2=4,周期外推法)，这样就有表 97 是画 Nblock(4),G5 的。重点之一就是看是否过**直径解**。

表 97，外推的在 4 格子里排(0、1、2、3),按粒度六 （G5）做表，几何图没过直径解，都是邻接型的

1	1	0	0						
1	0	0	1						
3	2	0	1	圈	3	和	1	邻	连
	3		2	G1					
2	3			G2					
	3	2		G4					
		3	2	G5	以	上	是	外	推 解 释
1	3	0	2						
0	3	1	2						
第	二	种	序	2	3	0	1		
1	2	0	3						
0	2	1	3						
第	三	种	出	发	序	3	0	2	1
1	3	2	0						
2	3	1	0		有	过	直	径	解

表 97a, 8 个格子的两个序和隔 5 排法，没有过直径解，Nblock(8),粒度六 G5，几何图不对称

1	1	1	0	1	0	0	0				
1	1	0	1	0	0	0	1				
1	0	1	0	0	0	1	1		gap	=	5
7	6	5	2	4	0	1	3	A			
			G5								
		7		隔	五		6				
0	7	4	2	3	5	1	6	p			
1	7	0	2	4	5	3	6	q			
3	7	1	2	0	5	4	6	r			
4	7	3	2	1	5	0	6	s			
								都	不	对	成
1	1	1	0	0	0	1	0				
1	1	0	0	0	1	0	1				
1	0	0	0	1	0	1	1		gap	=	5
7	6	4	0	1	2	5	3	B			
			G5								
2	7	1	0	3	4	5	6	u			
5	7	2	0	1	4	3	6	v			
3	7	5	0	2	4	1	6	w			
1	7	3	0	5	4	2	6	x			
								都	不	对	成
		因	为	此	序	本	不	对	称	二	律	背	反

表97b,16个格子的两个"非第一出发序列"和一个第一出发序列。隔5排法，没有过直径解,Nblock(16),粒度六 G5

1	1	1	1	0	0	1	0	0	0	0	0	1	1	0
1	1	1	0	0	1	0	1	0	0	0	1	1	0	1
1	1	0	0	1	0	1	0	0	0	1	0	1	1	1
1	0	0	1	0	1	0	0	0	1	1	0	1	1	1
15	14	12	9	2	5	10	4	8	0	1	3	6	13	11	7
13	15	8	9	3	10	11	14	0	2	6	4	7	12	1	5
1	15	13	9	8	10	3	14	11	2	0	4	6	12	7	5
7	15	1	9	13	10	8	14	3	2	11	4	0	12	6	5
6	15	7	9	1	10	13	14	8	2	3	4	11	12	0	5
0	15	6	9	7	10	1	14	13	2	8	4	3	12	11	5
11	15	0	9	6	10	7	14	1	2	13	4	8	12	3	5
3	15	11	9	0	10	6	14	7	2	1	4	13	12	8	5
8	15	3	9	11	10	0	14	6	2	7	4	1	12	13	5
1	1	1	1	0	0	1	0	1	0	1	0	0	0	0
1	1	1	0	0	1	0	1	1	0	1	0	0	0	1
1	1	0	0	1	0	1	1	0	1	0	0	0	1	1
1	0	0	1	0	1	1	0	1	0	0	0	1	1	1

15	14	12	9	2	5	11	6	13	10	4	8	0	1	3	7
1	15	13	9	8	11	3	14	10	2	0	6	7	12	4	5
4	15	1	9	13	11	8	14	3	2	10	6	0	12	7	5
7	15	4	9	1	11	13	14	8	2	3	6	10	12	0	5
0	15	7	9	4	11	1	14	13	2	8	6	3	12	10	5
10	15	0	9	7	11	4	14	1	2	13	6	8	12	3	5
3	15	10	9	0	11	7	14	4	2	1	6	13	12	8	5
8	15	3	9	10	11	0	14	7	2	4	6	1	12	13	5
13	15	8	9	3	11	10	14	0	2	7	6	4	12	1	5
	下	面	的	是	16	的	第	一	出	发	序	列			
8	0	1	3	6	13	10	4	9	2	5	11	7	15	14	12
15	8	9	3	11	10	14	0	2	6	7	4	12	1	5	13
5	8	15	3	9	10	11	0	14	6	2	4	7	1	12	13
12	8	5	3	15	10	9	0	11	6	14	4	2	1	7	13
7	8	12	3	5	10	15	0	9	6	11	4	14	1	2	13
2	8	7	3	12	10	5	0	15	6	9	4	11	1	14	13
14	8	2	3	7	10	12	0	5	6	15	4	9	1	11	13
11	8	14	3	2	10	7	0	12	6	5	4	15	1	9	13
9	8	11	3	14	10	2	0	7	6	12	4	5	1	15	13

按照此表底部的序作 16 元素的图即得 图 86。没有过直径解。

图 86，16 元素第一出发序列所成的 8 个 G5 排法

图 86　16 元素第一出发序列所成的 8 个 G5 排法

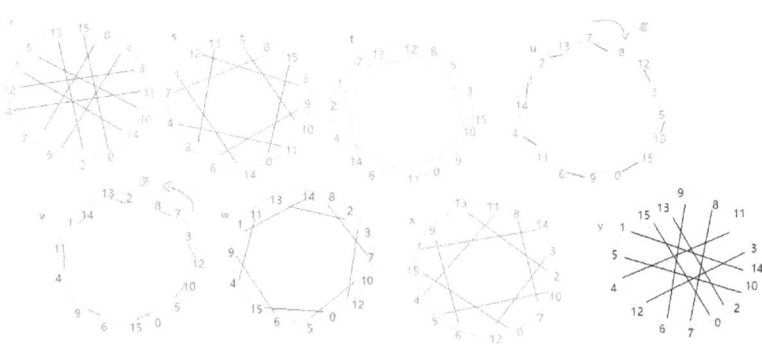

第三种解释（隔五 G5 的解释）：对照本书第二章，2.6 小节的表 8 的下半段，那里的

128元素的G5(隔5读取)可以排出过直径解（定义：过直径解就是图形用数字环成且互补数都两两画连线，这些连线都过环心，就是都象直径一样，这种图形对应的数组块就是过直径解。）既然128元素的大圈可以G5过直径，那么64和32会如何呢，什么时候失去这个功能而出现不对称破缺呢？这是第三种解释的关键。当然，先32元素的数组块Nblock(32)是否可得到过直径解：

表98 ，32的第一出发序列再作表， G5,32格子（仿照表99，0应该对着另一组的31才能得到过直径解）

16	0	1	3	6	13	27	23	14	29	26	21	11	22	12	24
17	2	5	10	20	9	19	7	15	31	30	28	25	18	4	8
9	16	17	21	28	27	19	0	2	11	25	23	7	1	5	22
18	14	15	3	12	4	29	31	6	20	24	8	26	30	13	
30	16	9	21	17	27	28	0	19	11	2	23	25	1	7	22
5	14	18	3	15	12	10	29	4	6	31	24	20	26	8	13
8	16	30	21	3	27	17	0	28	11	18	23	6	1	25	22
7	14	2	15	12	15	29	10	6	4	24	31	20	13		
20	16	8	21	30	27	9	0	17	11	28	23	19	1	2	22
25	14	7	3	12	18	29	15	6	10	24	4	26	5	13	
31	16	20	21	8	27	30	0	9	11	17	23	28	1	19	22
2	14	25	3	7	12	5	29	18	6	15	24	26	4	13	
4	16	31	21	20	27	8	0	30	11	9	23	17	1	28	22
19	14	2	25	12	7	29	5	6	18	24	15	26	3	13	
10	16	4	21	31	27	20	0	8	11	30	23	9	1	17	22
28	14	19	3	2	12	25	29	7	6	5	24	18	26	13	
15	16	10	21	4	27	31	0	20	11	8	23	30	1	9	22
17	14	28	3	19	12	2	29	25	6	7	24	5	18	13	
18	16	15	21	10	27	4	0	31	11	20	23	8	1	30	22
9	14	17	3	28	12	19	29	2	6	25	24	7	26	5	13
X	10	和	11	号		重	复								
	16	18	21	15	27	10	0	4	11	31	23	20	1	8	22
	14	9	3	17	12	28	29	19	6	2	24	25	26	7	13
	16	5	21	18	27	15	0	10	11	4	23	31	1	20	22
	14	30	3	9	12	17	29	28	6	19	24	2	26	7	13
				11号											

此表的特点可反映在图87a和图87b，画图看到无法得到跨"奇数"的图 就是跨15的过直径解无法得到。

图87a

图87 a

32元素 G 5

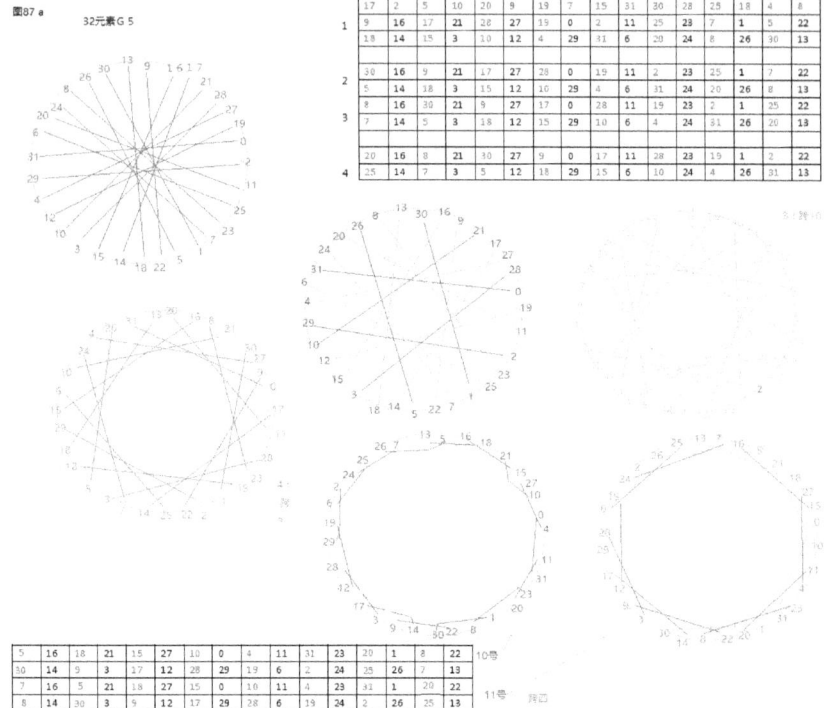

	17	2	5	10	20	9	19	7	15	31	30	28	25	18	4	8
1	9	16	17	21	28	27	19	0	2	11	25	23	7	1	5	22
	18	14	15	3	10	12	4	29	31	6	20	24	8	26	30	13
2	30	16	9	21	17	27	28	0	19	11	2	23	25	1	7	22
	5	14	18	3	15	12	10	29	4	6	31	24	20	26	8	13
3	8	16	30	21	9	27	17	0	28	11	19	23	2	1	25	22
	7	14	5	3	18	12	15	29	10	6	4	24	31	26	20	13
4	20	16	8	21	30	27	9	0	17	11	28	23	19	1	2	22
	25	14	7	3	5	12	18	29	15	6	10	24	4	26	31	13

	5	16	18	21	15	27	10	0	4	11	31	23	20	1	8	22	10号
	30	14	9	3	17	12	28	29	19	6	2	24	25	26	7	13	
	7	16	5	21	18	27	15	0	10	11	4	23	31	1	20	22	11号
	8	14	30	3	9	12	17	29	28	6	19	24	2	26	25	13	

图 87b

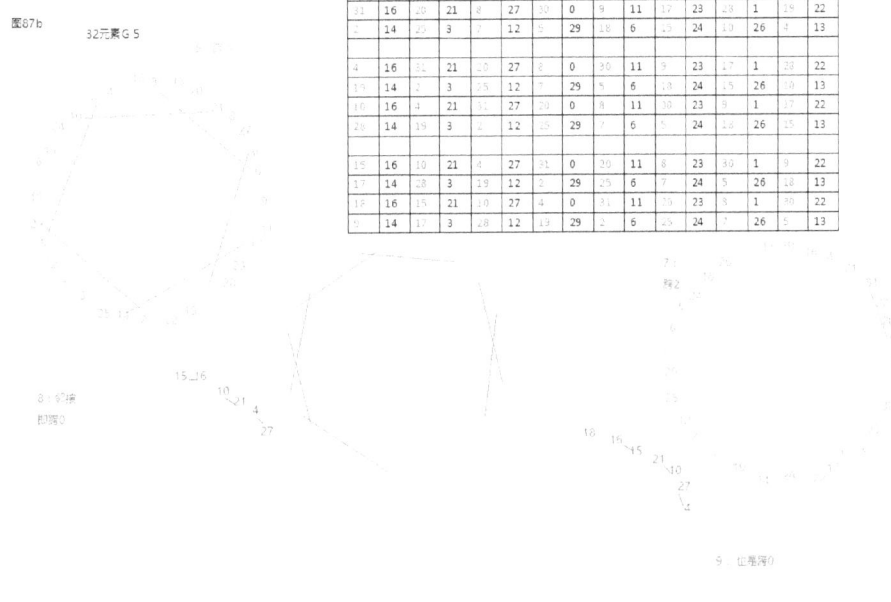

图87b 32元素G 5

31	16		21		27		0	9	11		23		1		22
	14		3		12		29	18	6		24		26		13
4	16		21		27		0	30	11		23		1		22
	14		3		12		29		6		24		26		13
	16		21		27		0	8	11		23		1		22
28	14	19	3		12		29	7	6		24		26		13
15	16		21		27		0		11		23		1		22
17	14		3	19	12		29	25	6		24	5	26		13
	16		21		27	4	0		11		23		1		22
	14		3		12		29	2	6		24		26		13

总轴：没有出现第"单数的" 比如第1和
第15=过直径解

将64阶群出发序列 I：表99a改排成表99就可做一个对称且几何型是过直径解。不过其中31和30需要修改成表99里的样子，否则其对称有缺陷见图88。

表99a,64阶群出发序列 I

31	63	62	60	56	49	34	5	11	22	44	25	50	36	8	16
32	0	1	3	7	14	29	58	52	41	19	38	13	27	55	47
30	61	59	54	45	26	53	42	20	40	17	35	6	12	24	48
33	2	4	9	18	37	10	21	43	23	46	28	57	51	39	15

表99, Nblock（64），G5，注意从第4行的31（红色）排起，然后隔5连回第1行的63，以防止误排，第一组32个在47这里结束，另外一组是30到15空间位置是另一组。

10	63	61	50	6	58	21	62	59	36	12	52	43	60	54	8
24	41	23	56	45	16	48	19	46	49	32	33	38	28	34
53	0	2	13	57	5	42	1	6	27	51	11	20	3	9	55
39	22	40	7	18	47	15	44	17	14	37	31	30	25	35	29
									开	始					

一个"否则"之图，即图88。

图88， 显示64的G5，用在第三种解释（隔五G5的解释）

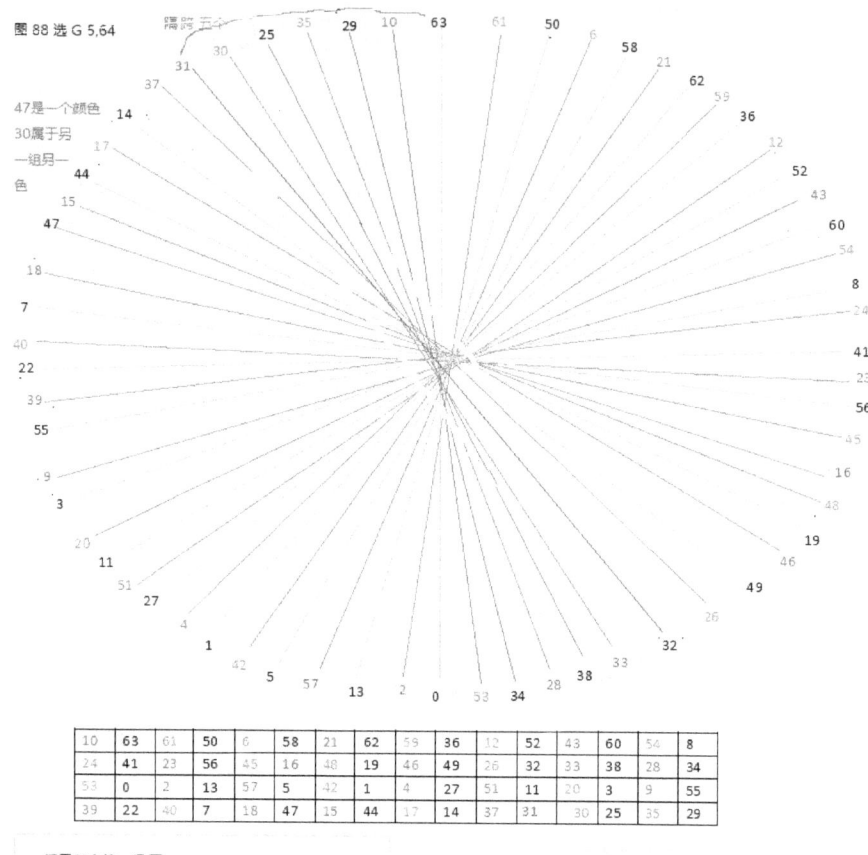

图88 选 G 5,64

10	63	61	50	6	58	21	62	59	36	12	52	43	60	54	8
24	41	23	56	45	16	48	19	46	49	26	32	33	38	28	34
53	0	2	13	57	5	42	1	4	27	51	11	20	3	9	55
39	22	40	7	18	47	15	44	17	14	37	31	30	25	35	29

调看63在第一行 而
0在第三行 中间隔开32-1个

所以内裹地 每对过中心
而一定是过直径解

演示误排,正确需要从第4行的31排起
,但是 32/33和30/31需要扭曲一下

这样,基本认为G5下的 256,128,64 之元素个数的表为同一种行为的东西。而下面就没有第四代了,因为,(如果不是全都比照第一出发序列的话),8 的子圈式的序本身几何图不对称,16 和 32 的图也排不出来(原因是不够容纳对位(构成内裹的象 63 对 0 正好在另一组的对应且同色的位置)。也就是说若粒度 5 则 5、10 不合对齐 16 之一半 8,10 或 15 之对应点在 20 和 30 而不是 32,所以无法在 32 格里不错位),因为格子 16、32 和格子 64、128 是不同的。(64 和 65/5=整除)显然调一个位置就会合)。这样就有了某些物理学者所要的第三种解释(隔五 G5 的解释),它被解释为格子和粒度的数论关系可以催生一种不对称起源的新理论。

第六种情况：

将守恒量和对称相连可能比较不难，但是如何将"对称破缺"在数组块学里的具象实例用到物理里则很难。比如说"宇称不守恒"了，就不守恒了吧，为什么呢，不知道啊。

图 89 对称和潜在使用

图 89 a 类比机制
关于具象版的对称，就是根据 Numblocology 制表并画几何图。那几何图的具象对称性就是我们关注的

坐标 即位置
坐标一方之不变
時同 ニ边 坐标变

工作原理就是，将具象版的数学新特质反过去到物理定律等抽象版的对称类比 如果能指导得到新的对 物理规律领域的理解提示，就是可以工作 及此类比办法起作用了

由诺特定理推广，可以得到如下结论：如果运动定律在某一变换下具有不变性，必然有一相应的守恒定律。例如，有一保守的力学体系，其动力学方程可以用拉格朗日方程 $\frac{d}{dt}\left(\frac{\partial L}{\partial \dot{q}_\alpha}\right) - \frac{\partial L}{\partial q_\alpha} = 0$ ($\alpha = 1, 2, \cdots, S$) 来表示。其中，拉格朗日函数 $L = L(q_\alpha, \dot{q}_\alpha, t)$，是广义坐标 q_α、广义速度 $\dot{q}_\alpha$ 和时间 t 的函数。如果拉格朗日函数中不出现某一个广义坐标 q_α，则该坐标称为循环坐标（即具有坐标变换的不变性），此时 $\frac{\partial L}{\partial q_\alpha} = 0$，拉格朗日方程变为 $\frac{d}{dt}\left(\frac{\partial L}{\partial \dot{q}_\alpha}\right) = 0$，由此得到广义动量 $p_\alpha = \frac{\partial L}{\partial \dot{q}_\alpha} =$ 常数。即在坐标变换不变的情况下，力学体系的动量守恒。当 q_α 为直角坐标时，对应的 p_α 为线动量，"p_α = 常数"表征了动量守恒定律。

b: 矩阵 A 的本征值。显然，久期方程的形式在坐标变换下不会改变。以 U 代表产生坐标变换的矩阵，那么在新的坐标系中久期方程变为

$$\det[U(A - \lambda I)U^{-1}] = \det U \det(A - \lambda I) \det U^{-1}$$
$$= \det(A - \lambda I) = 0. \quad (2)$$

这就是说，久期方程的根（亦即矩阵 A 的本征值）以及久期方程中 λ 的各次项的系数，在坐标变换中都是不变量。首先是矩阵 A 在对角线上的矩阵元的和

$$\sum_{i=1}^{n} a_{ii} \quad (2.1)$$

是不变地，因为它就等于久期方程所有根的和。我们称表式 (2.1) 矩阵 A 的迹。其次 $\det A$ 显然也是不变量，因为它等于久期方程所有根的乘积。

理解 量子力学 点群 之 class 不变的核心 在这里

另外象图 89 上半部分图里的文字是解释"对称"如何工作的，它是说如果 Numblocology 的某个具象可以用类比的办法转到抽象的物理学的对称上来用，则，相反地，对称破缺好像没这么容易。这样如下一个神学生的故事就是物理学家喜欢听的。

学神学的学生 A，遇见了在另一所大学学现代物理学的 B，物理学生 B 就问神学生 A。

"我家叔叔生了三个孩子，城里很多人是同一个父亲能生男又生女的，为何上帝的万能表

现不出来，普通人都能生多个子女，上帝却不能生，上帝只有一个独生子，这是基督教一个宗教的问题呢，还是我们理解错了，其他宗教应该是可以生很多的吧？"神学生 A 说"上帝的万能的定义是上帝可以做任何事情，但也可选择不去做某件事情，**如此的万能**才没有胁迫因素。因为一个夏日在街上卖冰棒的人只能选卖冰棒，否则冰棒就化了，而卖冰棒的人的自由只有在卖完当日的份额之后才取得，上帝当然不是这样，否则就不算万能。连基本自由都要被人的逻辑界定，那还够得着上帝吗？"

物理学学生 B 回应说"这真象物理学里的对称性破缺啊，虽然，我们知道了"对称性破缺"就意味着知道了"物理学的那一剑"是按什么方位和力度砍下来的。这真很有用，但如何去知道呢？"

在本文的第六种情况中，解释不会是前五种情况的继续，因为那样其实会接来第八、第十等更多情况。这剩下的一点篇幅，就是放在用群论讨论数组块之序所画的几何图本身。

如果那样研究，明显只有 Nblock(m)之 m 本身 和构型类别是两大主要约束因素。下面就讨论如何发生了这些约束，其基本逻辑是什么，当然需要用群论（ group theory）为讨论作个支撑。

将图 86 和如下图 90 仔细对照，可以认为在图 90 里的 g2 是一种 16 元素 gap=2 的排法，比较复杂。而图 86 之图里的 s 和 t 是八边形（八角形）框架之下的图，而图 86 的 u 和图 90 里的下半图则是在 16 边形框架之下的图。 图 90 显示一个概念，就是需要选取规整的图来研究对称，象"不接续地按跨 5 画的图"就无法对称（所以选此小图出来在图 91 重画一遍）。而 g2 那个图只有左右对称，对称轴用虚线标好了。
图 90 ，模 r 几何图和规整的图演示，大图是连续的（某部分是连笔的），旁边小些的是不连续的

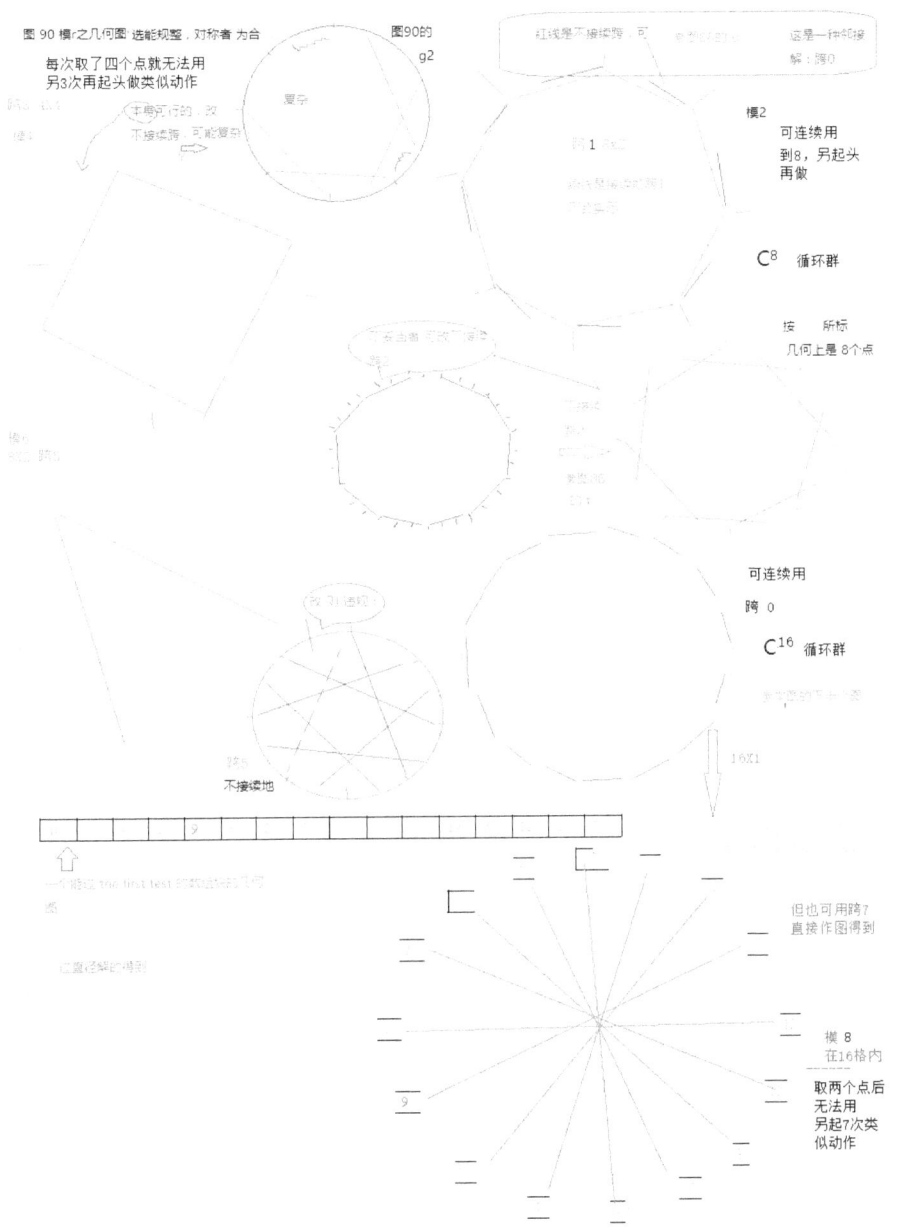

图90 模r之几何图 选能规整,对称者为合

如果仔细看,则还可发现8边形的 s 和 t 还是有点不同。如何建立群论刻画的对称和它们的联系,需要一些附加的东西,这个要等到下一小节才稍微谈一下。下面观察图91,

然后给出一个定义。

图 91，增加更多图形，以说明画出的某些几何图之型是属于"格跨剩余型"的

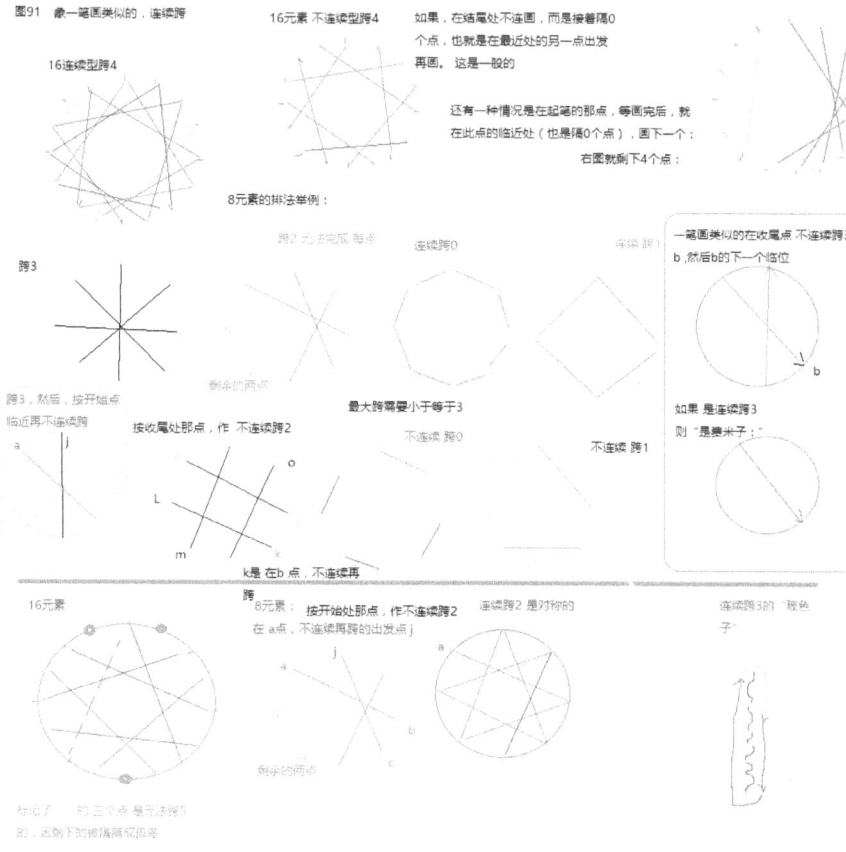

补充的定义：**格跨剩余型**。如图 91 说明了一些常见的画法。一笔画是连续的，凡是连续的，其结尾的点就是下一划的起始点。如果不是这种连续的，可分两种类型，一种是结尾点 b,在结尾点临近（中间隔 0 个数）再另开始画一新划。这就是常见的不连续跨，最后还有特别的就是某一些划的开始的点都是邻接的，而和结尾的点无关。

交代这些基本词汇后，再看图 91 最底部（就是橙色线下面），最初的两个图都是"格跨剩余型"，其定义如下，格是指 16 格子，或 8 格子这样的排列场地。跨是指连线的两数之间跨隔了几个数。跨 2 就是隔了 2 数，跨 4 就是隔 4 个数。在格子数为多少和跨几等参数确定后，执行之，最后可能那个跨几而连画或不连续地画下去，可表现协调且最后每个格子（即几何图的每个点）都用完。但是如果还剩一个或几个点，且这些点已经无法用刚才被执行过的规则连起来时，带这种剩余的点的图就是格跨剩余型。比如在整体做跨 3 画的，但是现在剩下两点却相隔 5 个数，所以可能无法按跨 3 连接它们。

236

总结如图 91 图表达的其中三个小图就是"格跨剩余型"的小图,而这就是后法对称的地方。所以也是一种对称破缺。本节六种情况都解说完毕。

11.3 小节 和群论有关的增加的解释

图 92 中,在 512 个格子里进行不连续的跨 7 排列,虽然在上一节说到从一个连线的出发点比如图 91 之 a　点,开始找邻位,找到后把这个邻位作"新起点"再一样画,就能得到如下图的样子。(画里省略很多地方),同时看到其实从 b 点开始画也一样得到本图。也就是说,从出发点(a)或收尾点(b)的邻位开始再画,……如此动作,可完成图 92 里的整个几何图。比较两个画法,发现这两种办法只要选一个就可以,而且,**两个方法竟然会得到一样的**最终结果,就是说在图 92 里的两个办法是一样的效果,只是图 91 里的"a 出发" 和"b 出发 "的效果基本不相同。

图 92

因为本书的目的是介绍性为主,而不是要更深入探讨。所以,不能谈反映数组块引导几何型特点理论,而是初略介绍读者中至少少数人会同意的一个办法。比如在图 86 里的 s 是有三角形的,而 t　则是只有交点,象这样只有交点的可当第三维的高是 0,这样就是总体是平面,t 也可做二面体,直接用二面体群就能反映其对称。但是象 s 则处理会带来很多"富余,冗余"的信息。可以先软变(距离可变,拓扑不变),再在后面用距离固定的办法。这样说还不直观。直观地说就是把图 86 的 s 的那些三角形竖立起来,变形成方方正正,这些三角形就是侧面,也就是第三个维度,这样就立体化了,当然在 s 里高度(第三维)的大小是 1,而图 87a 里的第二行的几何图就是 11 号或底部最右那个图也是高度等于 1,相反,图 87a 的第一行图的最右,就是"3:跨 10"那几个几何型至少是大于 2 的高度,最后图 87a 的第一行图的中间那个图则是高度更高的,因为三角形层数更多。

无论如何,只有一个第三维度可以用来区分它们。因为软变后这些图就基本是个棱柱形,这个就可以用相应的点群来刻画。当然会有多余的信息。最后因为距离是对称的关键,而距离和对称操作已被数学家们完全研究完毕,作者不想涉及稍麻烦的空间群,现在只能选点群。将数组块学里得到的所有图形都能变类似于"正棱柱体"的,然后就用点群来研究。这个思路比较粗糙。但是也知道,这些对称的图画好后总有群论可以"照搬"用来解释它们。所以也算是用群论转过来研究数字引导下数组块作的几何图。

如此这些解释暂时没有必要继续推进了。所以我们现在就转入下一章,看看 Numblocology 这个学科的未来和本身具有的深刻表现力和对对称的反映力。科学逻辑的进行也许有太多细节不是我们在一本书里能说尽的,不如散散心:西方现代艺术(Modern Art)作品追求的是人类对自然界的精确改造,把一切都做成很完美的几何和数学形态。但是后现代艺术(Post modern art)就怀疑这个,认为现代艺术(Modern Art)对自然界的改造过度了,认为不完美的东西是自然界更加广泛的存在方式。比如说一个茶杯,这个茶杯就是现代艺术(Modern Art)的产品,很精致、很光滑,但是后现代艺术(Post modern art)认为打碎的茶杯也是一种美,打碎的和没有规律的才是大自然最广泛的存在方式和存在形态。自然界的东西我们不去改造不去干预才是真实的存在和更广泛的现实,所以后现代艺术(Post modern art)不是追求美,而是追求真理和现实,对事物的理解就更加完善。后现代艺术(Post modern art)和中国禅宗文化很接近。这个也是对称性破缺。而上帝能让我的自然物理学里也有很多对称性破缺,目前能提供最多对称性被打破和如何被打破例子的学科就是 Numblocology。

— — — — — —

章尾的插诗:　　无题

天人道同狱不越,
树存生意险自微。
明月何曾除轨迹,
留墨任尔悟盈亏。

第 12 章 四大结局

本章的中心是本章的最后那几个段落,不过先分四个方面讲数组块学的可能应用也会有好处。我们知道这里的一些内容其实需要比较深的理论物理知识和超过大学水平的数理方程和流形微分几何等方面的能力,而这样的读者文献能力也很不错,所以会在本书直接用到英语。结局即命运,**第一个命运**和广义相对论、对称性和量子理论等有关:In mathematics, a diffeomorphism(微分同胚) is an isomorphism in the category of smooth manifolds. It is an invertible function that maps one differentiable manifold to another, such that both the function and its inverse are smooth. These are the defining symmetry transformations of General Relativity since the theory is formulated only in terms of a differentiable manifold(流形).

不是很严格意义上的广义协变原理(principle of general covariance)是:任何物理规律都应该用与参考系无关的物理量表示出来。用几何语言描述即为,任何在物理规律中出现的时空量都应当为该时空的度规或者由其导出的物理量。有关公式往往是带克氏符号伽马的,比如:(张天蓉的网络文章内有)

$$\frac{\partial \mathbf{V}}{\partial x^\beta} = \frac{\partial V^\alpha}{\partial x^\beta}\mathbf{e}_\alpha, \qquad (2\text{-}8\text{-}3)$$

$$\frac{\partial \mathbf{V}}{\partial x^\beta} = \frac{\partial V^\alpha}{\partial x^\beta}\mathbf{e}_\alpha + V^\alpha \frac{\partial \mathbf{e}_\alpha}{\partial x^\beta}. \qquad (2\text{-}8\text{-}4)$$

$$\frac{\partial \mathbf{e}_\alpha}{\partial x^\beta} = \Gamma^\mu{}_{\alpha\beta}\mathbf{e}_\mu. \qquad (2\text{-}8\text{-}5)$$

$$\Gamma^\gamma{}_{\beta\mu} = \tfrac{1}{2} g^{\alpha\gamma}(\frac{\partial g_{\alpha\beta}}{\partial x^\mu} + \frac{\partial g_{\alpha\mu}}{\partial x^\beta} - \frac{\partial g_{\beta\mu}}{\partial x^\alpha}). \qquad (2\text{-}8\text{-}6)$$

另外,所谓"张量",就是指标量、矢量、2 阶以上张量等。如果用 n 维空间的坐标表示张量的分量的话,标量是 1 个数,矢量是 n 个数,2 阶张量是 n^2 个数,如果某矢量的分量按照和坐标基矢 e_i 相同的变换规律"协调一致"地变换,这样的矢量叫做协变矢量(covariant vector),指标写在下面,记为 V_i。同一个矢量 V,可以用对坐标平行投影的方法表示成逆变矢量,也可以用对垂直坐标投影的方法表示成协变矢量。对直角坐标系而言,两种坐标系是一样的,所以没有"协变量"、"逆变量"的区别。

张量的变换规律决定了张量的一个重要性质：如果在某个坐标系中，一个张量是 0，那么，这个张量在其它坐标系中也是 0。也就是说，张量其实是独立于坐标而存在的，这点对于物理定律的描述很重要，因为物理定律也是不依赖于坐标的，坐标只是为了计算的需要而被引入。

In general relativity, general covariance is intimately related to "diffeomorphism invariance". This symmetry is one of the defining features of the theory. However, it is a common misunderstanding that "diffeomorphism invariance" refers to the invariance of the physical predictions of a theory under arbitrary coordinate transformations; this is untrue and in fact every physical theory is invariant under coordinate transformations this way. Diffeomorphisms（微分同胚）, as mathematicians define them, correspond to something much more radical; intuitively a way they can be envisaged is as simultaneously dragging all the physical fields (including the gravitational field) over the bare differentiable manifold while staying in the same coordinate system. Diffeomorphisms are the true symmetry transformations of general relativity, and come about from the assertion that the formulation of the theory is based on a bare differentiable manifold, but not on any prior geometry — the theory is background-independent (this is a profound shift, as all physical theories before general relativity had as part of their formulation a prior geometry). What is preserved under such transformations are the coincidences between the values the gravitational field take at such and such a "place" and the values the matter fields take there. From these relationships one can form a notion of matter being located with respect to the gravitational field, or vice versa. This is what Einstein discovered: that physical entities are located with respect to one another only and not with respect to the spacetime manifold. As Carlo Rovelli puts it: "No more fields on spacetime: just fields on fields.". This is the true meaning of the saying "The stage disappears and becomes one of the actors"; space-time as a "container" over which physics takes place has no objective physical meaning and instead the gravitational interaction is represented as just one of the fields forming the world. This is known as the relationalist interpretation of space-time. The realization by Einstein that general relativity should be interpreted this way is the origin of his remark "Beyond my wildest expectations".

在 Loop 量子引力论下：In LQG this aspect of general relativity is taken seriously and this symmetry is preserved by requiring that the physical states remain invariant under the generators of diffeomorphisms（微分同胚）. The interpretation of this condition is well understood for purely spatial diffeomorphisms. However, the understanding of diffeomorphisms involving time (the Hamiltonian constraint) is more subtle because it is related to dynamics and the so-called "problem of time" in general relativity. A generally accepted calculational framework to account for this constraint has yet to be found. A plausible candidate for the quantum hamiltonian constraint is the operator introduced by Thiemann.

LQG is formally background independent. The equations of LQG are not embedded in, or dependent on, space and time (except for its invariant topology). Instead, they are expected to give rise to space and time at distances which are large compared to the Planck length. The issue of background independence in LQG still has some unresolved subtleties. For example, some derivations require a fixed choice of the topology, while any consistent quantum theory of gravity should include topology change as a dynamical process.

spin 网络对应空间，spin 泡沫对应包含时间的时空一体的数学物理对象。Loop 量子引力理论（Loop quantum gravity） has a covariant formulation that, at present, provides the best formulation of the dynamics of the theory of quantum gravity. This is a quantum field theory where the invariance under diffeomorphisms of general relativity（广义相对论） is implemented. The resulting path integral represents a sum over all the possible configuration of the geometry, coded in the spinfoam（spin 泡沫）. A spin network is defined as a diagram (like the Feynman diagram 费曼图) that makes a basis of connections between the elements of a differentiable manifold for the Hilbert spaces defined over them. Spin networks provide a representation for computations of amplitudes between two different hypersurfaces of the manifold. Any evolution（带时间的演进） of spin network provides a spin foam over a manifold of one dimension higher than the dimensions of the corresponding spin network. A spin foam may be viewed as a quantum history.

另外，N-1 降一维关系可以理解 spin 网（或环路）与 spin 泡沫的关系：Spin networks provide a language to describe quantum geometry of space. Spin foam does the same job on spacetime. A spin network is a one-dimensional graph, together with labels on its vertices and edges which encodes aspects of a spatial geometry.

Spacetime is considered as a superposition of spin foams, which is a generalized Feynman diagram where instead of a graph we use a higher-dimensional complex. In topology this sort of space is called a 2-complex. A spin foam is a particular type of 2-complex, together with labels for vertices, edges and faces. The boundary of a spin foam is a spin network, just as in the theory of manifolds, where the boundary of an n-manifold is an (n-1)-manifold. 而且 spin foam 可抽象表示为
The partition function for a spin foam model is, in general,

Definition

根据英语版维基百科

The partition function for a **spin foam model** is, in general,

$$Z := \sum_{\Gamma} w(\Gamma) \left[\sum_{j_f, i_e} \prod_f A_f(j_f) \prod_e A_e(j_f, i_e) \prod_v A_v(j_f, i_e) \right]$$

with:

- a set of 2-complexes Γ each consisting out of faces f, edges e and vertices v. Associated to each 2-complex Γ is a weight $w(\Gamma)$

（注：后边很多符号被省略才留空格如下）(a set of 2-complexes Gamma each consisting out of faces f, edges e and vertices v. Associated to each 2-complex Gamma is a weight w(Gamma)) a set of irreducible representations j which label the faces and intertwiners i which label the edges.

a vertex amplitude Av 部分 and an edge amplitude Ae 部分

a face amplitude Af 部分, for which we almost always have Af(jf)=dim(jf)

LQG（Loop quantum gravity = LQG)）理论认为： it is space itself that is discrete. 考虑到广义相对论的伪黎曼几何模型，另外一种芬斯勒几何(Finsler geometry)加上 Numblocology 中对 Nblock(m)圈的描述，在不对称情况下某些局部情况刚性地需要莫比乌斯带扭转等。这几个情形凑在一起正代表着同一类理论对相似现实世界的高度一致的描绘。所以可以认为数组块学因为研究对称，其理论中的对大圈的划分理论可以在 LQG 的深入研究中提供很多提示。同时就 Numblocology 自身来说，其划分理论部分和群论的对称研究和根据数组块某些排好的序和客观世界对称性高度相关的特点，这就为"透过现象看本质"提供非常好的契机。值得仔细研究。因为这儿视角毕竟也与群论的视角不同，而恰巧这些整圈分解为两个半分量的闭合圈时，间接提示了理论物理进展所需要的直觉因素激发点和内在元素。

还有一个特别的地方，这些理论现在就提供可科学验证和做实验证伪的一个环节，这比超弦理论要强（superstring 认为无法验证，或暂时无法判决）这个环节就是在量子纠缠方面已经有量子纠缠理想和量子纠缠异常，认为在某些试验条件下，物质的"力互作"让那些平顺（无扭）的圈显示稳定，因为通常因素占优势，而让"量子纠缠理想"被观测到且没反例。当然在条件成熟的时节，那个莫比乌斯带扭曲成为推动不同物质表现（也是显得和伪黎曼几何的部分显得不同的某型芬斯勒几何(Finsler geometry)那部分就起作用了），且表现得到激烈展现，这时在看来还宛如正常量子纠缠试验的地方，已表现为可观察的"量子纠缠异常"了。作为数组块物理（Numblocological Physics)的提倡者，本书作者是第一个提出量子纠缠异常这个概念的人。看看吧，在能被抓握的

Numblocology 工具箱里已有很多具体"钻头"可以直接提示物理学家该做什么，所以在物理发展历史上有重要意义。这就象德布罗意的迷魂阵一样，在 1910 年代后，物质的粒子和波动确实让人解决了实际问题并且在 1927 年前人类基本创立了量子力学。但是为何又称它为迷魂阵呢？因为正因为量子力学如此成功，到了 2016 年后它已经是阻碍新物理学诞生的一个主要防线之一。这很象如下日常情景：某一个英文词有两个意思，当非英语母语的人回忆其那词的第一个意思时，第二个意思在当日是无人如何努力也无法回忆出来的。而德布罗意的迷魂阵有至少 100 年的抑制效力！笔者认为在本书写作范围内实际并不适合讨论这些高深的东西。但是，如果对新的芬斯乐几何学和本书对称和不对称那一章有耐心的学者，会在更深的 Numblocology 知识和提示里得到某些有趣的结果，而让可证伪的物理学新理论全面覆盖标准模型所明显缺少的环节。新一代的物理学家们您准备好了没有？

上面所说就是本书的**第一个命运**或结局，就是直接走向高能物理和人类智慧的**高层**。

第二个命运则不如第一个，但是它却在人身边。您可以把学到的数组块学当"数独" sudok 填字游戏，但是其复杂程度都快赶上围棋之木狐狸的情况，在娱乐中也可能学习到创造性思维。这些比魔方好玩得多，比用复数的复数来给高中生点燃想象力还要容易，就是创造之性的温床更容易搭建。这是娱乐，智力训练和教育的宝贝，这是 Numblocology 的第二个命运。

第三个命运是，加密方法枯竭时，让人可能要走的"二代比特币"之路：The second generation of Bitcoin,这个读者可以设计，是带 central－R 型的就是巨型公司做主扮演央行的，但是这个系统的初生的物质财富来源，既不是象实际货币世界的金银，也不是先前 bitcoin 的网络资源消耗和占先机制。而是因为序列的唯一性在支撑，凡是花了计算资源计算出某种超过前人的序列，就可以凭借此序列申请到一定额度的资金，就是 central－R 型的比特币，因此形成整数群体研究学领域的序列开发热。通过发这种有类似"探到金矿"的功能做支撑，就能让第二代比特币永续下去。如此也为各国的商业和军事的加密方案做前期开发。实际得到这些序列者，去做些加密，如果不计较效率和传输成本，则其对方是无法破译的。尼科尔森博士曾提出："科研是将金钱转换为知识的过程"，而"创新性开发是将知识转换为金钱的过程"。一方面是依照数组块学原理，将数的群体研究来的规律可以创造金钱。而加密竞赛和军事化用途则和国家命运有关，孙子曰：兵者，国之大事，死生之地，存亡之道，不可不察也。政治是经济的集中表现，《战争论》也提到军事是政治的延伸和工具。显然，numblocology 被创新开发出来就资本角逐的对象。而背后的支撑就是计算机和信息处理技术。这个命运的结尾主要看天才的能力，就是读者中的人力因素。

第四结局或**第四个命运**，楚国大臣和文学家屈原曾留诗说"

同音者相和兮，同类者相似。

飛鳥號其群兮，鹿鳴求其友。

故叩宮而宮應兮，彈角而角動。

虎嘯而谷風至兮，龍舉而景雲往。

音聲之相和兮，言物類之相感也"，

这就提示第四结局可以是出乎意料的，只要同数组块学有同质之处就可以。

在第一个小方面就是对 AI 人工智能的深度智思方面的自反馈喂料，该喂料的好处就是其数据可以不断创生而不象从前和目前，人工系统先要取得已经有的大量数据，然后训练，而这个数组块学里是有很多评价方法的，只要引导系统了解一些已经有的评价办法和指引研究方向的办法来训练一段 AI 系统，它很可能获得很多类似能力，在数据更多的攀爬中发现更多 Numblocology 里的规律，最后达到自己学习阶段，AI 自己训练，自己找定理的阶段。目前还没有这么好的系统让 AI 这么用。而本书的数组块数据的处理和评价方法，就更显珍贵。资料：

"人工智能的"第二次浪潮"，就是现在。谷歌(Google)的人工智能程序 AlphaGo 刚刚在 5 局的围棋对弈中击败或许称得上目前最优秀的棋手李世石(Lee Se-dol)。不久以前，多数研究人员还认为，我们距离机器获胜至少还有 10 年的时间。然而，AlphaGo 在与李世石的 5 局交锋中，有 4 局获胜。它没有李世石的天赋或战略眼光；它凭借的是被称为"深度神经网络"的系统，同样的，该系统是由处理能力和数据存储能力驱动。与"深蓝"一样，从某种程度上来说，AlphaGo 玩的是不同的游戏。

回过头来看，我们能够看出早期的研究人员犯下了我们现在称之为"人工智能谬论"的错误：他们认为，要把一项任务执行到达到人类专家的标准，唯一途径是复制人类专家的方法。如今，很多评论人士在思考工作的未来时也在重复同样的错误。他们未能意识到，将来系统战胜人类不是通过模仿最优秀的人类专家，而是通过以截然不同的方式执行任务。

以法律界为例。法学教授丹尼尔.马丁.卡茨(Daniel Martin Katz)设计了一个预测美国最高法院投票行为的系统。它可以预测得与多数专家一样好，但它并不是模仿人类的判断。它利用的是记录美国最高法院 60 年行为的数据。

我们还在其他经济领域看到了类似的事情。在美国，数百万人利用在线报税软件，而不是亲自与会计师会面，来提交纳税申报表。Autodesk 的 "Project Dreamcatcher" 会通过筛选大量可能的设计以及选择最佳方案（而不是模仿建筑师的创意）来生成电脑化设计。IBM 的超级计算机"沃森"(Watson)通过查阅海量医疗数据（而非复制医生的推理方法）帮助诊断癌症。"

另一个小方面就是其和群论有相和之处，所以对高深的"远几何学"有建构和帮助思考的作用。我们知道杨-米尔斯场有非线性和非交换因素。而某些群是非 Abel 即非交换的，而通常没法特别通过表象探查，现在 Numblocology 正好有一些现成方法，可以对群的表示和群内的分类进行"折射"，非交换群的乘法表就是突破口之一。同样这些反映对称的数学性质会在非交换这条线上延续下去。在组合代数，代数几何，非交换代数，非交换几何（远几何），范畴论等的具体设计建构的研究上，数组块学的工具箱也很巧备有对应它们的突破口。所以，数组块学将是二十一世纪的数学的宝囊之一。看谁先学会。要知道 Loop 量子引力论也是用上非交换几何学（Non commutative geometry）的。

理查德·莱文（Richard Charles Levin）是享誉全球的教育家，曾在1993至2013年任耶鲁大学校长，上一位任满20年耶鲁校长的还是1899年就任的亚瑟·哈德利（Arthur Twining Hadley）。

理查德·莱文曾说过：如果一个学生从耶鲁大学毕业后，居然拥有了某种很专业的知识和技能，这是耶鲁教育最大的失败。因为，他认为，专业的知识和技能，是学生们根据自己的意愿，在大学毕业后才需要去学习和掌握的东西，那不是耶鲁大学教育的任务。

那大学教育有什么用呢？

理查德·莱文在他的演讲集《大学的工作》（《The Work of the University》）中这样提到，耶鲁致力于领袖人物的培养。在莱文看来，本科教育的核心是通识，是培养学生批判性独立思考的能力，并为终身学习打下基础。

通识教育的英文是，liberal education，即自由教育，是对心灵的自由滋养，其核心是——自由的精神、公民的责任、远大的志向。

自由地发挥个人潜质，自由地选择学习方向，不为功利所累，为生命的成长确定方向，为社会、为人类的进步做出贡献。

这，才是莱文心目中耶鲁教育的目的。

正如《大学的观念》（《The Idea of a University》）的作者约翰·纽曼（John Henry Newman）所说：" 只有教育，才能使一个人对自己的观点和判断有清醒和自觉的认识，只有教育，才能令他阐明观点时有道理，表达时有说服力，鼓动时有力量。教育令他看世界的本来面目，切中要害，解开思绪的乱麻，识破似是而非的诡辩，撇开无关的细节。教育能让人信服地胜任任何职位，驾轻就熟地精通任何学科。"

有关Numblocology的应用的其他方面就是它可以用于**玩具设计和建筑设计**等实用领域，这个就不展开了。下面度量一下能量的诗意：

希望读者好好学习数组块学（Numblocology），为人类文明的发展，和创意人生的践行而去回追自己的得意之处。重生是万种能量的集中，如果化作大生态系统的呼叫则恰好也是一种场景；在那育华炼杰的宝山，**多少人生精彩，瞬间再生**。

上面这句话是本书的高潮，而下面这一小段引文，才是本书的结尾，且意味深长："苹果公司的创始人乔布斯表示，创造力的秘诀在于"让自己了解人类历史上最优秀的创举，然后努力将它们融入你所从事的事情。"甲骨文CEO拉里·埃里森(Larry Ellison)称乔布斯是我们这个时代的"毕加索"。他的意思是，与那位伟大的艺术家一样，乔布斯也在研究不同的做事方式，然后将外部方法应用到他手头的工作中。

乔布斯在招募人才时也很有创意："Macintosh之所以如此优秀，是因为我们招募的开发者中有音乐家、诗人、艺术家，还有动物学家和历史学家，但他们又恰好都是这个世界上最优秀的电脑科学家。"在 2014 年 11 月的《哈佛商业评论》上有一篇文章号称针对创新展开了多年的研究。作者最终得出结论："让从事不同工作的人聚集在一起可以释放巨大的能量。"如果他们好好研究一下乔布斯对组建创意团队提出的建议，那或许就不必花费这么多年时间展开研究了。

附录 A

Appendix A

附录 A Ⅰ

Appendix Ⅰ

"2 adic subcycle algebra with a shuttle between shape and number, its relation to symmetry"

形数穿梭的 2 adic 子圈代数和对称

我们在新学科 Numblocology 框架下讨论，下面先比较一下定义，一般把"数团"定义为其元素有一定个数的数字的集合（称为数团）。而**数组块**，则是指定从 0 和 1 开始，连续按自然数次序收集下去，直到 2N 结束的那些整数的集合。

假设有个数组块拥有 M 个数字，则最小数就是 0，最大数就是 M-1，这些整数的集合可以记为 nblock(M).

如果某个 $M=2^k$ 即二的 k 次方。那么 k 就是层数，M 则和阶相当，它们都能显示数组块的大小（size）。

举个例子，设 k=4，则 16=M，这 M 个元素可以固定从 0，1，2 逐步到 15，也可以稍变动但是仍然收一种自然的约束。也就是它们的二进制 表达式可以用 k 层即 k 行的表来表示， 相邻之间保持比较一致的次序， 如此这个集合也就有机会作点变动。通常用来做

自然约束的规则是 浮移规则（shift rule）.其大意是 前面的数和后面的数都是k 层的，因此没法进位。这就造成8乘2后变为16，但是16再乘2则需要k=5来 表达，算是超界，因此其内容是其二进制最高位如果超界，就被删除。另外的规则就很简单，内容是 前数x 和后数 y 的关系必须是，或者2x=y，或者是 2x+1=y，也就是要嘛为两倍，要嘛就是（两倍+1）。这样因为是在圈（cycle ,Loop）上，所以基本会首尾相连。当一个16元素的数组块胡乱放在一起时，则排列总数可达n!/W,而符合 shift rule 的排列就为数很少。当我们把16个数分为两组时，则8 0 1 3 6...4 和7 15 14 12 9...11 就显示子圈的特点，就是假设某数组块可排成某圈，如果把这个整体分成两部分，而每个部分都能称为子圈：——》

当且仅当，这一半的8个数自身也能成为合符 shift rule 的圈。

或者定义**子圈**，为某数组块的子分解（拆分），这个**子分解**的部分也正好能成圈，即符合 shift rule.当研究这种子圈的规律时，就是在探索**子圈代数**。这是子圈代数的很不严格的定义。但是至少在第一大段让读者明白，子圈代数是大概做什么的。

不过本文的主题是研究通过形（几何形 shape/geometry）来分析对称。因为有几何图样，所以本文的阅读困难会大大下降。因此从下面开始，我们一定会多做表格，多画图形，让大家能有一个新视觉，了解 2 adic（2进数）。接下来的信息是常识性的，可以简单留意，不用深究：

数组块学 Numblocology 本身有四大主题，第一、就是 Numblocology 与已有的和新的代数结构，第二、就是几何型受数团约束下的对称性问题，第三、是如何给圈性代数下或其他数学结构下的各种数团作分解的问题（任何单个的正整数都可以有加法或乘法下的分解，比如20可乘法唯一分解为2X2X5，而6可以有多种加法拆分办法，1+5=2+2+2=3+3等等。然而数团或某个用很多整数组成的集合，却没有人研究其分解方法，这也是 Numblocology 的课题，可填补人类数学的空白）。 第四、就是 Numblocology 的终极问题就是对于数团，在一切整数的意义上如何得到排序唯一或近似唯一的问题。

这主题二就是对称，而 2 adic 就是偶数的p（prime 素数），所以对称特别明显。具体工作见下面：

我们后面要对8个的数组块和32个的数组块作图，作图的基础就是先拆分，比如32个数可得到4组唯一分解序，每组都是一个子圈，举例看 15, 31, 30, 29, 26, 21, 11, 23-（连回15）成环状，且都符合 shift rule，所以符合子圈的定义。
例子A, 8个数分成两组，则第一组是 4012 第二组是3765

例子B, 32个数分成四组时，第 1, 2, 3, 4 组可列示在表1里

16 0   1   2   5   10 20 8

是第一组
表1， Q3B 序成功, Q3C 序（试验不成功，出现重复数）

	G3	B													
31	25	16	3	30	18	0	6	29	4	1	13	26	9	2	27

21	19	5	22	11	7	10	12	23	14	20	24	15	28	8	17
四	分	子	圈												
Q	3	B			对	跨	5								
16	0	1	2	5	10	20	8								
17	3	6	13	27	22	12	24								
15	31	30	29	26	21	11	23	16	0	1	3	7	14	28	24
14	28	25	18	4	9	19	7	1	0	0	0	0	0	1	1
Q3	C							0	0	0	0	0	1	1	1
16	0	1	3	7	14	28	24	0	0	0	0	1	1	1	0
17	2	4	9	18	10	20	8	0	0	0	1	1	1	0	0
15	31	30	28	24				0	0	1	1	1	0	0	0
14	29	27	22	13	21	11	23								

形数穿梭的 一个例证

将那四个组 相间排在一起,每隔3个数就读取一次,相当于4为周期,可排成 序G3B. 这个从Q3B 从新凑合来的G3B,可以画图如图1, 形数穿梭的 一个例证关键是 10101=21 是21的二进制,01010, =10,则是它的镜像,就是 10101 的1变0,且0变1(逻辑非),就是镜像的01010.

现在是数,但是把这两数连接就是形, 所以到现在为止 题目里面的字基本是解释完了,最后还发现, 这个图很对称,也符合题目。问题是这个图很美。 那它和 2 adic 数有什么联系呢。 为了不很突然。 我们先介绍什么是 3 adic 数。

图 1 根据表 1 绘制。(图很美, 但是可以用数学来研究,很有意思)

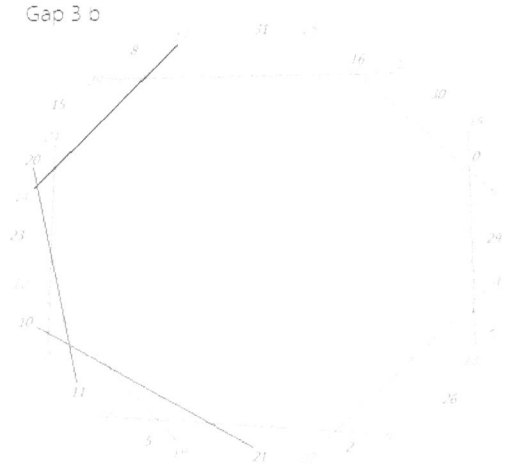

图1. 用四个字母表表合成的整体图也是32个元素

注意 10 -21=31
这种数是补数，用直线连接
如此就成了图   数 和 形 之间的暧昧

Gap 3 b

	G3	B											
31	25	16	3	30	18	0	6	29	4	1	13	26	9	2	27
21	19	5	22	11	7	10	12	23	14	20	24	15	28	8	17

维基可查的知识是 p 进数的距离概念建立在**整数**的整除性质上。给定**素数** p，若两个数之差被 p 的高次幂<u>整除</u>，那么这两个数距离就"接近"

有一个叫 Hensel 的数学家前期就构想好了 p adic，接着在 1900 年代定义了 p adic 数，还有 p adic 整数，大概的历史文献如下说过：1897 年，亨泽尔（英语：Kurt Hensel）首先构思并刻画了 p 进数的概念。p 进数的发展动机主要是试图将幂级数方法引入到数论中，或见图 2，这是已发表的定义。
图 2

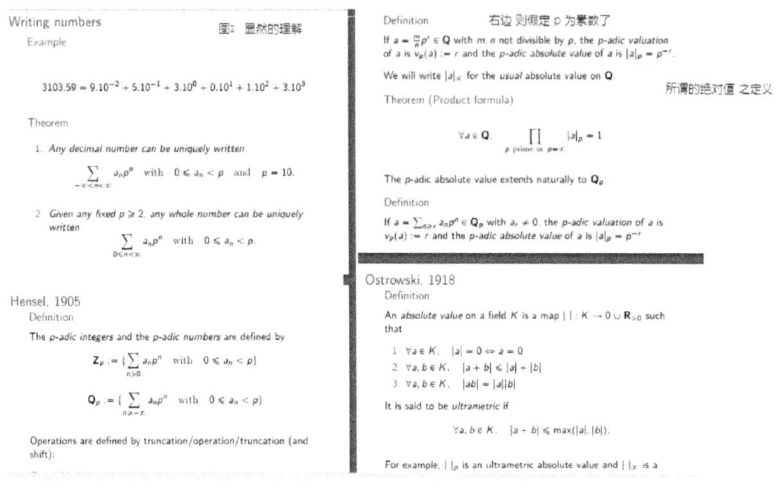

图2: 显然的理解

典型的 8 元素数组块 G1 拆解，如图 3 就是

图 3

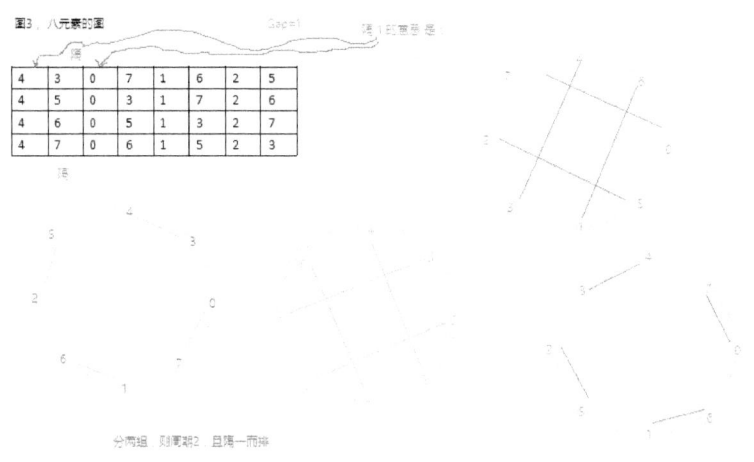

隔 7 而读是个排法，就是用 8 个子圈来拆分 64 个数 nblock(64)。然后用表 2 显示。解释：ab 指八个数中 64/8=8，8 个子圈，这是唯一排法：最后一个子圈是

46 28 56 49 34 5 11 23

第一个子圈是

0 1 3 6 12 24 18 32

表 2，2 adic　演示 64 元素组按顺排法分八组：按 ab-ab 排（ab 指八个数的子圈）

0	1	3	6	12	24	48	32								
0	0	0	0	0	0	1	1	33	2	4	9	18	36	8	16
0	0	0	0	0	1	1	0	1	0	0	0	0	1	0	0
0	0	0	0	1	1	0	0	0	0	0	0	1	0	0	1
0	0	0	1	1	0	0	0	0	0	0	0	0	0	1	0
0	0	1	1	0	0	0	0	0	0	1	0	0	1	0	0
0	1	1	0	0	0	0	0	0	1	0	0	1	0	0	0
	顺	成	子	圈				1	0	0	1	0	0	0	0
63	62	60	57	51	39	15	31	30	61	59	54	45	27	55	47
1	1	1	1	1	1	0	0	0	1	1	1	1	0	1	1
1	1	1	1	1	0	0	1	1	1	1	1	1	1	1	1
1	1	1	1	0	0	1	1	1	1	1	1	0	1	1	1
1	1	1	0	0	1	1	1	1	1	1	1	0	1	1	1
1	1	0	0	1	1	1	1	1	1	0	1	1	1	1	1
1	0	0	1	1	1	1	1	0	1	1	0	1	1	1	1
50	37	10	21	43	22	44	25								
1	1	0	0	1	0	1	0	17	35	7	14	29	58	52	40
1	0	0	1	0	1	0	1	0	0	0	0	1	1	1	1
0	0	1	0	1	0	1	1	0	0	1	1	1	1	1	0
0	1	0	1	0	1	1	0	0	0	0	1	1	1	0	1
1	0	1	0	1	1	0	0	1	0	1	1	1	0	1	0
0	1	0	1	1	0	0	0	1	1	1	1	0	1	0	0
	顺	成	子	圈				1	1	1	0	1	0	0	0
13	26	53	42	20	41	19	38	46	28	56	49	34	5	11	23
0	0	1	1	0	1	0	0	1	1	1	1	1	0	0	0
0	1	1	0	1	0	1	0	0	1	1	1	0	0	0	1
1	1	0	1	0	1	0	1	1	1	0	1	0	0	1	0
1	0	1	0	1	0	1	0	1	0	1	0	0	1	0	1
0	1	0	1	0	1	0	0	0	1	0	0	1	0	1	1
1	0	1	0	0	1	0	0	0	0	0	1	0	1	1	1
	明	显	可	见	顺	排	的	八	个	子	圈				

这表在附录 II 再次出现。表 2-下面整理成**表 3-B**

表 3B，一种方式的 64 个元素的分解

0	1	3	6	12	24	48	32	a
63	62	60	57	51	39	15	31	b
33	2	4	9	18	36	8	16	c
30	61	59	54	45	27	55	47	d
50	37	10	21	43	22	44	25	e
13	26	53	42	20	41	19	38	f
17	35	7	14	29	58	52	40	g
46	28	56	49	34	5	11	23	h

接着开始利用 3 adic 数，下面是几个表先行给出：

表 3， 3 adic 之距离和阶数关系，一种 p 进数

			新	表	3	层		k	=	3
1	10	19	4	13	22	7	16	25		
2	11	20	5	14	23	8	17	26		
3	12	21	6	15	24	9	18	27	=	0

验 算 ：

			4	层				k	=	4
1	28	55	4	31	58	7	34	61		
2	29	56	5	32	59	8	35	62		
3	30	57	6	33	60	9	36	63		
-	-	-								
10	37	64	13	40	67	16	43	70		
11	38	65	14	41	68	17	44	71		
12	39	66	15	42	69	18	45	72		
-	-	-								
19	46	73	22	49	76	25	52	79		
20	47	74	23	50	77	26	53	80		
21	48	75	24	51	78	27	54	81		

表4，是 3 adic 数的一个 mod 3 剩余类的归类摆放

			新	表	3	层		k	=	3	
1	10	19	4	13	22	7	16	25			
2	11	20	5	14	23	8	17	26			
3	12	21	6	15	24	9	18	27	=	0	
验	算	:									
			4	层				k	=	4	
1	28	55	4	31	58	7	34	61			
2	29	56	5	32	59	8	35	62			
3	30	57	6	33	60	9	36	63			
-	-	-									
10	37	64	13	40	67	16	43	70			
11	38	65	14	41	68	17	44	71			
12	39	66	15	42	69	18	45	72			
-	-	-									
19	46	73	22	49	76	25	52	79			
20	47	74	23	50	77	26	53	80			
21	48	75	24	51	78	27	54	81			

表5，第一次补充的数表 反映 能被3除，剩余 r 者距离大，能被9除，其余数为 r2 者距离更近，能被27除，剩余 r3者距离最接近，反映 p adic 数的距离定义

1	10	19	4	13	22	7	16	25			
2	11	20	5	14	23	8	17	26	左	边	和
									下	面	的
3	12	21	6	15	24	9	18	27	初	三	列	同
	9	m	o	d	:						

1	10	19	28	37	46	55	64	73	82	=	1			
2	11	20	29	38	47	56	65	74						
3	12	21	30	39	48	57	66	75						
4	13	22	31	40	49	58	67	76						
5	14	23	32	41	50	59	68	77						
6	15	24	33	42	51	60	69	78						
7	16	25	34	43	52	61	70	79						
8	17	26	35	44	53	62	71	80						
9	18	27	36	45	54	63	72	81			27	36	18	45
	27	m	o	d										
1			28		55									
2			29		56									
3			30		57									
4			31		58									
5			32		59									
6			33		60									
7			34		61									
8			35		62									
9			36		63									
	10		37		64									
	11		38		65									
	12		39		66									
	13		40		67									
	14		41		68									
	15		42		69									
	16		43		70									
	17		44		71									
	18		45		72						18	45		
		19		46		73								
		20		47		74								
		21		48		75								
		22		49		76								
		23		50		77								
		24		51		78								
		25		52		79								
		26		53		80								
		27		54		81								

表 5C 再次补充的表,列示 32 和 64 的对子（31-N，63—N）得到标识数对

32	之	对	子											
0	31						8	23						

1	30					9	22				
2	29	V	标	记	对	10	21				
3	28					11	20				
4	27					12	19				
5	26					13	18				
6	25					14	17				
7	24					15	16				
		32	的								
	2		29		为	权	27		距	离	很 近

读者可以 维基 百科 等看 p 进数的知识， 看看图 4， 很容易知道这个表 4 表4 是 3 adic 数的一个 mod 3 剩余类的归类摆放。

另外在表 5 补充的数表里，其内容是：能被 3 除，剩余 r 者距离大，能被 9 除，其余数为 r2 者距离更近，能被 27 除，剩余 r3 者距离最接近，反映 p adic 数的距离定义. 图

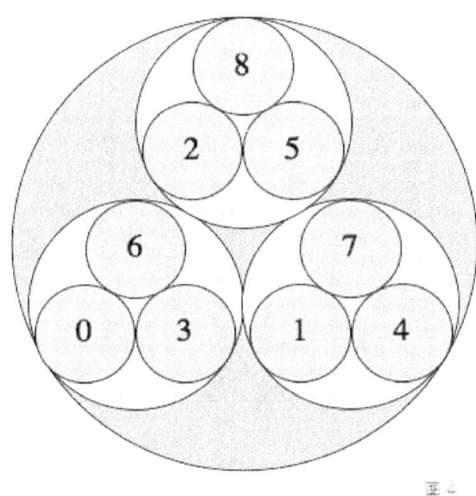

图 4

4-》4

本文的图四，看见 147, 258, 360（P^2=3X3=9 被进位 本地留 0），因为 8 没有 9 大，且能够表示 p adic 数距离的至少也要两层，这样比 9 大的 16 就被选中。 先研究 0，1，2，3，4，5，6   ，7，8，9，10，11，12，13，14，15. 发现 x+(9+x)=15 导致 x=3,3+9=12,因此 这对数 3 和 12 代表的线就被选下来了，如此我们可以还加上一个程序或操作步骤，沿着它我们会得到一个 RES（16）也就是**剩余集合**。具体求 RES 的办法如下，得到 RES 后就可以在对称的 16 元素的数组块的环圈上画图，最后看出其规律和理念。步骤 1 发现 标识对子，3 和 12， 这里 12 的权重比较大因为带了 9 的阶数 k=2 而偏极端，那中间的 7 和 8 因为 8+9（7+9）超过 15，只能淘汰。

步骤 2 把 7+0 & 7-3, 7+3, 和 8+0 & 8-3, 8+3= 再 找 对子 比如 11 的对子是 4,
步骤 3 把这些对照全去掉 全部淘汰， 剩下的是什么就是 就是那个 RES 它应该带了 3-9 3 adic 的信息：

用 3- 13 和 RES（16）等画图 看效果剩余数块 RES 直接在对称数序上求之：
表 6 剩余数块的求法： nblock(16)对称序，标记对子已经重写在次行，再次（即第三轮）就是根据关系而得的有关数，凡是有关数都标叉叉 算是划掉 X. 最后一轮就是写剩余块里面的数{0, 15, 6, 9}

14	0	6	12	1	13	9	3	10	2	7	4	5	15	8	11
			12				3								
X			X	X				X	X	X	X	X		X	X
	0	6				9							15		
5	13	8	11	10	0	7	4	1	15	9	3	14	2	6	12
											3				12
X	X	X	X	X		X	X		X	X			X	X	
					0				15	9				6	
14	0	6	12	1	13	9	3	10	2	7	4	5	15	8	11
			12				3								
X	X	X	X	X				X	X	X	X	X		X	X
	0	6				9							15		
8	12	0	9	1	2	3	5	6	11	13	7	10	15	4	13
	12					3									
X			X	X		X		X	X	X	X	X		X	X
		0	9					6					15		
	看	0	9		6	15		是	否	匀	间	距			
5	15	9	3	14	2	6	12	1	13	8	11	10	0	7	4
			3				12								
X			X	X		X	X		X	X	X	X		X	X
	15	9			6								0		
^		v			v							^			
10	15	4	14	8	12	0	9	1	2	3	5	6	11	13	7
					12					3					
X		X	X	X				X	X		X	X	X	X	X
	15				0	9						6			

下面基本是作图的事情 在 16 个数组块那里，先把 3 和 12 连起来，形成一个对子，标记上色，做参考基准。

复述 剩余数块的求法： nblock(16)对称序，标记对子已经重写在次行，再次（即第三轮）就是根据关系而得的有关数，凡是有关数都标叉叉 算是划掉 X.

最后一轮就是写剩余块里面的数 {0, 15, 6, 9} 其中两个是重复的，所以只有 5 个独立的序。下面基本是作图的事情 在 16 个数组块那里，先把 3 和 12 连起来，形成一个对子，标记上色，做参考基准。

16 数组块对称图　3 adic 作图从新再说一次，以巩固了解

也就是说，我们有一套程序可以求得一个数组块的剩余数块，就是把整个出发数组块里的数，划去那些符合关系的数，最后剩余的数字就留下称为 p^k=Q 的剩余数块。表 6 是 Q=9 的剩余数块的寻找过程。

找 12 和 3 划去这个标记对子；找到 8 和 7 这些 16 模内无法完成 7+9=16 和 8+9=17 内定位的数。8 和 7 是外部定位数，因为 0 , 1 到 15 这些剩余数里面没有 17 这个数，17 已经超过 15 了。将外部数 8 和 7 禁止 3^2=9 的操作，而只进行降级的操作即 3^1=3 的直接关联数的寻求。

就是 8-3=5，而 8+3=11 是 8 的关联数，把 5、8、11 划掉；
同样因为 7-3=4 和 7+3=10，也把 4，7，10 划掉。
紧接着对 4+9=13 和 5+9=14 划掉，对 11-9=2 和 10-9=1 划掉

以上划掉的虽然是通过数字计算而得到的，但是一旦得到，就把他们视为 同质，不再次量化，以求得简便。最后剩下的就是 RES(16,Q=9)，（简称 RES 或 RES（16））也就是另外两对数被视为另外一个质的，0 和 15，6 和 9 就是所求答案。 然后作图:
图 5 a 　　3 adic 和对称图

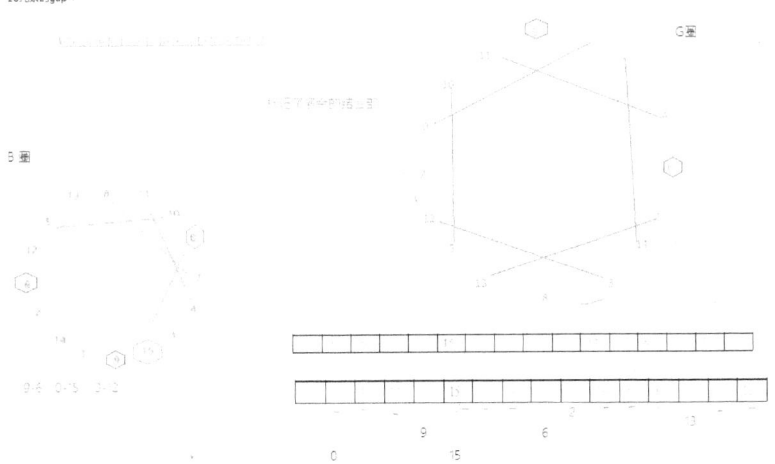

图 6 a 　　3 adic 和对称图

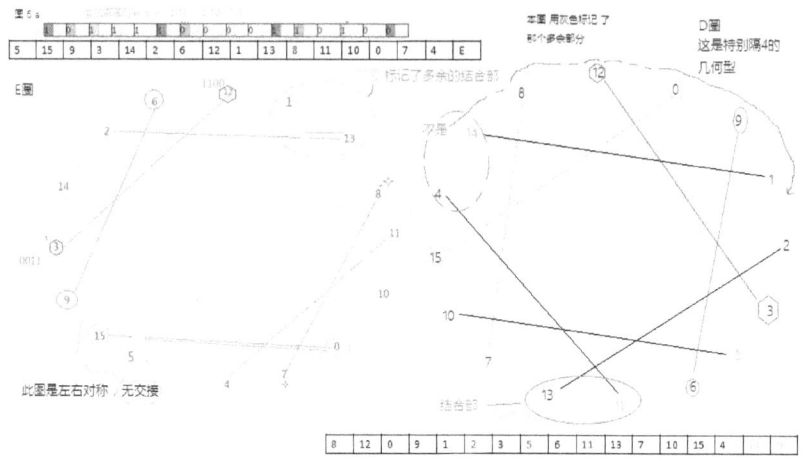

以上图，如果没有那个多余的结合部，则图形会更显得对称。对 3 adic 或 3-进数来说这是无法克服的，因为 整个图的元素是 2 的 N 次方的偶数个数图。

当然，用 9 或 27, 54 等可以三除的数组块来画 9 27 54 等的大圈可能这多余的就消失了，只是 9, 27 等至少有一个是孤立不成对的数即 4 和 13. 这些 求 RES 或删除多余的那些数做出简化的图基本直接反映了图本身的对称性，也和它的"人工眼镜" 3 adic 直接有关。这是观察法得到的结论。

读者可以体会。（借鉴部分结束，下面集中在 2 adic 数）

从这个 3 adic 数作图的过程， 我们借鉴内容， 转用到 2 adic 数的图上，就是要制造那个新表， 表分上下两层， 下层是上层的重新组合，符合某个规律。这新表就是表 7 2 adic 的改造排列。也是 nblock(32)的一种 四行 8 列 （四对）4X8=32 的一个表，我们称这种下层所显示的排列为 32 元素数组块的 2 adic 正规排列 简单记为 S(32,2-adic)

这之后，接着就是关键步骤将来临

通过表 5 上半部分的启示（ 3 X 3 的样板），我们作 表 7，表 7 是 2 adic 的，且下半部分是 32 元素数组块的 2 adic 正规排列，其特点是 距离因素被考虑了， 另外 4 多 8 更多 16 最大权重， 同时 把它们成对， 就是叫 同位置 同权，且两两成对 a+b=31 就成 2 adic 正规排列。

表7. 其中32元素数组块的 2 adic 正规排列 S(32,2-adic) 在本表下半段

		仿 2-Adic		样板		3 X 3		结构	
2-	Adic	样板	中	位	子：	2	X 2	对应	它
0	2	4	6						
1	3	5	7						
8	10	12	14						
9	11	13	15						
16	18	20	22						
17	19	21	23						
24	26	28	30						
25	27	29	31						
成	对		A11	等代表	行列式	中	数的	记号	
A11									
0	31	2	29	ǀ	4	27	6	25	
8	23	A22	10	21	ǀ	12	19	14	17
1	30	3	28	A33	ǀ	5	26	7	24
9	22	11	20	ǀ	13	18	A44	15	16
	转	表	9	作	四阶	行列式	值法	的选	画

表 7-C，2 adic 另一个表 注意 等位 摆放的原初（未重排前）

0	2	4	6						
1	3	5	7						
8	10	12	14						
9	11	13	15						
16	18	20	22						
17	19	21	23						
24	26	28	30						
25	27	29	31						

	*	*							
0	2		4	6					
1	3		5	7	权	8			
8	10		12	14					
9	11		13	15	权	16			
16	18		20	22					
17	19		21	23					
24	26		28	30					
25	27		29	31	权	32			
-			-		-				
32	34		36	38					
33	35		37	39					
40	42		44	46					
41	43		45	47					
48	50		52	54					
49	51		53	55					
56	58		60	62					
57	59		61	63	权	64			

要知道本文反映的是一些数学上的新发现，在本问前面说的 Q3B 要组合为 G 3B 这个 32 数的序列并不容易。它如果能符合某些特征，才能得到，至少可以过第一检测程序（the first test）蕴含 其非常对称。

按数组块理论（theory for block of grouped numbers）就是数组块学（Numblocology）选些序列去 test.

表8 做测验 test(检测)用的出发序列

    G3 A

31 26 16 2 30 21 0 5 28 11 1 10 25 22 3 20

18 12 6 9 4 24 13 19 8 14 27 7 15 29 23 17

    G3 B

31	25	16	3	30	18	0	6	29	4	1	13	26	9	2	27
21	19	5	22	11	7	10	12	23	14	20	24	15	28	8	17
出	发	A													
16	0	1	3	6	13	27	23	14	29	26	21	11	22	12	24
17	2	4	9	19	7	15	31	30	28	25	18	5	10	20	8
出	发	B													
16	0	1	3	7	14	28	25	19	6	13	26	21	10	20	8
17	2	4	9	18	5	11	23	15	31	30	29	27	22	7	24

表 8-A test 的过程，这个标准测试程序的解说暂时省略， 检测结果发现 G3B 这个序列能够通过 the first test ,其结果是无重复数出现在二进制最后一层后（行下的）的十进制数里。

根据 test 程序 先做翻译，变 01 串 参加检测，小于 16 翻译为 0 Gap=3 读取

G3 B

31	25	16	3	30	18	0	6	29	4	1	13	26	9	2	27
1	1	1	0	1	1	0	0	1	0	0	0	1	0	0	1
21	19	5	22	11	7	10	12	23	14	20	24	15	28	8	17
1	1	0	1	0	0	0	0	1	0	1	1	0	1	0	1

表 8-B ，test 的过程记录（按 G3 就是隔三而读，读取第 5 列的红 1 方第二行第 1 列，等等，第 6 行把前 5 行的二进制数换算或 翻译回来 变十进制），第 7 行复制 前面出发序列 31....用来比较，能过 test 则无重复，且全枚举所有数，能过 the first test 则是只出发数和结尾的十位数序列完全重现,本例正是过了 the first test 的一个例子。

1	1	1	0	1	1	0	0	1	0	0	0	1	0	0	1
1	1	0	0	1	0	0	0	1	0	1	1	1	0	0	
1	0	0	0	1	0	0	1	1	1	1	0	0	0	0	
1	0	0	1	1	1	0	0	0	1	1	0	1	0	1	1
1	1	0	1	0	0	0	0	1	1	0	1	0	1	0	
31	25	16	3	30	18	0	6	29	4	1	13	26	9	2	27
31	25	16	3	30	18	0	6	29	4	1	13	26	9	2	27

| 1 | 1 | 0 | 1 | 0 | 0 | 0 | 0 | 1 | 0 | 1 | 1 | 0 | 1 | 0 | 1 |
| 0 | 0 | 0 | 0 | 1 | 0 | 1 | 1 | 0 | 1 | 0 | 1 | 1 | 1 | 1 | 0 |

1	0	1	1	0	1	0	1	1	1	1	0	1	1	0	0
0	1	0	1	1	1	1	0	1	1	0	0	1	0	0	0
1	1	1	0	1	1	0	0	1	0	0	0	1	0	0	1
21	19	5	22	11	7	10	12	23	14	20	24	15	28	8	17
21	19	5	22	11	7	10	12	23	14	20	24	15	28	8	17

四阶行列式的指南

前面有个 nblock(32)图形，显然非常对称。这个图如用来考验我们说的 2-adic 的 正规表 4X4 对 S（32,2 adic），应该得到对称的结果，其实很对称的只有一半，就是按图 7 表示的四阶行列式算法里 8 个单项里面的四项：主对角和次对角的取法，还有 两两而取得取法。

算法根据行列式的下标来指示，然后列表在表 7-I 里给出指南，图 8 和图 9 图 10 就是那些画好的图，其中某些不对称的图夹在中间让读者知道它们画成什么样子。后面的画法会按四阶行列式法进行，就是如图 7 的指南进行。

图 7

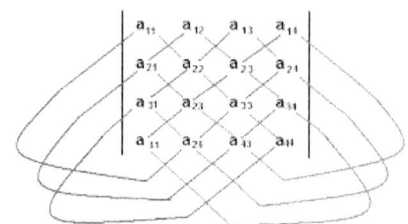

先做 下标的指示表，再画图 8 图 9 图 10，本图是 对照 S（32，2adic） 正规表 4X4 对，在序 G3B 的圈上画的。

表 7-I 八种排法，按下标示意（和四阶行列式计算的办法一致）

成	对								
0	31		2	29	|	4	27	6	25
8	23		10	21	|	12	19	14	17
1	30		3	28	|	5	26	7	24
9	22		11	20	|	13	18	15	16
A	的	下	列	本	组	8	种	:	
		标	表	身	合				
11	12	13	14	|					

21	22	23	24	|	次		14	23	32	41	对	称	
31	32	33	34	|	A1	1	11	42	33	24			
41	42	43	44	|	A4	4	44	31	22	13			
				|	A2	1	21	12	43	34	对	称	红
	主	对	角	:	主		11	22	33	44	对	称	
					A1	4	14	43	32	21			
					A4	1	41	34	23	12			
					A2	4	24	13	31	42	对	称	蓝

图 8

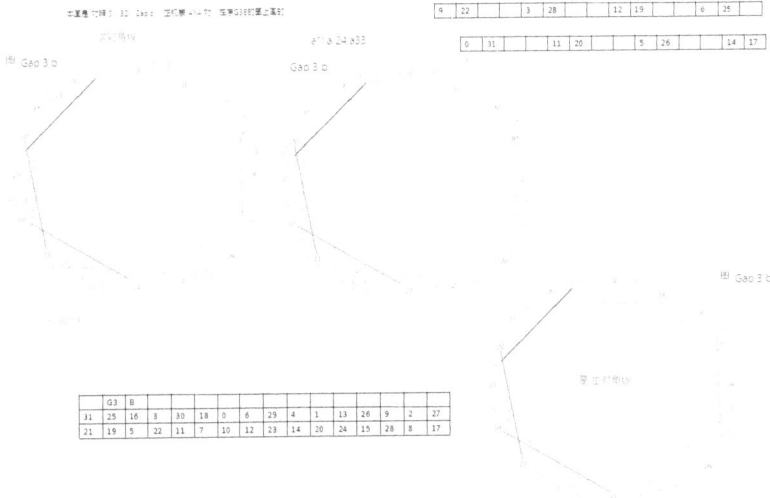

再下面则是图 9 和图 10 能找到 4 个对称图

图 9

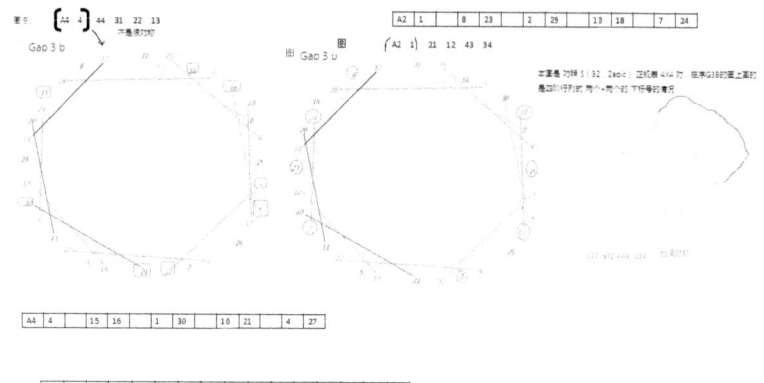

图 10

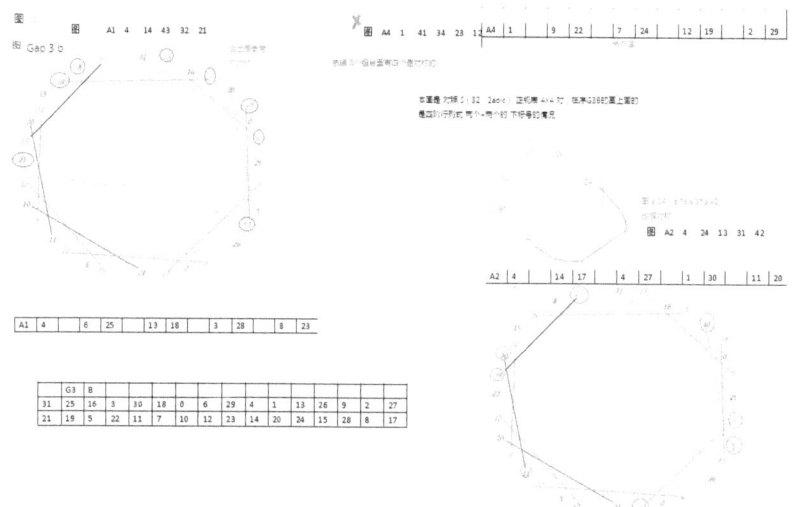

读者**思考题**：表3也有8组 或4对，如何形成隔7而读的 序，让其可以过 test? 然后，问 对32 的正规表可排，那对64 和128 的正规表又如何排呢？ 如果回答好了，普遍性的结论 就进入了 2 adic 子圈代数。 请思考。

我们如果追求排序的唯一性，则这里的情况比较弱，因为4个大组 各自线性无关，（如果不考虑模8的话 基本无关， 考虑 也是8的周期中 也自由度很大），如此可行的排列会非常多。这样 就提供一个机会， 是否能让 S（64, 2 adic）扮演什么角色， 让选择性减少？

先开始从 "无限制" 开始， 比如有个序 是表凑合好的64个数， 它既能通过 t h

e
First test也作图 1 5 Ⅲ 很对称（其中很多过度的图被省略以节省篇幅）

表 8，64H 序列 翻译 01 码 （32+翻为 1）

	64	的	H	序	列									
19	0	49	33	50	31	7	47	38	1	34	2	37	63	14	30
0	0	1	1	1	0	0	1	1	0	1	0	1	1	0	0
13	3	5	4	10	62	29	61	26	6	11	9	21	60	58	59
0	0	0	0	0	1	0	1	0	0	0	0	0	1	1	1
53	12	23	18	43	57	52	54	42	24	46	36	22	51	40	45
1	0	0	0	1	1	1	1	0	0	1	1	0	1	1	1
20	48	28	8	44	39	17	27	41	32	56	16	25	15	35	55
0	1	0	0	1	1	0	0	1	1	1	0	0	0	1	1

表 9， test 64 数组块 G7

0	0	1	1	0	0	1	1	0	1	0	1	1	0	0
1	0	1	0	1	1	0	0	0	0	0	0	1	0	1
0	0	0	0	0	1	0	1	0	0	0	0	0	1	1
0	0	0	0	1	1	1	1	0	0	1	1	1	1	1
1	0	0	0	1	1	0	1	0	1	1	1	0	1	1
1	0	1	1	0	1	1	1	0	1	0	0	1	0	0
19	0	49	33	50	31	7	47	38	1	34	2	37	63	14	30
0	0	0	0	0	1	0	1	0	0	0	0	1	1	1
0	0	0	0	0	1	1	1	1	0	0	0	1	1	1
1	0	0	0	1	1	1	1	0	0	1	1	0	1	1
1	0	1	1	0	1	1	0	1	0	0	1	1	1	0
0	1	0	1	0	1	0	0	0	1	0	0	0	1	1
1	1	1	0	0	1	0	1	0	0	1	1	0	1	1
13	3	5	4	10	62	29	61	26	6	11	9	21	60	58	59
1	0	0	0	1	1	1	1	0	1	1	0	1	1	1
1	1	1	1	0	1	1	0	1	0	0	1	1	0	0
0	1	0	0	1	1	0	0	0	0	1	0	0	0	1
1	1	1	0	0	0	1	0	1	0	1	1	0	1	1
0	0	1	1	1	0	0	1	1	0	1	1	1	0	0
1	0	1	0	1	0	0	1	0	1	1	0	1	1	1
53	12	23	18	43	57	52	54	42	24	46	36	22	51	40	45
0	1	0	0	1	1	0	0	1	1	0	0	0	0	1	1
1	1	1	0	0	0	1	1	0	0	1	1	1	0	0	1
0	0	1	1	1	0	0	0	1	0	1	0	1	1	0	0
1	0	1	0	1	1	0	0	0	0	0	0	1	0	1
0	0	0	0	0	0	0	0	0	0	0	1	0	0	1
0	0	0	0	1	1	1	1	0	0	1	1	1	1	1

20	48	28	8	44	39	17	27	41	32	56	16	25	15	35	55

图15aIII

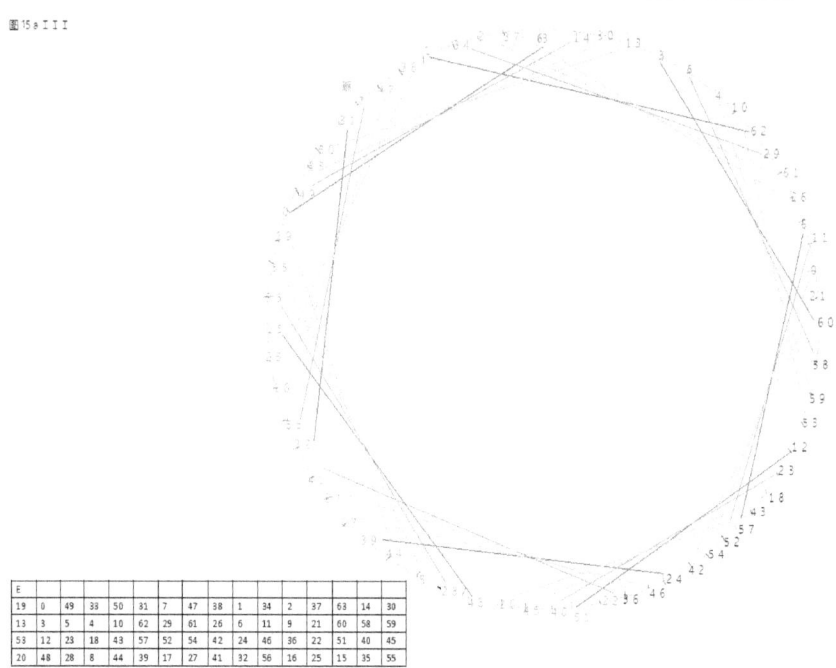

E															
19	0	49	33	50	31	7	47	38	1	34	2	37	63	14	30
13	3	5	4	10	62	29	61	26	6	11	9	21	60	58	59
53	12	23	18	43	57	52	54	42	24	46	36	22	51	40	45
20	48	28	8	44	39	17	27	41	32	56	16	25	15	35	55

以上是图15III。

结合前面的思考题，我们有 A 型排法 理由是 16 更近 0， 按 p adic 的距离，这些和 B 型有关的排列也因篇幅省掉图 16，提示：图 15，16 和表 10 表 11 本可做更细解释。总之是距离因素和同等地位者对应摆放造成的新排法。

表 10 二进制数 p^3 即三层 8，四层 16 五层 32，，六层 64，确认最大权者 T， 更高层的最大权者 Tt

四	层	T	=	8							
0	8									T	=	4
1	9				三	层		7	8		
2	10				0	4			0	1	过	了
3	11				1	5		1	0		
4	12				2	6		1	0		
5	13				3	7		1	0		
6	14										
7	15										
五	层		T	=	16						

0	16									
1	17									
2	18									
3	19									
4	20									
5	21									
6	22									
7	23									
8	24									
9	25									
10	26									
11	27									
12	28		1	3	5	7				
13	29		2	4	6	8				
14	30									
15	31									
0	2		4	6		通	式	i		
1	3		5	7						
8	10		12	14						
9	11		13	15						
16	18		20	22		坚	持	同	位	
17	19		21	23		通	式	T	+	i
24	26		28	30						
25	27		29	31		已	上	32	数	组	块
0	2		4	6			通	式	i	
1	3		5	7						
8	10		12	14						
9	11		13	15						
			V							
16	18		20	22			坚	持	同	位
17	19		21	23		》		通	式	T	+	i
24	26		28	30						
25	27		29	31	V						

-			-								
32	34		36	38			Tt	+	j		
33	35		37	39			而	j	分	红	i
									黄	T	i
40	42		44	46							
41	43		45	47							
				V							
48	50		52	54	》						
49	51		53	55							
56	58		60	62							
57	59		61	63	V						
		格式		2							

表 11 假设同位排法 但是强调 16 而得到的正规表 A 型 格式 2 :64 的对子下的 S（64，2 adic）

0	63				\	16	47				
1	62				|	17	46				
2	61					18	45				
3	60					19	44				
4	59					20	43				
5	58					21	42				
6	57					22	41				
7	56					23	40				
8	55					24	39				
9	54					25	38				
10	53					26	37				
11	52					27	36				
12	51					28	35				
13	50					29	34				
14	49					30	33				
15	48					31	32				
		色									
0	2		4	6		16	18		20	22	
1	3		5	7		17	19		21	23	
8	10		12	14		24	26		28	30	
9	11		13	15	|	25	27		29	31	

			-	-		-	-							
32	34		36	38										
33	35		37	39										
40	42		44	46										
41	43		45	47										
		重	排	16	起	的	排	法	（	分	内	外	）	
0		2			4		5							
	47		45		43		41							
											外	围	毕	
1		3			6		7							
	46		44		42		40							
8		10			12		14				内			
	39		37		35		33							
9		11			13		15							
	38		36		34		32							
		距	离	观	点	:								
		这	是	认	为	16	权	重	的	缘	故	0	和 16	近

下面是研究 这种 S（64，2 adic）所起的限制作用，可以让排列数减少。

如果说 the first test 起到筛子作用，那么这里的正规表就是一种匝亲，可以限制八组数的多余变动。排列数会减少。

表12 再次转来序列 64 H，用 S（64，2 adic）"折射"其对称性

H			序	列	64	H	:							
19	0	49	33	50	31	7	47	38	1	34	2	37	63	14	30
13	3	5	4	10	62	29	61	26	6	11	9	21	60	58	59
53	12	23	18	43	57	52	54	42	24	46	36	22	51	40	45
20	48	28	8	44	39	17	27	41	32	56	16	25	15	35	55

表12 序 64H 的排列如下。可以用 2 adic 的正规表来"折射"，以检验其性质，结果发现有料想对称的排列，果然对称：

如果对序 64H 按图 17 图=图 27B 来排 则可作图 18 图（生硬重叠法）所标画的对子是 0-63 16-47 3-60 19-44 12-51 28-35 15-48 31-32，发现 图 18 不理想的样子，缺对称程度（此图也省略，这是告诉读者，笔者确实做过验证），改选正确的 显示在图 17 B（即 27B 被省略），图17C，图 17D 中。

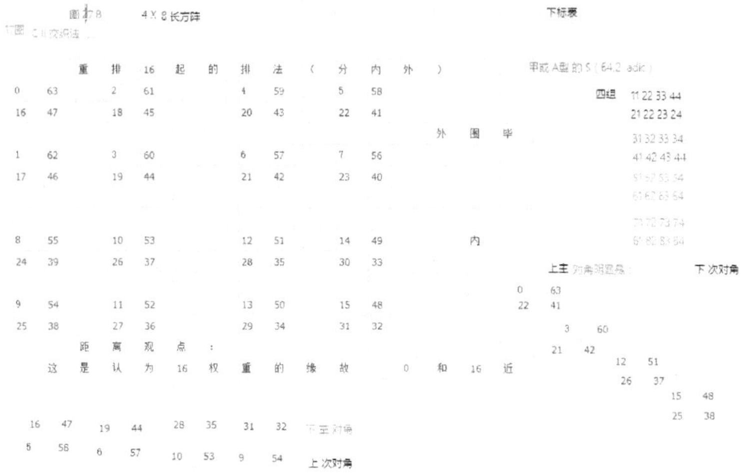

图 17D

下面是图 19 20 21 22 发现都是对称的。
图 19 根据的对子是 5-58 6-57 9-54 10-53 16-47 19-44 28-35 31-32
均匀对称
　图 20 根据的对子是 0-63 3-60 12-51 15-48 22-41 21-42 26-37 25-38
两分
图 21 根据的对子是 2-61，20-43，1-62，23-40，24-39，14-49，13-50，27-36
两分对称
图 22 则是剩下的一半 四分对称。
　　解释：从 27C 开始展示，发现确实对称，这是 2 adic 在 64 元素数组下的效果，

问题是 这种 2 adic 正规表是 几何图不依赖的就是对几何图独立,只是数字变了且不能在变时,显出几何图也变,故有独立无关性。

图 19

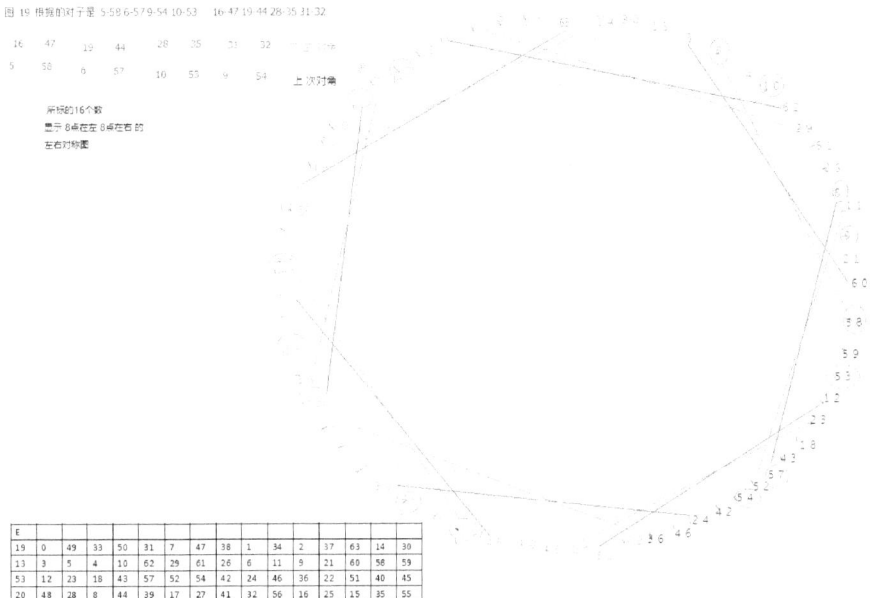

图 19 得我的对于是 5-58 6-57 9-54 10-53 16-47 19-44 28-35 31-32

| 16 | 47 | 19 | 44 | 28 | 35 | 31 | 32 |
| 5 | 58 | 6 | 57 | 9 | 54 | 10 | 53 |

上次对集

所挑的16个数
显示 8桌在左 8桌在右的
左右对称图

E																
19	0	49	33	50	31	7	47	38	1	34	2	37	63	14	30
13	3	5	4	10	62	29	61	26	6	11	9	21	60	58	59
53	12	23	18	43	57	52	54	42	24	46	36	22	51	40	45
20	48	28	8	44	39	17	27	41	32	56	16	25	15	35	55

图 20

图20 根据的对子是 0-63 3-60 12-51 15-48 22-41 21-42 26-37 25-38

如左所标
显然 非其对称

上 主对角
下 次对角

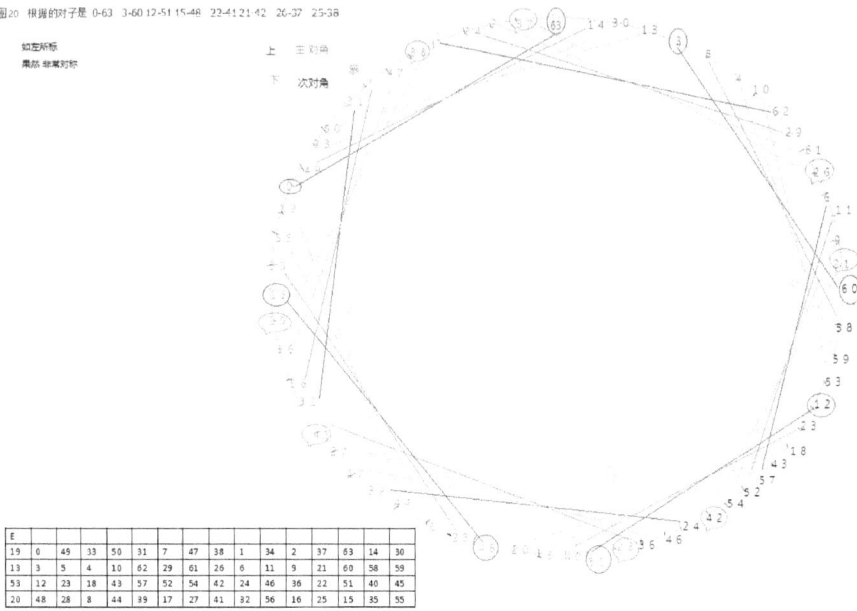

E															
19	0	49	33	50	31	7	47	38	1	34	2	37	63	14	30
13	3	5	4	10	62	29	61	26	6	11	9	21	60	58	59
53	12	23	18	43	57	52	54	42	24	46	36	22	51	40	45
20	48	28	8	44	39	17	27	41	32	56	16	25	15	35	55

图 21

图 21: 6-4数的图

图21 根据的对子是 2-61、20-43、1-62、23-40、24-39、14-49、13-50、27-36

也是镜像对称的, 同分结构: 很匀称

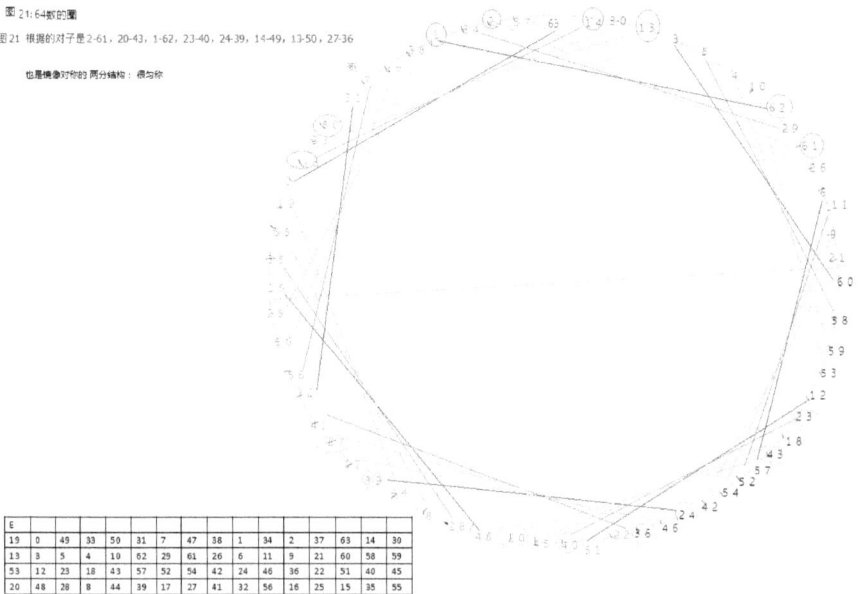

E															
19	0	49	33	50	31	7	47	38	1	34	2	37	63	14	30
13	3	5	4	10	62	29	61	26	6	11	9	21	60	58	59
53	12	23	18	43	57	52	54	42	24	46	36	22	51	40	45
20	48	28	8	44	39	17	27	41	32	56	16	25	15	35	55

图 22

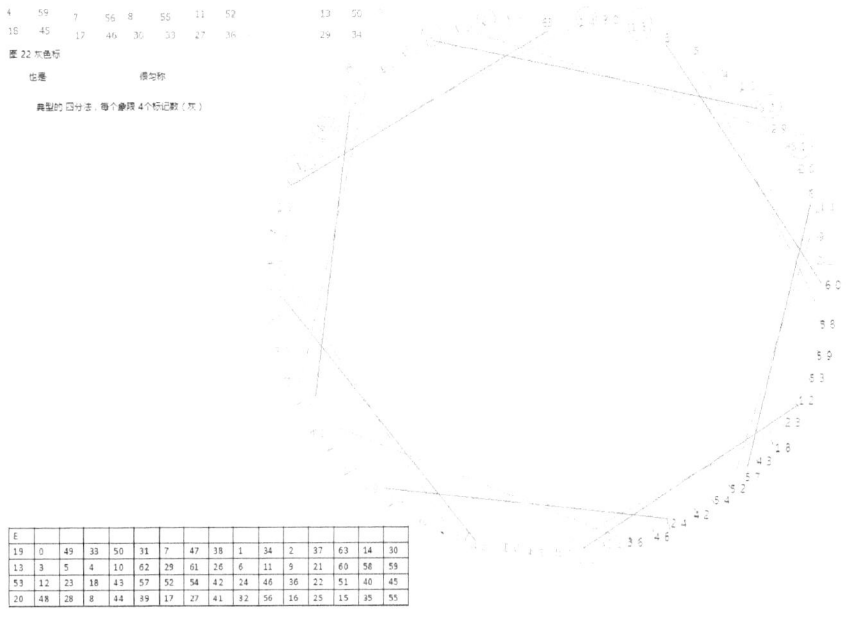

图 22 灰色标

E															
19	0	49	33	50	31	7	47	38	1	34	2	37	63	14	30
13	3	5	4	10	62	29	61	26	6	11	9	21	60	58	59
53	12	23	18	43	57	52	54	42	24	46	36	22	51	40	45
20	48	28	8	44	39	17	27	41	32	56	16	25	15	35	55

总结这几个图：果然均匀对称。这是 2‑adic 刻画有效的缘故。当然，也显示一般的 2‑adic 正规表不能起帮到"缩小组合数目的"作用。只是很好地显示了对称技术而已。

──────

章尾的诗 漠北飘雪

月吐古城前空地，
夜吞匈奴后嗣弓。
毫端生就狼草原，
南客北闻雁雍雍。
尔时生活杂胡音，
经年未见爱雨农。
成长屡经暴风雪，
漠北摆坷变英雄。

附录 A：II
Appendix II

Systemic Numblocology 和拓扑学有些关联的
Numblocology 数团分解资料

天地有正气，杂然赋流形。 —— 文天祥

Nicholas Bourbaki 认为数学中有三种基本结构：代数结构、拓扑结构、 序结构。拓扑学(topology)是研究拓扑结构的数学分支，而数组块学（Numblocology）中也有拓扑学的相关内容，顺手举例就很多。

比如单孔棱轮胎。这是设想一个数表 不管是 16 个的还是 64 个的，它们都是无厚度的一张薄纸但是连成一个无扭的圈。预设它们都有宽度，现在转设定其三维图像，试假设每个数都是赋有同名高度的（如数 3 那个坐标地所获得的高度或厚度是 3），假设底部是平的而高度上用棱线连接各个顶点。对十进制数而言，因为有 0 这个数，所以这点没厚度，所以此局部为一个单孔，其他部分有厚度，最后让这个二维的圆柱面，变成三维的单孔棱轮胎了。这是有点想象力的人马上就能得到的。

再比如莫比乌斯带，也说这个数有宽度（虽然我们不想在文章一开始就啰嗦到让文章无法读，但是还是设问一下：万一没宽度如何办。答：您可将十进制 22 换二进制，这就有好几行数，也就发现确实有 5 行宽呢），带子扭了一下接住就是了。因为如果真在三维空间扭一下，就失去了数表"自我表达"的优势。本文，故意将一个数 x 的在数组块 nblock(M)里的补数(M-1-x)当作其镜像，如果 $M=2^k$(2 的 k 次方)，那么有引理一个：每个合此假定的数组块都可人为分成两半，让一半作为一个"半整体"和另一半对应。也就是存在至少一种排列，让前者和后者呈镜像关系（数和其补数对应的关系）。这样对任何恰当用两分法分好的数组块，我们都假设序 a-b 为第一半，而序 c-d 为另一半。

如果将 a-b 顺接 a-b 平面本身的数序连成圈，则为**顺接**。接后明显是圆柱面。但是如果将 a-b 里的某数接到 c-d (=a-b 的镜像) 里的某数后，总体就连接起来了。我们在本文认定这是**扭接**。当然只限在本文内有效，这种 a-b 扭接到其镜像分组 c-d 的动作，可以构成莫比乌斯带（但是实际还是平的一张表）。

关于有限和无限的注记。如果 nblock(M)中，M 永远为有限（小于无穷大）的自然数，那么这个数组块就是有限的并且是有 0、1、2 连续轮个几数下去，到 M-1 这个自然数为止的数之集合。如果这个数组块两端连接就是圈（cycle, 或 loop），这个圈永远是有限的。如果世界上有几何的直线和射线，那么在远端的就是无穷大。拓扑学认为，克莱因瓶、轮胎等是有限空间。而偶数维的实射影空间就是无限空间。

当然，作为空间想象，一张纸有四边，但也可以认为两个边有限，另两个边无限。这样圆柱面和莫比乌斯带都可能把边缘顺延到无限远处。含无限特点的还有**实射影平面**（real projective plane），它是 R3 中所有过原点直线组成的（商）空间，通常记作 RP^2（R 是实数的记号），无歧义时也记为 P^2。这是一个不可定向、紧致、无边界二维流形（即一个曲面），它在几何中有基本的应用，但不能无自交地嵌入我们通常的三维欧几里得空间。它的亏格是 1，故欧拉示性数也为 1。

实射影平面有时描述为基于莫比乌斯带的构造：如果能把莫比乌斯带的（一条）边以恰当的方向黏合，将得到射影平面。等价地，沿着莫比乌斯带的边界黏合一个圆盘给出射影平面。由于莫比乌斯带可构造为将正方形的一组对边反向黏合（见图2），从而实射影平面可以表示为单位正方形（[0,1] × [0,1]）将它的边界通过如下等价关系等同：
(0, y) ~ (1, 1 − y) 对 0 ≤ y ≤ 1，
以及
(x, 0) ~ (1 − x, 1) 对 0 ≤ x ≤ 1，
这可图示。因为正方形同构于圆盘，故这也等价于将圆盘边界的对径点黏合。

从如下图 2 里可以知道其关键：x 到 −x 就是一张四方纸条其两边扭转反向连粘就成了莫比乌斯带；而 Klein 瓶是顺着粘另外一对边。RP2 就是扭着反转粘那样留下的另一对边所成。这可 inbedding 在四维空间。注意这类空间偶数维和奇数维很不同。

图 1 是一种教科书的定义：

> 图1 —流形拓扑学-理论与概念的实质---这是原书名称,这里是引用
>
> **1. 实投影空间 P^n.**
>
> 所谓实投影空间 P^n,就是将 R^{n+1} 中每一个过原点的直线视为一点所得的商空间,它可表示为
>
> $$P^n = R^{n+1}/\{x \sim \lambda x, \; \lambda \in R, \; x \neq 0\}$$
> $$= \{[x] = [\lambda x] \mid x \in R^{n+1}, \; \lambda \in R, \; x \neq 0, \; \lambda \neq 0\}. \quad (1.1.9)$$
>
> 定义 (1.1.9) 也可等价地说 P^n 是将 n 维球面 S^n 的对径点等同起来所得的商空间,其等价的表示为
>
> $$P^n = S^n/\{x \sim (-x)\} = \{[x] = [-x] \mid x \in S^n\}. \quad (1.1.10)$$
>
> 实投影空间 P^n 也可从另一种方式得到。一个 n 维圆盘 (实心球体) D^n,其边界 $\partial D^n = S^{n-1}$ 是一个 $n-1$ 维球面,则 P^n 也可看成是将 D^n 边界的对径点等同为一点所得到的商空间:
>
> $$P^n = D^n/\{x \sim (-x), \; \forall x \in \partial D^n\}. \quad (1.1.11)$$
>
> 上述三种表达式 (1.1.9)~(1.1.11) 是对 P^n 进行三种不同形式的等价定义,它有利于我们从不同侧面去理解 P^n。从 (1.1.10) 和 (1.1.11) 可立刻看出,D^n 的边界 S^{n-1} 按对径点粘接可得到一个 P^{n-1},这样便得包含关系 $P^{n-1} \subset P^n$。由此递推便可得到下面包含序列:
>
> $$P^1 \subset \cdots \subset P^{k-1} \subset P^k \subset \cdots \subset P^n. \quad (1.1.12)$$
>
> 关系式 (1.1.12) 对理解实投影空间的拓扑结构起到关键作用,它对理解向量丛上的示性类理论也具有典型意义,显然 $P^1 = S^1$。
>
> 另一方面,P^n 是将实心球体 D^n 的边界按对径映射 $f: S^{n-1} \to S^{n-1}$ 进行粘接而成,这里
>
> $$f(x) = -x, \quad \forall x \in \partial D^n = S^{n-1}. \quad (1.1.13)$$
>
> 从最简单的情况看,映射 (1.1.13) 将 S^1 逆时针的旋转映到 S^1 的逆时针旋转,即当 x 沿 S^1 逆时针变动时,其像 $f(x) = -x$ 也是沿 S^1 的逆时针方向变动。因此 $f: S^1 \to S^1$ 是保定向的。而考察 $f: S^2 \to S^2$ 时,我们发现 f 将 $x \in S^2$ 的外法方向映到 $-x \in S^2$ 的内法方向,即分别从 x 和 $-x$ 的外法方向看,f 将绕 x 的右手螺旋映到绕 $-x$ 的左手螺旋方向,见图 1.15 所示。因此,$f: S^2 \to S^2$ 是反定向的。

重复说明一下,2 维实投影空间 RP2 可以用图 2 的粘合方式来理解(很难在三维现实空间重建,但是可以想象)

图 2

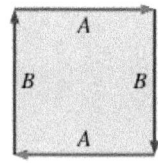

数组块或数字序列的特点是其可以带有抽象的扭结。

记2维实投影空间（RP^2）和这个"扭转"作一一对应的映射（MAP），用普通非数学思维其实就是将这个"扭转"和2维实投影空间RP2类比。这就构成本文的一个基础。

当然继续前行需要更明确厘清一些东西。在一个实际空间（也叫三维欧氏空间）假设有刚性的纸张（=那个平面是刚性的）。而x到-x表现的是PR2空间在扭转，此平面连接到另外一个"反向的也是刚性的"另一个平面（方向不同，已名义上算不同平面了，故可这样说）。下面这一小段是实现拓扑转换思维的关键：

图往往是连续的而整数就是离散性的，作为离散对象的一些数，当然也不是真"三维欧氏空间的"。它只是因为受限制，而变得不能动（动了就破坏能让其构成子圈的性质），这样虽然这些数字本身算不了什么。但是这些数的边沿却有了讲究，几个或很多数排成理想的一列，这数字的上边缘和下边缘是不用和实际空间对应的，它只是两条线，不用算入我们的研究对象。但是在2n个数字的前n个数（A纸带）和后n个数（B纸带）交界的地方也可画一条线。这是我们的研究对象，虽然支撑它们来到此处的是一串数字，我们也还是能把它当三维欧氏空间的几何图看待。

这个够能人为分断成子圈的数字组合的A部分和B部分的那根线（在A和B之间）就是我们研究的对象。如果需要被映射为x则就是普通的顺接平纸条=圆柱面，如果需要被映射为-x，就是莫比乌斯的接法，局部是象莫比乌斯典型的纸条（这里x指正象子圈，而-x就是其镜像）。换句话说我们的研究对象夹在离散的一些数里或在一个数组块的对分处，断数组块为A和B两块。这样看来，我们的研究对象是一个线段，A分块可被抽象为一张刚性的纸，B分块也被抽象为另一张刚性的纸。

根据各个学科来的例子，数据间未必真符合毕达哥拉斯定理（勾股定理），内积也未必真对应三维欧氏空间的规律等等……还有线性无关的许多例子。其实只要是它们线性无关，就被认为是正交的，通过对"这种原则或根据"的认同。我们把A和B当成一个抽象空间的一个维度之陪伴。而那个抽象空间的（至少有）某方向就是顺着A和B中间的那条线的，如此到现在为止，我们就相当于为研究对象设立了一个抽象空间的坐标系。根据正交的定义（未必符合符合毕达哥拉斯定理），只要显得线性无关，它们就是正交"指这维度和另一个维度垂直"。如此现在我们将一个数组块（定义见本文前面）进行四等分，这时会有ABCD四个小组。A和B的断点标上一条线，而C和D的断点也标上一条线（不要和小写的a-b,c-d混淆，因为a-b是一个序列，而A本身就是一个序列虽然可能数字少些）。

这线段就是抽象二维的(X,Y)，如果X粘合时按x到-x,Y粘合时按y到+y就是在抽象空间里建立一个**克莱因瓶**，如果X粘合时按x到-x,Y粘合时按y到-y就是在抽象空间里建立一个**2维实投影空间RP2**。注意这个抽象空间未必内积没有定义。但是肯定不要去假定它和三维欧几里得空间一样。所以不要假定其符合毕达哥拉斯定理。这个抽象空间是只带有些拓扑学性质的东西（度量，测度，内积等是同胚变换以外的东西）。我们暂时不给出严格定义。我们只是潜在承认两点：

第一，通过子圈性质等**限定**来让数组块不能变动，就是让那"有一些数字的纸条"带上刚性。这个抽象的刚性陪伴着A和B断点处的线的坐标定向。同样刚性也"带来了

277

"C 和 D 断点处的线的坐标定向。

第二就是假定这两个定向了的线，它们相互之间的关系是在抽象空间里"正交"。

再有，其实笔者还很容易举出一个 2-adic 或 5- adic(五进数)相关的某种绳圈多项式理论：还是延续那个多棱轮胎的继续设想，这回不是用单孔，而是很多孔（=0）。因为128 个数用 5, 25, 125 可见不同层次的洞，假设 1 和 1 之间粘连无界，1 和 0 或 0 和 1 之间则有界，让它圈住白色区 00 或 000，0 本身没有厚度，所以单个的就是孔，两个和两个以上的就是白区（0 和 0 连也没有界线）。如此很快我们就能将 2 adic 或 5 adic 的一张数组块表变成如图 3 那样的黑白区相间的图，并且在定义图的结线方向后得到某种 knot 多项式，非常有趣。有人说橡皮膜上的几何没大小，您为何把 0，00，000 这三者或那些邻位数表为 0 连贯的情况都区分？答案是也许有人能创造出一种数组块表上的一种"另类测度"让这些变化洽有某种规范。当然这是很难的。

图 3，p adic 转换到拓扑 knot 多项式的设想，附带说明镜像之变 和 shift rule 概念：

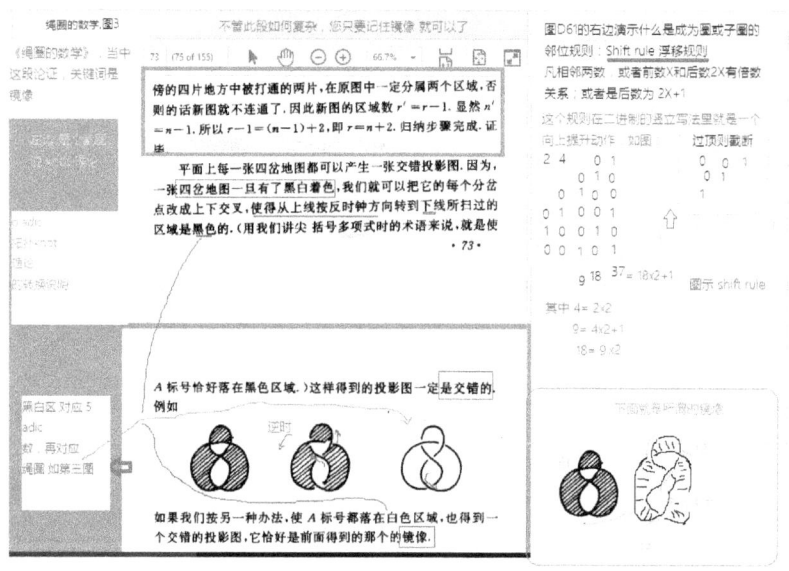

下面转到和 Numblocology 联系比较密切的部分。可以用拓扑学方法带动缩小排列组合数目的努力。关于子圈的定义可以在本书正文第二章第 4 节找到，也可在本书附录 I 的靠前部找到。因为从读者受用的角度讲，直接平平叙述其实收益不多。我们确实是直接在讨论着和拓扑和带圈的研究对象有关的问题。但是，为了读者的获益则需要我们改用提问的方式提供信息，这里分一个容易的问题和 一个带点挑战性来介绍，进而也有利于读者去学习创造和开发创造力。

下面先说一个和子圈连接方式有关的拓扑图。我们知道集成电路布线需要调整，调整后还要求和被改设计前的等效。因此电路分析中用的**网络拓扑学**就是拓扑学的实用例子。类似可给出问题一：

下面是一个数组块分解，分解后需要符合子圈定义。当然在图II4中检验确实发现其中的数字排法是符合子圈定义的（也就是首尾自连后全符合□ｓｈｉｆｔ□ｒｕｌｅ）。请读者把图Ⅱ4 受标记的那个部分在整个拓扑图里表现出来，读者应分组看看。

图Ⅱ4

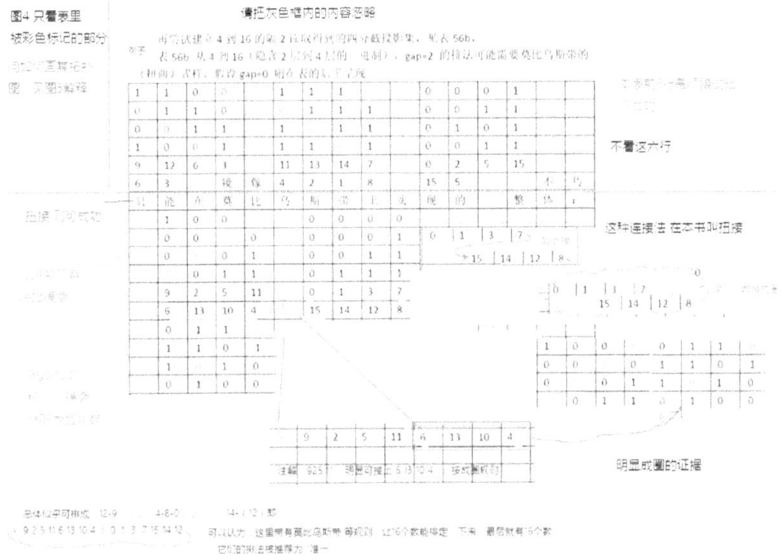

可查的参考答案画在图Ⅱ5里。

图Ⅱ5，可能的拓扑图

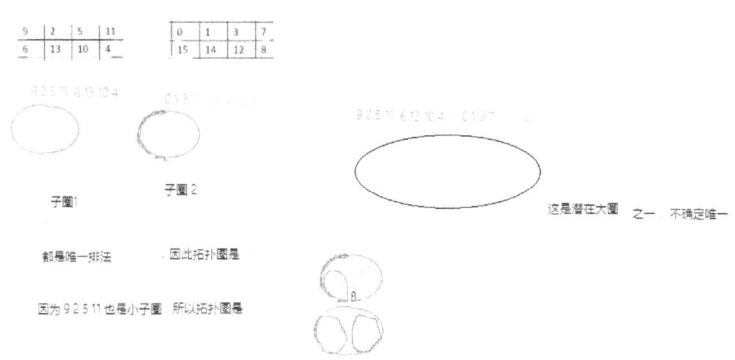

请读者在了解如何绘制拓扑图后，再做一个题目。给定了拓扑图和数组块等为何的条件后，按图Ⅱ—6中的甲图给的拓扑图模式绘制一个符合很好的ｎｂｌｏｃｋ（128）的数组块表，并显示各子圈的二进制内容。内容（也就是答案）可以参考表ａ。

表ａ，128元素的数组块分成八个甲片（后面有定义），每片一行

0	1	3	7	15	30	61	122	117	106	85	43	87	47	95	63
127	126	124	120	112	97	66	5	10	21	42	84	40	80	32	64
65	2	4	9	18	37	74	20	41	82	36	73	19	39	79	31
62	125	123	118	109	90	53	107	86	45	91	54	108	88	48	96
67	6	13	26	52	105	83	38	76	24	49	98	68	8	16	33
60	121	114	101	75	22	44	89	51	103	78	29	59	119	111	94
69	11	23	46	92	56	115	99	70	12	25	50	100	72	17	34
58	116	104	81	35	71	14	28	57	115	102	77	27	55	110	93

明显可连成 2 级子圈的是 2X16 的 32 元素圈　如，0-63 接 127-64 返回 0；和 65-31 接 62-96 返回 65； 但 ，67-33（虽接 66）不接 60-94 不返回 67.所以这个表 g-B，另需要将第二行的 66 拿出，改换，再排列（可以读者试一试）后放第 6 行。这样就有另一个表了。

请注意本题要求的问题是：请有兴趣、有条件的读者，编写一个数字展示程序。能够通过 Numblocology 规律、题里拓扑图的所规定的子圈信息、数组块本身的信息和子圈条件等直接推出表 a 的内容，且不失去一般性。达到一定的程序通用性。这个问题可以另做，而我们现在再举几个低 M（数组块大小或阶数不大的意思）的例子。

图 6 ，此图上部的的甲图是题目要求得到这样的拓扑图

用图 II 6 -b 来详细看对应细节：

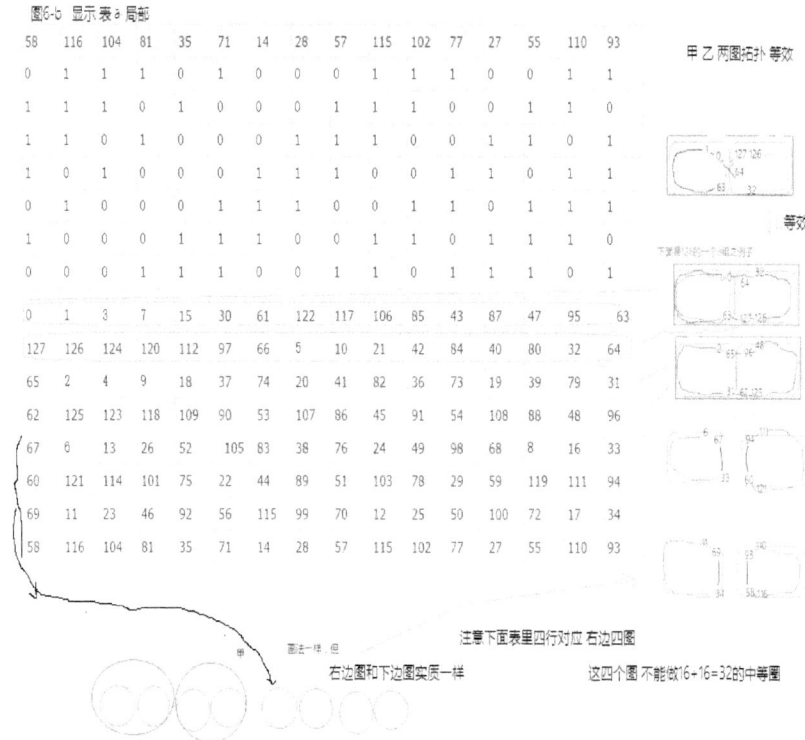

图6-b 显示表a 局部

58	116	104	81	35	71	14	28	57	115	102	77	27	55	110	93
0	1	1	1	0	1	0	0	0	1	1	1	0	0	1	1
1	1	1	0	1	0	0	0	1	1	1	0	0	1	1	0
1	1	0	0	0	0	0	1	1	1	0	0	1	1	0	1
1	0	0	0	0	0	1	1	1	0	0	1	1	0	1	1
0	0	0	0	0	1	1	1	0	0	1	1	0	1	1	1
1	0	0	0	1	1	1	0	0	1	1	0	1	1	1	0
0	0	0	1	1	1	0	0	1	1	0	1	1	1	0	1
0	1	3	7	15	30	61	122	117	106	85	43	87	47	95	63
127	126	124	120	112	97	66	5	10	21	42	84	40	80	32	64
65	2	4	9	18	37	74	20	41	82	36	72	8	19	79	31
62	125	123	118	109	90	53	107	86	45	91	54	108	88	48	96
67	6	13	26	52	105	83	38	76	24	49	98	68	8	16	33
60	121	114	101	75	22	44	89	51	103	78	29	59	119	111	94
69	11	23	46	92	56	115	99	79	12	25	50	100	72	17	34
58	116	104	81	35	71	14	28	57	115	102	77	27	55	110	93

其实深研数组块和顺着数组块学指向的脉络走,还能发现多种拓扑结构。扭结永远在三维里,然而研究它的人总喜欢把它画作二维的 knot diagrams。如果有0和其它几种数为基础,其上可建立所谓(尚未受到正面肯定的,因为最自然的简单反例是2分支的甲和乙,甲是两个逆时针方向沿绳圈定向的环,且一环中间的空被另一环所穿。乙的其他情况一样除了正好有一个环和甲的定向相反(甲环绕数+1而乙环绕数-1)。显然对同样的图,一个局部顺转而一个却在反转,如何用0和1的图转作区域而两向都可表达法好,唯一可解答的是他们上的黑白色某些部分不同,对这个简单的图当然有办法可想,但是对复杂图,即使想了办法,也是唯靠计算机检验,要多少计算量?)"带琼斯序的一个 adic 整数组成的**邻连数串**"的数学构造,如此 Numblocology 和 knot 拓扑学就有关联了。坚持黑白区能对应等价0和1之像素型的观点,且0和1等数组块总可模拟黑白区图是经得起推敲的,因为在复杂的地方可以(用橡皮膜扩张)而拉成更大图形,总有图形满足前者和后者的等价,这是同痕和等价绳圈类意义下的等价,并同时让0和1之间的交界线恰好表现了knot 投影图的全部特质。用不着在某个绳线处需要一个1和1连着画,因为放大后都能回到0和1之间的界面当绳线的表达方法(借助Reidmeister 三种局部不引入其他钱的变换图来分析,100%确定可以和 adic 邻数串作二维平面的一对一地映射。其中某个变换都有

几个标准的局部"adic 邻数串"图（也是数表）。其他部分靠增添黑白区控制某延伸连接"线"来完成，如此整图就是大的"adic 邻数串"，其层数基本在 8 以上且复杂图可以大幅增高层数。这刚才所说是个定理，但证明还是比较麻烦的。当然，我们知道扭结拓扑学里的尖括号多项式本身是只对应无向图的，所以反例也不构成对某些好结果的威胁。正因为不错，下面也就去继续介绍）。如果说这些象 knot 的拓扑结构有什么用，那么还是引用常见当代博客（天鹅座 X-1 谈同痕）里的说法比较简洁 "

大数学家高斯早就"内在"地构造了一个整数值的不变量， 用来研究两个扭结是怎么"链接"起来的。这个整数实际上是其中一个扭结对另一个扭结的"环绕数"。但是高斯用一个二重三维曲线积分算出了这个整数。他的想法可能来自于当时的电磁学，把两个扭结看成空间的两个环形电流，然后计算它们的相互作用。 高斯这个"内在"的三维构造巧夺天工，成为后来的数学家极欲模仿的典范。所以在 1988 年一个纪念 Hermann Weyl 的讲座上，M.Atiyah 提出了这个问题：寻求 Jones Polynomial（注意也许 2 adic、3 adic、7 adic 数按本书的表达方式就反映"可投影到二维的"扭结理论的证明过程之一 --也就是可侧面反映这个多项式的具体例子）的一个三维的内在构造。E.Witten（威腾）立即投入到这个问题中， 在 1989 年发表了至今在拓扑学领域引用次数最高的"Quantum Field Theory and the Jones Polynomial"，给了新西兰数学家 Jones 的（有向图的）理论一个基于量子场论的解释。这种用量子场论观点研究拓扑学的方式叫做"拓扑量子场论"(Topological Qantum Field Theory。看，拓扑、 几何与物理确实有联系：Witten 的理论是一个量子规范场论）。"

物理系的老师会说"他做的东西我懂，但是我不懂他怎么做出来的。你们这些学生听得风是得雨，总想造个神出来然后膜拜一番，但是 Witten 就是神。"，不过如果发此言论者看了笔者的这本书，则会在创造性方面出现大长进。现实的化学拓扑里有实用的例子，比如双稳态的 catenane 有潜在分子电子学的应用，可做分子开关，分子存储器，分子逻辑门等，而上面那些斜体字引文在数学的头脑中会有什么作用呢？回答是如果有人能搞到借助 Jones 序的方法指明扭结图在其证明过程中如何设定白色和黑色区之间的有向边界走向，则会短时轰动一下同痕（isotopy）圈子里的人们。甚至推测到 Numblocology 瞬间震动量子力学。因为，知道上同调的人对"n 维体的"边界（=n-1 维）在拓扑学里作用是普遍的：看扭结本是单维的索，证明却要用此界面边的白区和黑区，而这都是二维的！如果知道像素原理，很快会了解 01 可以画素描图，其连续化就成矢量图（一种计算机常见的图形格式），也就是说，虽然只是 0 和 1 或 p1,p2,px 等。但实际上单独或联合用 2 adic、3 adic、p adic 就能画出任何白区和黑区，夹在其间的当然就是边界（= 1 维）。要求定向和 Jones 序暂时是个难题。补充解释还有，因为 3 adic 是 0, 1, 2 这三个数，凡是 0 的都是白区，通过单纯一个接一个邻联的 3 adic 就可以根据类似像素的原理刻画任何二维的图。只是需要把原来 Numblocology 里用的 shift rule 那种序换成所谓的琼斯（Jones）序就会自动在边界定向（当然和起初区的选定有关）。读者此后发现这方面的进展可联系本文作者，先预先致谢一下。

简约回答了实用性问题后。下面的题设就是 如何去四分某一个 nblock(k) 或 Numblocological 数组块之子分解理论，让其在拓扑上符合抽象空间（W）所构建的 RP 2 实射影空间----内容是（X, Y）到 (-x,-y)，或让其符合拓扑上是有限的 Klein 瓶等。下面我们就来看看会如何：

去四分某些（16，32，64，和 128 阶的）数组块，且要求每个独立单元看起来必须是一个子圈。在表 d 中先观察 16 个数的四分（子分解），直接用本文建议的拓扑观点，它可作成 RP 2 实射影空间。注意表 d 本身出现在图 7 中。

略丰富些说，让 8 个数通过 Ab 接 Cd 的方式，成为一个连续的子圈，阶数为 8，其中 8 个数里一半是 4 个，这四个数是剩余 4 个数的镜像，如此另外 8 个数按统一规则也自动排好。堪称完美。当然，这里其实只用了三个概念加隐形规则就让 16 个数只有一种排法。这就是所谓的对排列的唯一性追求。追求中用到的三个概念（代数、序、拓扑）分别是：镜像（或对称），浮移规则，莫比乌斯带扭转，直接发生在前四个数和其镜像（指后四个数）之间。是 a-b//c-d 式样的粘结，而不是按顺向的 a-b//a-b（就是最后一个是再接下项的顺第一个）来连接成 8 个数的子圈的。

图 II 7，包含表 d 的解说

图7 图解这个扭 注意红色线 和淡蓝色显走向，注意翻到镜像那边就变色

去四分那些数组块，16，32，64，和 128，每个独立单元看起来必须是一个子圈　　0 1 3 7 自己不能
表 d　　先看 16 个数的四分，可成 RP 2 实射影空间　　　　　　　　　　　　　　　独立成小圈
　　　　　　　　　　　　　　　　　　　　　　　　　　　　　　　　　　　　　　但扭一下可成
0	1	3	7		9			11			中圈
0	0	0	0	扭	1	0	0	1	扭		
0	0	0	1	15	0	0	1	0	6		
0	0	1	1		0	1	0	1			
0	1	1	1		1	1	1	1			
15	14	12	8		6	13	10	4			
1	1	1	1	接	0	1	1	0	接		
1	1	1	0		1	1	0	1			
1	1	0	0		1	0	1	0			
1	0	0	0		0	1	0	0			
		如	此		通	过	莫	比	乌	斯	扭
子	圈	1	:	0	1	3	7	15	14	12	8	需要扭一下才成中圈
									说明		
子	圈	2	:	9	2	5	11	6	13	10	4
以	上	两	子	圈	构	成	二	维	实	射	影	空	间
2	5	11	6	13	10	4	8	0	1	3	7	15	14	12	9
这	最	后	的	整	序	就	是	平	顺	接	的	大	圈

大圈 交接处

名词 解释：小圈 = 四个数（未实现）　　　　　　　认识到8 和15 14 12
　　　　　中圈 = 8 个数　　中圈排法唯一　　　　　被分列，如此
　　　　　大圈 = 16 个数　　　　　　　　　　　　做成大圈

注意本拓扑图 里最小的：小圈不成立
所以被画成开放式的，但是量有限

当然，四分（阶数为 16 的）数组块后，其每个独立单元看起来必须是一个子圈的基本要求并未达到。不过从密码技术的角度看，表 d 的那种分解是唯一的。第一个够得上"每

个独立单元看起来必须是一个子圈"是 32 阶的数组块。看一眼表内，注意浮移规则只看二进制。23 后接 14 是指其二进制合规矩。

表 e，注意这也许不是解决整圈 32 个元素的排序问题，而是解决 32 分为 4 份。若推广性地泛泛而论数组块的某种分法，则分法本身就有内自唯一性。本表匀分，即（5层 k=32阶）32/4=8，就是 abcd 四组且每个组是 8 元素。

Ab						23	逆	接	14			
17	3	6	13	26	21	11	23					
1	0	0	0	1	1	0	1					
0	0	0	1	1	0	1	0					
0	0	1	1	0	1	0	1					
0	1	1	0	1	0	1	1					
1	1	0	1	0	1	1	1					
14	28	25	18	5	10	20	8					
0	1	1	1	0	0	1	0	逆	接			
1	1	1	0	0	1	0	1	17				
1	1	0	0	1	0	1	0					
1	0	0	1	0	1	0	0					
0	0	1	0	1	0	0	0					
-	-	Cd				-						
0	1	2	4	9	19	7	15					
0	0	0	0	0	1	0	0	扭				
0	0	0	0	1	0	0	1	31				
0	0	0	1	0	0	1	1					
0	0	1	0	0	1	1	1					
0	1	0	0	1	1	1	1					
31	30	29	27	22	12	24	16					
1	1	1	1	0	1	1	扭	接				
1	1	1	1	0	1	1	0	0				
1	1	1	0	1	1	0	0					
1	1	0	1	1	0	0	0					
1	0	1	1	0	0	0	0					

可以从 ab 自己能成子圈和 cd 自己也能成子圈看，这里的拓扑图是两个圈的，且用了逆接（扭接的）。接着看，就"每个独立单元看起来必须是一个子圈"而论，四分某个 32 阶的数组块如果不行，则 64 个元素的是肯定能行的。不过 64 元素的数组块又会有新扭法，比如表 F1 所现的扭法，排法 A：

表 F1, 64 阶，6 层，64 元素的序列排法之一 A 一种新的扭法 不是 ab-cd 而是 adbc
详细见本表底部的解说，读者需要用眼睛过目校核：

0	1	3	7	14	28	57	51	38	13	26	52	41	19	39	15
0	0	0	0	0	0	1	1	1	0	0	1	1	0	1	0
0	0	0	0	1	1	1	0	0	0	1	1	0	1	1	0

0	0	0	0	1	1	1	0	0	1	1	0	1	0	0	1
0	0	0	1	1	1	0	0	1	1	0	1	0	0	1	1
0	0	1	1	1	0	0	1	1	0	1	0	0	1	1	1
0	1	1	1	0	0	1	1	0	1	0	0	1	1	1	1
63	62	60	56	49	35	6	12	25	50	37	11	22	44	24	48
1	1	1	1	1	0	0	0	1	1	0	0	1	0	1	1
1	1	1	1	1	0	0	1	1	0	0	1	0	1	1	1
1	1	1	1	0	0	1	1	0	0	1	0	1	1	1	0
1	1	1	0	0	1	1	0	0	1	0	1	1	1	0	0
1	1	0	0	1	1	0	0	1	0	1	1	1	0	0	0
1	0	0	1	1	0	0	1	0	1	1	1	0	0	0	0
	Cd							-							
33	2	4	9	18	36	8	17	34	5	10	21	43	23	47	31
1	0	0	0	0	1	0	0	1	0	0	0	1	0	0	1
0	0	0	0	1	0	0	1	0	0	0	1	0	0	1	1
0	0	0	1	0	0	1	0	0	0	1	0	0	1	1	1
0	0	1	0	0	1	0	0	0	1	0	0	1	1	1	1
0	1	0	0	1	0	0	0	1	0	0	1	1	1	1	0
1	0	0	1	0	0	0	1	0	0	1	1	1	1	0	0
30	61	59	54	45	27	55	46	29	58	53	42	20	40	16	32
0	1	1	1	1	0	1	1	0	1	1	1	0	1	0	1
1	1	1	0	0	1	1	0	1	1	0	1	0	0	1	0
1	1	0	0	1	1	0	1	1	0	1	0	0	1	0	0
1	0	1	1	1	0	1	1	0	1	0	0	1	0	0	0
1	0	1	1	0	1	1	0	1	0	0	1	0	0	0	0
0	1	1	0	1	1	0	1	0	0	1	0	0	0	0	0
拓	扑	不	同	于		32		的		那	种		a	d	b	c
0	1	3	7	14	28	57	51	38	13	26	52	41	19	39	15
扭	接	d													
30	61	59	54	45	27	55	46	29	58	53	42	20	40	16	32
扭	接	b													
63	62	60	56	49	35	6	12	25	50	37	11	22	44	24	48
扭	接	c													
33	2	4	9	18	36	8	17	34	5	10	21	43	23	47	31

继续看另一个合表 表 F2：这和本书正文第六章的表31a的第5、6、7、8和9行一样 也和表23(表22的下半部)几乎类似，不过在附录II里称为表F2

表 F2，这是 64 第一出发序列 B 的表，给生成表 F3 做参考

0	1	3	6			5			55	47	
0	0	0	0	0	1	1	0			1	
0	0	0	0	1	1			1			
0	0	0	1	1			1		1		

0	0	0	1	1			1			
0	0	1	1	0			1			
0	1	1	0				1			1
		57	51	39			52		16	33
	1				0				0	1
1				0				0	1	0
					0			1	0	0
			0					0	0	0
							0	0	0	
						0	0	0	0	1

2	4	19				20			30	
0	0	0			1	0			0	
0	0			1	0			0	1	
0	0		1	0			0	1		
0	1		1			0	1			
1	0		1			0	1			
0		1	0		0	1				

61	59	54	44	25	50		21	43		48	32
1		1	0	1	1						1
	1	0	1	1	0					1	
	1	0	1	1	0				1		
1	0	1	0					1			
0	1	1	0				1				0
1	1	0				1				0	

  显然，读者重查就会发现表 F2 是另一个排法，但是表 F3 才是是符合正规的 莫比乌斯带，从 a-b 接 c-d,不是 a-b 接 a-b 的顺接：即从本组接到其镜像组，相当于扭（抽象的扭到镜像那边去继续，也就是莫比乌斯带）。 最后有个几何图（图 II-8）是画 F3 的，也附上。

表 F3, 64 的排序表 C（正规四分扭接），代表两行的 ab(即 A，B)。就是 a=0 到 31, b=63 到 32，这是和前面 a-b 的叙述记号不同的，如果一定要区别，可以用 A=（0 到 31）来区别。

0	1	3	6				5			55	47
0	0	0	0	0	0	1	1	0			1
0	0	0	0	0	1	1			1		
0	0	0	0	1	1		1	1			
0	0	0	1	1			1				
0	0	1	1	0							
0	1	1	0				1		1		

		57	51	39			52				16	32
	1				0						0	1
1				0						0	1	0
			0							1	0	0
										0	0	0
									0	0	0	0
								0	0	0	0	0
	cd											
33	2	4		19			20					
1	0	0	0	0			1	0				
0	0	0				1	0					0
0	0	0			1	0					0	1
0	0	1			1	0					0	1
0	1	0		1	0					0	1	
1	0		1	0					0	1		
30	61	59	54	44	25	50		21	43			48
0	1		1	0	1	1						
1		1	0	1	1	0						1
		1	0	1	1	0					1	
	1	0	1	1	0					1		
1	0	1	1	0					1			
0	1	1	0					1				
下	面	是	32	个				标	准		a	接
0	1	3	6			5					55	47
		57	51	39			52				16	32
	c											
33	2	4		19			20					
接	d											
30	61	59	54	44	25	50		21	43			48

还可做成图 II 8 表 F3 的故意画整圈图，实际是两个半分的。

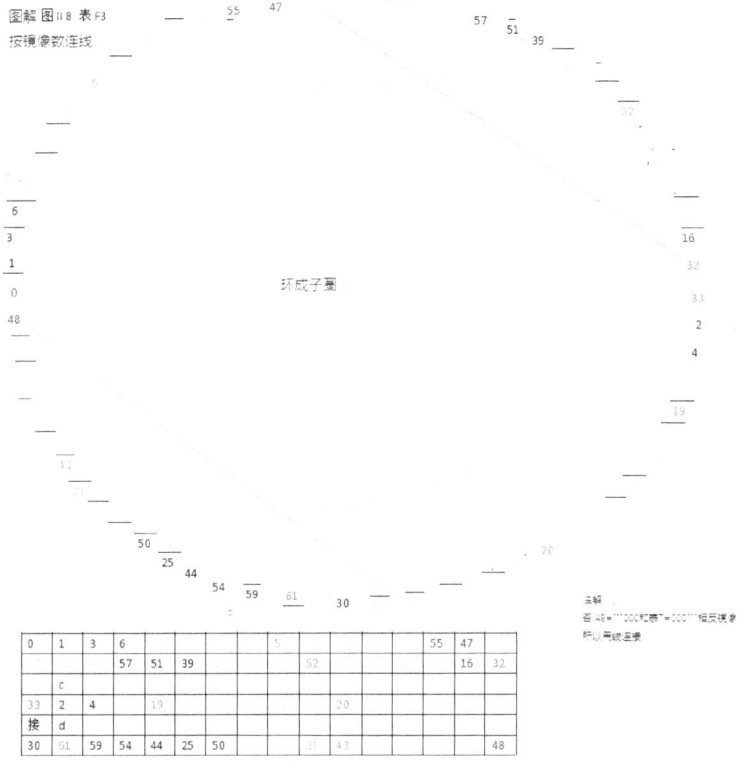

图解 图II 8 表 F3
按镜像数连线

图II 8 表 F3

接着自然是为了照顾密码技术的开发，我们就有减少"排列可能性数量"的拓扑型预选法：表 F4。如果匀分 64/8=8 为最小子圈的阶，那么 8 个数是无法扭排的，可略显示如下，读者也可自己排排看。

表 F4, 演示 64 元素组的，放弃莫比乌斯带型的扭排法，理由见本表：

	扭							33	3	6	12	25	51	39	15
	Ab				非	Ab	ab	1	0	0	0	0	1	1	0
0	1	2	5	11	23	47	31	0	0	0	0	1	1	0	0
0	0	0	0	0	0	1	0	0	0	0	1	1	0	0	0
0	0	0	0	0	1	0	1	0	0	1	1	0	0	0	1
0	0	0	0	1	0	1	1	0	1	1	0	0	0	1	1
0	0	0	1	0	1	1	1	1	1	0	0	0	1	1	1
0	0	1	0	1	1	1	1	b							
0	1	0	1	1	1	1	1	30	60	57	51	38	12	24	48
	b							0	1	1	1	0	0	0	1
63	62	61	58	52	40	16	32	1	1	1	1	0	0	1	1
1	1	1	1	1	1	1	1	1	1	1	0	1	1	1	0

1	1	1	1	1	0	1	0	1	1	0	0	1	1	0	0
1	1	1	1	0	0	0	1	0	0	1	1	0	0	0	
1	1	1	0	1	0	0	0	0	1	1	0	0	0	0	
1	1	0	1	0	0	0		需	要	放	弃	扭	排	法	
1	0	1	0	0	0	0		51	和	12	自	重	复		
								或	它	处	重	复	16		
		演	示	其	行	不	通								

最后再演示顺排的表 F5，非常明显 0 1 到 16 只能继续接 0，然后 1，，，，16，0 构成子圈，简单说顺排格式是 a-b//a-b。每个 a-b 代表一个小组=8 个数。这也是唯一性的。绝对没有第二种排法。如此我们也顺便引入"甲片"的定义，和一种计算机策略。

表 F5，演示 64 元素组按顺排法分八组：按 ab-ab 排（ab 指八个数），行得通的在此：

0	1	3	6	12	24	48	32								
0	0	0	0	0	0	1	1	33	2	4	9	18	36	8	16
0	0	0	0	0	1	1	0	1	0	0	0	0	1	0	0
0	0	0	0	1	1	0	0	0	0	0	1	0	0	0	1
0	0	0	1	1	0	0	0	0	0	1	0	0	0	1	0
0	0	1	1	0	0	0	0	0	1	0	0	0	1	0	0
0	1	1	0	0	0	0	0	1	0	0	0	1	0	0	0
		顺	成	子	圈			1	0	0	1	0	0	0	0
63	62	60	57	51	39	15	31	30	61	59	54	45	27	55	47
1	1	1	1	1	1	0	0	1	1	1	1	0	1	1	1
1	1	1	1	1	0	0	1	1	1	1	0	1	1	0	1
1	1	1	1	0	0	1	1	1	1	0	1	1	0	1	1
1	1	1	0	0	1	1	1	1	0	1	1	0	1	1	1
1	1	0	0	1	1	1	1	0	1	1	0	1	1	1	1
1	0	0	1	1	1	1	1	1	1	0	1	1	1	1	1
50	37	10	21	43	22	44	25								
1	1	0	0	1	1	1	0	17	35	7	14	29	58	52	40
1	0	0	1	0	1	1	0	1	0	0	0	1	1	1	1
0	0	1	0	1	1	0	0	1	0	0	0	1	1	1	0
0	1	0	1	0	1	0	1	0	0	0	1	1	1	0	1
1	0	1	0	1	0	0	1	0	0	1	1	1	0	1	0
0	1	0	1	1	0	0	0	0	1	1	1	0	1	0	1
	顺	成	子	圈				1	1	1	0	1	0	0	0
13	26	53	42	20	41	19	38	46	28	56	49	34	5	11	23
0	0	1	0	0	1	1	0	0	0	1	1	0	0	1	1
0	1	0	1	0	0	1	1	1	0	0	0	1	0	1	1
1	1	1	0	1	0	0	1	1	1	1	0	0	1	1	1
1	0	0	1	0	1	0	0	1	1	0	0	0	1	1	1
0	1	1	0	1	0	1	1	0	1	1	1	0	0	1	0
1	0	1	0	0	1	1	0	0	0	1	0	1	1	1	1
		明	显	可	见	顺	排	的	八	个	子	圈			
				每	个	子	圈	相	当	于	一	个	甲	片	

| | 整 | 体 | 相 | 当 | 于 | 被 | 标 | 颜 | 色 | 那 | 组 | 甲 | 片 | |

通过前文例子的观察比较，可以看出，如果按浮移规则而自成子圈来刻画，则作表后，32 元素组是没办法八分的，64 组没法进行莫比乌斯带型的扭接，但可以作顺接（就是拓扑上是抽象地同胚于圆柱面）的 8 分。每份是一个子圈。128 组则顺接（圆柱面）和扭接（莫比乌斯带）都可以，而莫比乌斯带的可能性的排列数更小些，故常用之。注意前文有对 128 元素组的四分法，结果是两个拓扑型的排列可能性都太多，不过用八分法，则可能性急剧减少。再看 265 元素组　其 k=256,其 L=8,需要用到 16 分的办法，就是二进制 8 层的表长度 256/16=16，似乎还可以排。下面接着作表 g,128 元素 k=128,L=7,128/8=16 个为预定的子圈，或有 8 个甲片。如下是一些散散的片段记录。

表 g-A，128 元素组　其每个甲片放在十进制同一行，共 8 个甲片优先用扭排法。节省篇幅的简略式绘表：扭 x 到-x 就是+之尾的 95-63 接镜像（-之首）之 127-126 等，但更多数字的二进制表达就省略了

0	1	3	7	14	29	58	117	107	86	45	91	55	111	95	63
0	0	0	0	0	0	0	1	1	1	0	1	0	1	1	0
0	0	0	0	0	0	1	1	1	0	0	1	0	1	0	1
0	0	0	0	0	1	1	1	0	1	0	0	1	1	0	1
0	0	0	0	1	1	1	0	1	0	1	0	1	1	1	1
0	0	0	1	1	1	0	1	0	1	1	1	1	0	1	1
0	0	1	1	1	0	1	0	1	1	1	1	0	1	1	1
0	1	1	1	0	1	0	1	1	1	1	0	1	1	1	1
127	126	124	120	113	98	69	10	20	41	82	36	72	16	32	64
1		1	1	1	1	0	0	1	0	1	0	0	0	0	1
1			1	1	1	1	0	0	1	0	1	0	0	1	0
1			1	1	1	1	1	0	0	1	0	1	0	0	0
1				1	1	0	0	1	0	0	1	0	1	0	0
1					0	0	1	0	1	0	0	1	0	0	0
1						0	0	1	0	1	0	0	0	0	0
1							0	0	1	0	1	0	0	0	0
65	...														
1	0	0													
0	0	0													
0	0	0	下	面	略										
0	0	0													
0	0	1													
0	1	0													
1	0														
0	1	3	7	14	29	58	117	107	86	45	91	55	111	95	63
12	12	12	12	11	98	69	10	20	41	82	36	72	16	32	64

7	6	4	0	3											
65	2	4	9	18	37	74	21	42	84	40	81	35	71	15	31
62	125	123	118	109	90	53	106	85	43	87	46	92	56	112	96
66	5	11	22	44	88	48	97	67	6	13	26	52	104	80	33
61	122	116	105	83	39	79	30	60	121	114	101	75	23	47	94
68	8	17	35	70	12	24	49	99	70	13	26	58	102	81	34
1	0	0	0	1	0	0	0	1	1	0	0	0	1	1	0
0	0	0	1	0	0	0	1	1	0	0	0	1	1	0	1
0	0	1	0	0	0	1	1	0	0	0	1	1	0	1	0
0	1	0	0	0	1	1	0	0	0	1	1	0	1	0	0
1	0	0	0	1	1	0	0	0	1	1	0	1	0	0	0
0	0	0	1	1	0	0	0	1	1	0	1	0	0	0	1
0	0	1	1	0	0	0	1	1	0	1	0	0	0	1	0
省															

先预演，做表 A 和 B 算分解动作顺接例子：

表 A 只是一行（整体的八分之一）

67	7	14	29	58	116	105	82	37	74	21	42	84	40	80	33
1	0	0	0	0	1	1	1	0	1	0	0	1	0	1	0
0	0	0	0	1	1	1	0	1	0	0	1	0	1	0	1
0	0	0	1	1	1	0	1	0	0	1	0	1	0	1	0
0	0	1	1	1	0	1	0	0	1	0	1	0	1	0	0
0	1	1	1	0	1	0	0	1	0	1	0	1	0	0	0
1	1	1	0	1	0	0	1	0	1	0	1	0	0	0	0
1	1	0	1	0	0	1	0	1	0	1	0	0	0	0	1
60	120	113	98	69	11	22	45	90	53	106	85	43	87	47	94

逆接例子：

表 B，

67	6	13	26	52	105	82	36	73	19	38	77	27	55	111	94
1	0	0	0	0	1	1	0	1	0	0	1	0	0	1	1
0	0	0	0	1	1	0	1	0	0	1	0	0	1	1	0
0	0	0	1	1	0	1	0	0	1	0	0	1	1	0	1
0	0	1	1	0	1	0	0	1	0	0	1	1	0	1	1
0	1	1	0	1	0	0	1	0	0	1	1	0	1	1	1

1	1	0	1	0	0	1	0	0	1	1	0	1	1	1	1
1	0	1	0	0	1	0	0	1	1	0	1	1	1	1	0
60	121	114	101	75	22	45	91	54	108	89	50	100	72	16	33

整体试验排的本意是要做一个表。大致只想让6行十进制数成为子圈的：0...63 接 127...64 接回 0（和表 g-C 第一双行一样）；另外 65-95--62-32 回 65，（67-94--60-33）。同时 66-97--61-30 接 60-33--67-94 等变更长；这个可以用画画拓扑图的有向图啊。其他稍略。

顺接作表 g-B： 128 之 16 分每组为 8，顺接 为 16 个子圈:
表 g -B，nblock(128) 16X8

0	1	2	4	8	16	32	64	**7**	14	28	56	112	96	65	3
0	0	0	0	0	0	0	1	**0**	0	0	0	1	1	1	0
0	0	0	0	0	0	1	0	**0**	0	0	1	1	1	0	0
0	0	0	0	0	1	0	0	**0**	0	1	1	1	0	0	0
0	0	0	0	1	0	0	0	**0**	1	1	1	0	0	0	0
0	0	0	1	0	0	0	0	**1**	1	1	0	0	0	0	0
0	0	1	0	0	0	0	0	**1**	1	0	0	0	0	0	1
0	1	0	0	0	0	0	0	**1**	0	0	0	0	0	1	1
127	126	125	123	119	111	95	63	**120**	113	99	71	15	31	62	124
1	1	1	1	1	1	1	0	**1**	1	1	0	0	0	0	1
1	1	1	1	1	1	0	1	**1**	1	0	0	0	0	1	1
1	1	1	1	1	0	1	1	**1**	0	0	0	0	1	1	1
1	1	1	1	0	1	1	1	**0**	0	0	0	1	1	1	1
1	1	1	0	1	1	1	1	**0**	0	0	1	1	1	1	1
1	1	0	1	1	1	1	1	**0**	0	1	1	1	1	1	0
1	0	1	1	1	1	1	1	**0**	1	1	1	1	1	0	0
78	29	59	118	108	89	51	103	**92**	57	115	102	77	27	55	110
1	0	0	1	1	0	1	0	**1**	0	1	0	1	0	0	1
0	0	1	1	0	1	0	1	**1**	0	1	1	0	0	1	1
0	1	1	1	0	1	1	0	**0**	1	1	0	0	1	1	0
1	1	1	0	1	0	0	0	**1**	0	0	0	1	1	0	1
1	1	0	1	0	0	0	1	**0**	0	0	1	1	0	1	1
1	0	1	1	1	1	0	0	**0**	1	0	0	1	1	1	1
0	1	1	0	0	1	1	0	**0**	0	0	1	0	1	1	0
49	98	68	9	19	38	76	24	**35**	70	12	25	50	100	72	17
67	6	13	26	52	104	80	33	**93**	58	117	106	85	43	87	46

1	0	0	0	0	1	1	0	1	0	1	1	1	0	1	0
0	0	0	0	1	1	0	1	0	1	1	1	0	1	0	1
0	0	0	1	1	0	1	0	1	1	1	0	1	0	1	0
0	0	1	1	0	1	0	0	1	1	0	1	0	1	0	1
0	1	1	0	1	0	0	0	1	0	1	0	1	0	1	1
1	1	0	1	0	0	0	0	0	1	0	1	0	1	1	1
1	0	1	0	0	0	1	1	0	1	0	1	1	1	1	0
60	121	114	101	75	23	47	94	**34**	69	10	21	42	84	40	81
66	5	11	22	44	88	48	97	**86**	45	91	54	109	90	53	107
1	0	0	0	0	1	0	1	1	0	1	0	1	0	1	1
0	0	0	0	1	0	1	1	0	1	0	1	1	0	1	1
0	0	0	1	0	1	1	0	1	0	1	1	0	1	1	0
0	0	1	1	1	0	0	0	1	1	0	1	1	0	1	0
0	1	0	1	1	0	0	1	1	0	1	1	1	0	1	0
1	0	1	1	0	0	0	1	0	1	1	1	0	1	0	1
0	1	1	0	0	0	1	0	1	1	1	0	1	0	1	1
61	122	116	105	83	39	79	30	41	82	36	73	18	37	74	20

最后，我们再从**方便**密码技术中直接调用某个已经开发好的函数的角度出发。来谈谈裹配度和甲片模式。

自然数有数论研究，而数团的分解等很少有前人研究。这是个很大的空白。虽然不是绝对的空白。但是明确象"数组块学"这样把数团的分解和减少排列组合数目当两大任务的研究领域开始没有（不是说没有个例，而是说高水平，有定理群出现，呈大片出现的现象在数学或关联学术界还是没有的）。我们直接简化说明一点点策略。

裹配度（或罕译为裹适度）：根据严复的语句"物竞天择，适者生存"而适者生存的英语是：survival of the fittest。可以用 coating fittness 来暂译裹配度，因为裹（coating）是借鉴很多油炸后的糯米小块在麦芽糖或其他糖浆里去裹糖衣而来的说法：

假设糖有时挂了过多，而有时还没全将糯米小块覆盖，引申为 L 层的一套数字（就是这些数二进制是 L 位的，在表中显 L 层或行）和 k 阶 nblock(k) 之总数的搭配问题。

现在另引用一句计算数学界的感性语言"计算数学中有意思的问题中有三分之一和算法的复杂度有关"，一个算法的质量优劣将影响到算法乃至程序的效率，而如果能发现一个非指数爆炸特性的东西，则也许可发 Science Citation Index 高的（缩写：）SCI 论文。我们回查一下前文例子。可以发现四分时，5 层（32=k）或 6 层时，用四分也许就配对了。而 k 基本是指数爆炸型的，在四分 128（L=7 层）时排法很多，256 以后随数组成员的大增就很难追上 2 的 L 次方。另外一个可控的容易算的不太产生很多组合结果的配对应当是 L 和 k 呈线性关系了（计算复杂度指数型则一般是要规避的）。这样我们取的计算设计就被描述成如下一个类似的场景。

如果分法为四分，然后改 8 分然后改为 d 分法，这时 k=2 的 L 次方，那么就有下面情形出现：拿一枝毛笔涂上颜料，在穿山甲的身上画一下。这个被画的地方就是一些"被标记"的甲片。这就是甲片模式一词的由来。其内容正好对应随着 L 和 k 的增加，被标记的甲片就从 k= 32 和 64 去作四分法。而 256=k 时至少用八分法或更高的（或者四分法没有被选出画到，因它导致过多排列数）。因为 32/4=8 这个甲片大小就是 8 个数,64/4=16 还有点希望找到比较确切的排列，而 128/4 很难唯一。因此 128 和 256 采用 8 分法。再往后采用 16 分法。如此我们就形象地知道了算法设计里的中间设法是什么意思了。而对 16/4=4 就可能数太少了，对应糯米小块挂糖太多，258/8=32，因为 L=8 层和 32 个数子序列相配还是很多"留白"，这 258 的例子对应就是小块挂糖不够。如此读者也容易形象地明白 Coating Fitness(裹配度) 的意义。

通过将计算设计导入裹配度和甲片模式的计算机自动评估配合模块，我们可以选择比较理想的任何 k 阶的数组块所需计算条件。达到收窄范围的目的（当然为了加密目的故意选裹配度低的稀有组合也是可以的，这也是加密技术里出奇制胜的惯例。但是对破解方来说则因为天量的"指数爆炸"，还没开始算，对方就因资源和机时问题而自动缴械了。

下面就从 32、64 和 128 元素数组块的八分法开始排。当然是依照"裹配度和甲片模式"的名义才如此。按非稀罕加密办法，这也算合理选取。前面本文已有例子，上面算研讨裹配度和甲片模式了。下面则是说另一个子圈连接方式有关的**拓扑图**，但不太举例以节省篇幅。我们知道集成电路布线需要调整，调整后就要求等效。因此电路分析中用 网络拓扑学就是拓扑学的实用例子。我们可以做如下计划（但实际大部分内容都节省并删除了）：可先将 32 和 64 的问题讲完，然后分两种方式比较如何处理 128 元素数组块等，第一种方式是试验计算方式，也就是离散数学的。另一种当然也不离开离散数学。但是要讲到子圈连接的拓扑图结构（算连续吧），有无向图，也可以有有向图。我们知道 32 被 8 除为 4，而层数为 5，所以不够顺向连接成子圈，就是逆扭也恰好 4 是不行的，总结果就是对 8 分法（就是 8 个甲片，每甲片成子圈）是不成立的。另外，64 元素对顺向排法，的确可以分八个子圈（甲片）且排法唯一，其表和拓扑图前面有，现在都略而不说。然而如果逆排，则 64 元素是不行的。展示也在前文做过了。下面是一些类似的出于强调也重复的议论。通过前文例子的观察比较，还可以看出，如果按浮移规则而自成子圈来刻画，则作表后，32 元素组是没办法八分的，64 组没法进行莫比乌斯带型的扭接，但可以作顺接（就是拓扑上是抽象地同胚于圆柱面）的 8 分。每份是 一个子圈。128 组则顺接（圆柱面）和扭接（莫比乌斯带）都可以，而莫比乌斯带的排列可能性更少些。注意前文有对 128 元素组的四分法，结果是两个拓扑型的排列可能性都太多，不过用八分法，则可能性急剧减少。再看 265 元素组 其 k=256,其 L=8,需要用到 16 分的办法，就是二进制 8 层的表长度 256/16=16，似乎还可以排。再下来，
258 之 32X8 不成立 但是 516 的 16X32 是成立的。

当然，作为本书的附录的内容，是需要收集些零碎知识加在后面的，因为拓扑学和 Numblocology 的交叉之广博，下面几例不到当有的万分之一。

如表 h1 宽松限制型的还有 128 元素的两个例子，因为是 7 层而其子圈 16，有太多变动。128 的圈既可以是全顺排的，也可以是全扭排的。而且这不是因为子分解产生的，作

为一个整体的圈，本身就有顺排和逆扭或叫圆柱面式和莫比乌斯带式。128 元素的数组块的第一出发序列，这算**不扭**的：

表 h1（或表 D74）

65	2	5	10	21	42	84	41	82	37	75	22	44	88	49	98
69	11	23	46	93	59	118	109	91	54	108	89	51	103	79	31
62	125	122	117	106	85	43	86	45	90	52	105	83	39	78	29
58	116	104	81	34	68	9	18	36	73	19	38	76	24	48	96
64	0	1	3	7	14	28	57	115	102	77	27	55	110	92	56
112	97	66	4	8	16	33	67	6	13	26	53	107	87	47	95
63	127	126	124	120	113	99	70	12	25	50	100	72	17	35	71
15	30	61	123	38	111	94	60	121	114	101	74	20	40	80	32

第 一 出 发 序 列 B

来自本书正文的表 62，此表说明这个排法是能够成为一个整圈，一次性包含了 128 个数字：

也就是因为 65 到 31 后 31 可接续（62 或 63），选 62 则继续下一小段。62 到 96 后这个 96 也可跨到 64，因为 96 可接续 65 和 64。如此 65 到 96 的半圈结束，却不会被封闭。

然后 64-95---63-32 这都是一样的道理，且 32 能返回 65，如此就是首尾相连的 128 元素的整圈。

相反，如下的具有莫比乌斯带模式的，如果直接平凡排是不行的。当然如果采用了拓扑学的手段则也能排成一个整圈，这时整个排列就在抽象空间里**扭**了一下的。

表 h2，下面是对照**扭的**（拓扑上是莫比乌斯带）128 元素的数组块的第一出发序列 128 元素的数组块的第一出发序列 C 64-0 32 和另一半的表

第 一 出 发 序 列 c 64 32

64	0	1	3	7	15	30	60	121	115	103	78	28	56	113	98
1	0	0	0	0	0	0	0	1	1	1	0	0	0	1	1
0	0	0	0	0	0	0	1	1	1	0	0	0	1	1	1
0	0	0	0	0	0	1	1	1	0	0	1	1	1	1	0
0	0	0	0	0	1	1	1	0	0	1	1	1	1	0	0

0	0	0	0	1	1	1	1	0	0	1	1	1	0	0	0
0	0	0	1	1	1	1	0	0	1	1	1	0	0	0	1
0	0	1	1	1	1	0	0	1	1	1	0	0	0	1	0
63	127	126	124	120	112	97	67	6	12	24	49	99	71	11	29
69	11	22	45	94	54	104	89	51	102	77	26	52	104	80	32
1	0	0	0	1	0	1	1	0	1	1	0	0	1	1	0
0	0	0	1	0	1	1	0	1	1	0	0	1	1	0	1
0	0	1	0	1	1	0	1	1	0	0	1	1	0	1	0
0	1	0	1	1	0	1	1	0	0	1	1	0	1	0	0
1	0	1	1	0	1	1	0	0	1	1	0	1	0	0	0
0	1	1	0	1	1	0	0	1	1	0	1	0	0	0	0
1	1	0	1	1	0	0	1	1	0	1	0	0	0	0	0
58	116	105	82	36	73	19	38	76	25	50	101	75	23	47	95
59		42	65	2			96								
65	2	1	8	16	33	66	5	10	20	40	81	35	70	13	27
1	0	0	0	0	0	1	0	0	0	0	1	0	1	0	0
0	0	0	0	0	1	0	0	0	0	1	0	1	0	0	0
0	0	0	0	1	0	0	0	0	1	0	1	0	0	0	1
0	0	0	1	0	0	0	0	1	0	1	0	0	0	1	1
0	0	1	0	0	0	0	1	0	1	0	0	0	1	1	0
0	1	0	0	0	0	1	0	1	0	0	0	1	1	0	1
1	0	0	0	0	1	0	1	0	0	0	1	1	0	1	1
62	125	123	119	111	94	61	122	117	107	87	46	92	57	114	100

55	110	93	59	118	109	90	53	106	85	43	86	44	88	48	96
0	1	1	0	1	1	1	0	1	1	0	1	0	1	0	1
1	1	0	1	1	1	0	1	1	0	1	0	1	0	1	1
1	0	1	1	1	0	1	1	0	1	0	1	0	1	1	0
0	1	1	1	0	1	1	0	1	0	1	0	1	1	0	0
1	1	1	0	1	1	0	1	0	1	0	1	1	0	0	0

1	1	0	1	1	0	1	0	1	0	1	1	0	0	0	0
1	0	1	1	0	1	0	1	0	1	1	0	0	0	0	0
72	17	34	68	9	18	37	74	21	42	84	41	83	39	79	31

现在继续继续讨论，可推出一个表 h3 略去解说以节省篇幅：
表 h3，128 个数的莫比乌斯扭接排法。总结出来 平凡地排就会分别封闭在如下分隔的两块（每块 64 独自成子圈）中：

62	125	123	119	111	94	61	122	117	107	87	46	92	57	114	100
72	17	34	68	9	18	37	74	21	42	81	41	83	39	79	31
63	127	126	124	120	112	97	67	6	12	24	49	99	71	14	29
58	116	105	82	36	73	19	38	76	25	50	101	75	23	47	95
				封					(		分	隔	)		
65	2	4	8	16	33	66	5	10	20	40	81	35	70	13	27
55	110	93	59	118	109	90	53	106	85	43	86	44	88	48	96
64	0	1	3	7	15	30	60	121	115	103	78	28	56	113	98
69	11	22	45	91	54	104	89	51	102	77	26	52	104	80	32

看 32=0100000 可接 65=1000001，这就是按 shift rule 做成规范的子圈，所以以上是两个子圈。另外注意 63 和 127 的 镜像就是 64 和 0,这些杂碎读者也可以慢慢研究这个新排法。另比如做个 64 元素对照，图 II10 里的序和表 F1 对照就是内容不同。图 II 10:

64 元素 犹太实的是一个椭迷… a b|a=0,...,47, b=63,...16

	0	1	3	7	14	29	58	52	40	17	35	6	13	27	55	47
	0	0	0	0	1	1	1	1	1	0	1	0	0	0	1	1
	0	0	0	1	1	1	1	0	0	0	0	0	1	1	1	0
	0	0	1	1	1	1	0	0	0	1	1	1	1	1	0	1
	0	1	1	1	0	1	0	0	1	1	0	1	1	0	1	1
	0	1	1	0	0	1	0	1	0	1	1	0	1	1	1	1
	63	62	60	56	49	34	5	11	23	46	28	57	50	36	8	16
	1	1	1	1	1	1	0	0	0	1	0	1	1	1	0	0
	1	1	1	1	1	0	0	0	1	0	1	1	1	0	0	1
	1	1	1	1	0	0	1	0	1	1	1	1	0	1	0	0
	1	1	1	0	0	0	1	1	1	1	0	0	1	0	0	0
	1	0	0	0	1	0	1	1	1	0	0	1	0	0	0	0
	Cd															
	33	2	4	9	18	37	10	21	43	22	44	25	51	39	15	31
	1	0	0	0	1	1	0	1	1	1	1	1	1	1	0	1
	0	0	0	0	0	0	0	1	0	1	0	1	1	0	0	1
	0	0	1	0	0	1	1	1	0	1	1	1	0	1	1	1
	0	1	0	0	0	0	1	0	1	1	0	0	1	1	1	1
	1	0	0	1	0	1	0	1	1	0	0	1	1	1	1	1
	30	61	59	54	45	26	53	42	20	41	19	38	12	24	48	32
	0	1	1	1	1	0	1	1	0	1	0	1	0	0	1	1
	1	1	1	1	0	1	1	0	1	0	0	0	0	1	1	0
	1	1	1	0	1	0	0	0	1	0	0	1	1	1	0	0
	1	1	0	1	1	0	0	1	0	0	1	1	0	0	0	0
	0	1	1	0	1	0	1	0	1	1	1	0	0	0	0	0
a																
张	0	1	3	7	14	29	58	52	40	17	35	6	13	27	55	47
张	d															
	30	61	59	54	45	26	53	42	20	41	19	38	12	24	48	32
张													b			
	63	62	60	56	49	34	5	11	23	46	28	57	50	36	8	16
张	c															
	33	2	4	9	18	37	10	21	43	22	44	25	51	39	15	31

256 之 32X8 不成立 但是 516 的 16X32 是成立的 因为 516 数组块的层是 9=L 九层,其莫比乌斯带扭转型就可排（略），而 256 元素的还可以给读者留个未排定的表,算赠送个练习,这会比看完书没挑战性好,表 l- try:256 之十六分排法接近整圈（16X16）

0	1	3	7	14	28	57	114	228	201	147	39	79	159	63	127
255	254	252	248	241	227	198	141	27	54	108	216	176	96	192	128
129	2	4	9	19	38	76	153	51	102	205	155	55	11	22	191
126	253	251	246	236	217	179	102	204	153	50	100	200	144	32	64
130	5	10	21	42	85	171	87	174	93	186	116	232	208	160	65
125	250	245	234	213	170	84	168	81	162	69	139	23	47	95	190

131	6	13	26	53	106	212	169	83	167	78	156	56	112	224	193
124	249	242	229	202	149	43	86	172	88	177	99	199	143	31	62
132	8	17	35	70	140	24	49	98	197	138	20	40	80	161	66
123	247	238	220	185	115	231	206	157	58	117	235	215	175	94	189
133	11	22	45	90	180	105	211	167	79	158	60	120	240	225	194
122	244	233	210	165	75	150	44	88	176	97	195	135	15	30	61
137	18	37	74	148	41	82	165	75	151	46	92	184	113	226	196
118	237	230	181	107	214	173	90	180	104	209	163	71	142	29	59
		150	44	88				12	25		16	34	52		194
	145	34	68	137	18	37	194								
0	1	0	0	1	0	0	0	1	0	0	1	0	1	1	1
1	0	0	1	0	0	0	1	0	0	1	0	1	1	1	1

　　显然 Numblocology 这个新学科和拓扑学的联系是广泛和深到哲学层次的，且对密码的一种计算机策略有关键作用。最后本篇的结束我要告诉您，得过最高数学奖的理论物理学家威腾在千禧年演讲中提到的量子场论和如下三个很有关系：

*Donaldson theory of four-manifold,

*Jones polynomial of knots and related three-manifold invariants,

*mirror symmetry,

而非常奇怪的是它们和数组块学（Numblocology）就是走得出奇地近。

10	60	**32**	27	17	21	56	0	55	35	43	49	1	47	6	23
34	3	30	12	46	5	7	61	24	28	11	14	59	48	57	22
29	54	33	51	44	58	45	2	39	25	52	26	4	15	50	41
53	9	31	36	19	42	18	63	8	38	20	37	62	16	13	40

附录 B 2016 年要项后记

附录作者：吴国强

我在本书上的经历带有愉快的体验。本人曾在 2012 年下半年用英文写过"Important prototype from binary study for new mathematics"一文,那时已经找到了这个小学科的基本特征和主要结构。不过那时还没有创一个新词,把这门学科叫作数组块学（Numblocology）。英文词 Numblocology 是我在 2015 年新创的。那英语文章摘一段如下：
When comes to 4 -numbers case(may put in 3rd row of NM), or if there are 4 decimal numbers,namely 1,2,3,4,or(0,1,2,3) the digits in the cycle should be read by 0-gap(defining as extracting every numbers in the starting number cycle) way. As the 1 or 0(forming 1001) in cycle being read out one by one, extracted numbers will be separated in 4 groups. Those are:1-0 01then 0-011 ,0- 110,1-100.But if the 4 digits are in monotone-order like 1010, which leads to lost some information
from number belts, this improper pattern can only be 0-gap extracted to issue 1-010,0-101,1-010,0- 101. In fact only two pattern -types exist ,so they cannot express 1,2,3,4,and only limited in 1 or 2 （even given 4 members length belt）. Therefore, a pattern of number belts for starting should be proper or a kind of holo-scopy coding, which is defined as: let a **input** following a standard testing procedure, a **output** (its result set) can provide full original information transformations or the resulted number 'sequence' being able to enumerate all elements in starting set(though the order among elements may be different).

当时的 testing procedure 已换成本书里的检测或测验（test）,coding 也统一到术语 01 自扩码之下了。本书在 2016 年 2 月初开笔,到大约两个月零几天后,也就是 2016 年 4 月初就正式结束了。象是一个相当快速的创作过程。个人感觉这是不容易复现的,所以,作为一个创新学或创造学课程的案例颇有分量,如此在 2016 年 9 月完成的全书定稿中就特意没有进行大改。这种特意保留原貌的小改是有意而为之的(让后来者猜出发明过程是怎样的)。

因为列举名单总有顾忌,所以我暂时以国别和背景描述代替,在 2016 年 4 月到 8 月之间,本书的 4 月全稿已特意分送数十人阅览。除了中国大陆的几个教授外,也有台湾的人士。而美国的二十多位的华裔几乎全部是理科博士背景,有些本科就是在北京清华大学念的,不尽列举还有加拿大、澳大利亚-大洋洲、拉丁美洲和法国等地的人士。有表示能为文王八卦找一个有统摄性的现代解释而高兴的。但主要还是问为何关于密码技术的那一章为何篇幅少且欲言又止的？甚至澳大利亚的一位千万富翁当面问我为何不和有关方面沟通（If useful and unique）？如此这个后记也就任务有兼了。

和理论密码学和信息学之父香农（Claude Elwood Shannon）关于存在不可解开的密码是一次一码（一钥）,钥和原文同长的理论相似。和熵理论有关的加密解密评估理论的看法是，不和熵理论违背的最实用的办法就是在传送中引入了"负熵"，一般的加密（包括曾经在100多年前需要矢量破解法的抹掉频率分析最初的凭据的方法）都是在转换（一种变为另一种，但是没有引进新的信息），所以，某些恒定的东西就难于隐藏类似"不动点"或不变量之类的东西。而下面一个连小孩也想得通的办法，却轻松作到无法破解。假设原文是一串数字，而密钥是收方和发送方都约定好的，也是一串数字，把前一串的每个数和后一串（就是密钥）逐个相加，将那些加得的和用在发送上。一次一码，因此需要特别多的密钥。这在理论上实际就是引进了新信息，而这个新信息是第三方不知道的，这个"负熵"流维持了系统的活力。也就提供了第三方不能破解的能量。而其他任何缺乏负熵输入的系统，终归有缺点。也就可能被破解了。因此按这个评估理论的说法，依照一种"自然喇叭口"方式造得很多密钥且按级别可以被有效传输的就是人类应该去找的加密技术。这种理论差不多是顶级的了，实际人类愿意想去做的大约有三种，第一种是定制型随机密钥，关键不是随机，而是定制，如何定制而别人搞不清就是聪明人的事情了。因为关键是搞不清，所以没有一个使用和创研者愿意把内容告诉第三方。第二种是量子通信随机可传密钥，这个术语当然是本书才这么叫。但是技术书和大众媒体里早有对等的词，反正就是和近乎单光量子的量子纠缠有关的普罗大众都知道是热门的东西。其实不在乎您如何叫它。真实关键是可传且要"握两三次手"才传定的密钥。理论上密钥可以很长且无法被第三方窃听。第三种就是本书理论的潜在用武之地。而本书里的"数集体"照定制序去分解拆有关。它的高效实现既依赖于本书附录里的拓扑学和Numblocology结合的线索，也依赖于利用"自然喇叭口"方式。它的名称叫"N倍传钥技术"。通俗一些讲，它的脑筋是花在这个事情上面：发送密钥如果全体发，则发送量太大，且这本身就可以被截获。现在只发50个字节，然后就相当于十万个字符（实际情况是根据对齐情况可以是随着原文长再追加发送，让长篇得以持续，也缺省设有截弃，让短者也用完自止）。这算一个直观描述。

"自然喇叭口"现象，可以通过两个例子来被读者理解。如果电脑登陆或银行密码输入，则设六个数很容易，而要猜到这六个数（比如去枚举性强破）则要用适当的计算机花上机时才可，人工做如果是七位数密码基本花一年时间也没有成功的指望。一个用两个很偏的素数相乘的大合数可以在网络上公开传。但是拿着这个合数去试找因子，则大计算机算疯了也未必成功。找不到因子也就没法解密。这就是说象一个喇叭一样，一端可以很小，而另外一端，则可以出奇地大。现在，如果把50个字节叫小，而把十万字叫大，则N倍传钥技术就是某种意义的"自然喇叭口"。问题不在大小这里，问题是第三方几乎没法弄准使用方是如何利用Numblocology提供的办法来给一个"数集体"按哪个规则分解得到哪个排序的。虽然知道这个排序是用数组块学的思想弄出来的。还有个特例是在所谓的"天地单站"系统中运行这种N倍传钥技术，就是卫星接到指令后发送相应的公开文（公开文是已加密的），后被该站和窃听方收到。该站因为运行数组块学加密技术得到密钥，就很快解码了。因为本身就是单站，所以它内部如何算基本和外界隔绝，窃听者几乎无计可施。而要卫星在被对方俘虏且自毁失效以后才有麻烦（俘虏卫星难度很大）。而麻烦也可很快消除，因为算法已经改了，且造星时是故意一星一制的，没有一样的密码装置放在不同的星上。因为Numblocology的实现化之特殊性，所以地面站的操作人员是本身不知道站内装置是产生什么序什么钥的，且直接用钥也不是理论序本身，而是通过矢量变换或其他重排手段处理过的。

我们再次转回本题，因为正文十二章基本保留，而新进展就被收纳在附录里。我们相应地也发现Numblocology这门学科的生命力。它和拓扑学有结合，还和p进数（p adic)有交叉。实际上历史上从来没有在科学意义上研究过从一团数的集合开始要如何拆分的问题。如果言必希腊,则古希腊本身就缺少这个型。倒是我们中国有这种新数学的原型:即六十四卦的排序问题。这些征兆再次说明本书和本学科的价值。

就象本书第一章提到牛顿写他的名著并奠定物理学基础(没有这套基础,机械电气和计算机都是零,都是蒙昧!)的情形一样,不是国家设有项目要他写,甚至不是他本人一开始就要写,而是有人看出了这答案的价值。同样现代物理学家费曼也是先把路径积分当一套玩具,直到某天,他听了一个人做原子物理的计算报告,晚上就也用路径积分的办法算了一下。次日告诉报告人,轻描描地说我昨晚也算了,您的结论很对。那人大吃一惊:你只花一个晚上就算好了?我的算法画了半年。费曼就突然明白了路径积分的价值,后来才有量子场论之明珠的出世。再远一点《天体运行论》和《进化论》对出版决策者来说不能说没有压力。但是帮助哥白尼和达尔文的出版人却得到了人类历史上的光荣回报。

趁此机会我诚恳地对 XXX 出版社和 XXX 编辑以及出书过程中给予热情帮助和参与工作的人员表示感谢。也对 X 的鼎力帮助给予衷心感谢!最后也致谢我的家人。

术语或新词汇索引

数组块（数组块表）（block of a group of numbers, table of Nblock）　　13 页
数组块学(Numblocology)　　13 页
补数（互补数）（complement）　　14 页
比特（Bit）　　14 页
反比特（antibit）　　14 页
镜像数（Antibit Number）　　14 页
01 自扩张码（01 self expend code）　　15 页 16 页
01 核心串（01CS）（01core string）　　17 页 109 页
数圈（cycle of numbers, number built loop）　　16 页
阶（order）　　14 页
跨（striding）　　16 页 18 页 118 页
检测（test），检测（检验）程序（The Test）　　18 页
全枚举（enumerating all）　　18 页
浮移规则（Shift rule）　　19 页
隔（隔开，隔…而读）（gap）　　18 页
圈性代数　　15 页 165 页
第一检测（第一测验程序）（the first test）　　22 页
Particle(a group of line - connected numbers that is separated by lines pattern)
翻译（带换算的含义，本书特有）　　23 页
旋量（vortex value, rot value）　　30 页
粒度(the particle size/order of a particle)　　31 页 129 页
多色线（multicolor lines）　　31 页
第一出发序列(the 1st starting sequence)　　31 页
上半旋（指含 0 和最大数 m-1 的那个 1/2 全体数组成的圈）36 页
下半旋（往往含 2）　　36 页
群（group）　　44 页
对称性（symmetry）　　44 页
共轭（conjugate）　　47 页
吴氏第一分类法(wu's first method of dividing members into classes in a group)49 页
子圈（sub-cycle of Nblock）　　19 页 20 页 46 页 141 页 147 页 204 页
串（string）　　109 页
物理串　　119 页
正读 forward reading　　108 页
逆读 reverse reading　　108 页
近粒　nearby particle　　117，120 页
数组块表内的 k 层解链 cascade solved out chain with k level in nblock table　121

页	
沿链前邻数（pre number in the chain）	121 页
测试过程（test procedure）	123 页
二分截投影集（subset of projection using half of a section）	123 页
自呈子集(subset of self present)	137 页
当选序（picked sequence）	139 页 147 页
凑序（对手序）cooperating sequence	139 页
数字通天塔猜想（NBTC）	149 页
频率分析（frequency Analysis）	147 页 149 页 152 页 162 页
四分截投影集(subset of projection using quarter of a section)	117 页 124 页 151 页
八分截投影集	153 页
Numblocological Encryption Technique	149 页 167 页
上自印集（set of up self print）	168 页
下自印集（set of down self print）	168 页
叠合	169 页 182 页
几何型的同态（homomorphism of geometry type）	174 页
同态浪	174 页
莫比乌斯带扭曲（twist of Mobius strip）	148 页 152 页 198 页
子分解	152 页 275 页 287 页
不对称	204 页
对称性破缺（symmetry breaking）物理学中的对称性破缺概念体现了不对称性。它是在基本粒子理论中引进的	213 等页
格跨剩余型	231 页
比特币（bitcoin）	238 页
数团	241 页
子圈代数	241 页
序结构	267 页
adic 邻数串	277 页
Jones 序	276 页 278 页
片甲模式	287 页

后记

Afterwords

后记作者　　（吴国珍）

　　《老子》看似无为清淡，但如朱熹所讲，隐含着无不为的大功利的意味。从现代数学优化观点看，局部得到的最大（极值），在全局未必是最大的，特别是曲线复杂时（已删除发散点等异常处）更常如此。"是以圣人常善救人，故无弃人；常善救物，故无弃物。是谓袭明。故善人者，不善人之师；不善人者，善人之资。不贵其师，不爱其资，虽智大迷，是谓要妙。"《老子·二十七》。这是在说，不善也不可弃，何况其它。孔子讲："三人行，必有我师焉。择其善者而从之，其不善者而改之。"《论语·述而》。三人往来中，只见其不善，也可作为"善人之资"。这也是贵德的意思。

　　从思想发展上讲，名脱离个人的"我"，名抽象到极致就会通向逻辑，数学，和纯粹符号的系统。这显然是中国文化中所缺乏的。这些知识需要引入，渗透，以至于消化，而不是排斥。中国人的"实的极致"则是朴，回到个人的"我"和艺术的人生。这是西方人缺乏的。但这些都是传统意义上的中西分别，现代的中国人或西方人，就个体而言，很难从这种区分中得到绝对有效的参考。并不是任何事情都是有条理的，比如感情，比如人性。这个庄子的观点特别有意义。而《庄子》则是自由人的人性之学，超越功利，是非善非恶的前价值观，非贫非富的前价值的人性。现代西方社会要处理的人性问题，实际上根源于《庄子》所讲的人性。

如果还想从数或几何量的整齐中得到某些非条理的内容，那就不如加多（群体数量）。然而太多，则远不是人力能处理的，慢慢变成迷宫。要从世界的有趣和世界的复杂原型里捞出一些数学的或通则的东西。还是需要取美、取规则、取对称。这就是数的基数可以越来越大，对称的要求越来越多。在寥寥数笔之后，万千亿数次序井然。以至于。简单说几句"描述"，就能得到庞然大数群体。加施工程化办法，就得到本书的学科：数组块学（Numblocology）很多应用方法。因为其方法起点的简单，其内容的可说性，其实际可应用，所以拟用作家和数学论文作者对话的办法加以介绍是非常恰当的。这样读者就变得非常广泛了。

本后记是为出版《系统数组块学》而作，因其和我平素的文学笔调较为不同，故借用对话形式以还归科普的平实。下文"吴"指 Numblocology 学科的创立者、学者吴国强先生；"后记作者"指吴国珍。

吴：您不妨给读者一个简单的说法，说说为何您帮写后记以帮助出版这本书的理由。

后记作者：因为亲历这本书的出现过程，就是前期主要过程。

吴：上次您判断没有人敢冒这本书的版权，现在，在后记里您想问什么呢？

后记作者：我想泄密。我作为数学和密码学的外行，和较多的读者们其实是站在一起的。首先，我非常支持您的想法，就是不能把**系统数组块学**写成正统的教科书。那样读者就限制在理论物理、数学、计算机科学、信息技术等几个狭窄的学科里了。其次为了对冲这里的读者"风险"，您必须也说点什么。

吴：这样看来只能简单说了。您也看过《西游记》对吧，那里说孙悟空弄到铁扇公主的芭蕉扇后，开始是不能缩小的。不过这把扇子其实是可以缩小的。有时这种把控能力就是一种神奇功夫。这里说的当然不是孙悟空的功夫。而是那些加密技术公司想要的下一代产品的核心。这个内容如果和 deepmind 类型的人工智能配搭，就可以做到能正常加密解密并完成所有技术任务，却又让某家高级加密公司的设计这套系统的技术主官自己都无法破得加密后的电文本意。

后记作者：您刚才说到那把扇子，按我的理解，那就是个比喻吧？

吴：这是比喻，更是讲解办法：在一次和那些参加全国性数据安全会议后的计算机系的教授们见面时。偶试一次就让教授们突然在 10 分钟内就明白了。

后记作者：我这个外行更愿闻其详。

吴：目前最保密的通信算是量子纠缠为原理的量子通信。但战争时很容易在无隐蔽时瘫痪。因为其载体为单光子等等，所以很容易被干扰。而数组块学技术为基础的则要强壮得多。申农和图灵等很早认识到密钥不被破需用一原文一密钥的（等量）方式。换句话说允许密钥无限加长，则可以不被破解。拿一个最能让中学生明白的例子说就是原文是 22334455，如果密钥是 73625144，则让它们加后就是 9 5 9 5 9 99 如果对方知道密钥，收到 9595……那一串后就可以用减法得到原文。就是解密了。这就是一次一密的道理。新技术的关键是很长的电文如何用新法处理（比如大地测量数据），最好是只需要很少一些字节就可把这个很长的密钥发完。这就象芭蕉扇被缩小了。

后记作者：您终于又讲到芭蕉扇了，我好象也有些懂。当然用 50 个字符代替 300 万的大文本是个经济比量很好的办法。技术的取向显然有价值。那它的实施部分呢？

吴：这就需要回到数之群体之中。一方面相当于发明一种技术，让 50 字就做出"发出了 300 万个数"的事成真了。另一方面，回避了依赖素数加密的热门，让没掌握新学科的对手无法破解。新方法依赖编码、对称、引入"自然喇叭口"做防护墙，进而在资源上掐死对方。同时根据数学结构的序结构来演化为"圈性代数"，根据拓扑刻画以利用拓扑结构。如此设计就转化为可工程化的商用计算机程序编码。这套方法的基础理论则是 Numblocology 。

后记作者：这是不是因为加密方法的需要，促使您去发明一套新理论？

吴：也是吧。

后记作者：少年人需要注意些什么呢？

吴：只要注意些"归因"问题。这和差工人有时抱怨机器类似。高中生中有些人对解一元四次方程不太擅长。对学习本书也一样。倒是已经观察到了一个现象。就是越聪明的孩子，越对这本《系统数组块学》着迷。

后记作者 2017 年 4 月底作于北京。

（研究对称的人，不可不看！）

系统数组块学
SYSTEMIC NUMBLOCOLOGY
作者： 吴国强
Author: Guoqiang Wu

出版于 2017 年 10 月

封底：

www.ingramcontent.com/pod-product-compliance
Lightning Source LLC
Chambersburg PA
CBHW050157230526
45470CB00001B/135